本书为国家社会科学基金项目"'红色记忆'的资源价值、审美境界与意义生成机制综合研究"(项目批准号: 06BZW065)成果

社科文库

红色记忆的审美流变
与叙事境界

刘起林 著

中国社会科学出版社

图书在版编目（CIP）数据

红色记忆的审美流变与叙事境界 / 刘起林著 . —北京：中国社会科学
出版社，2015.12

（华南理工大学社科文库）

ISBN 978 - 7 - 5161 - 7597 - 2

Ⅰ.①红… Ⅱ.①刘… Ⅲ.①审美文化—研究—中国 Ⅳ.①B83 - 092

中国版本图书馆 CIP 数据核字（2016）第 025323 号

出 版 人	赵剑英
责任编辑	田　文
特约编辑	胡新芳
责任校对	张爱华
责任印制	王　超

出　　版	中国社会科学出版社
社　　址	北京鼓楼西大街甲 158 号
邮　　编	100720
网　　址	http：//www.csspw.cn
发 行 部	010 - 84083685
门 市 部	010 - 84029450
经　　销	新华书店及其他书店

印刷装订	三河市君旺印务有限公司
版　　次	2015 年 12 月第 1 版
印　　次	2015 年 12 月第 1 次印刷

开　　本	710 × 1000　1/16
印　　张	17.5
插　　页	2
字　　数	292 千字
定　　价	65.00 元

凡购买中国社会科学出版社图书，如有质量问题请与本社营销中心联系调换
电话：010 - 84083683

序

　　高水平大学建设离不开人文社会科学的发展。华南理工大学办学60多年来，坚持党的教育方针和社会主义办学方向，形成了学术立校、培育英才、服务社会、追求卓越的办学理念，取得了辉煌的发展成就。特别是2003年以来，学校紧紧抓住大学城建设的契机，大力发展人文社会科学学科，并在较短的时间内取得瞩目的成绩，在综合型、高水平大学的发展道理上迈出了坚实的步伐。

　　作为一种知识体系和价值体系的人文社会科学，对于大学承担起人才培养、科学研究、社会服务和文化传承创新的职能，具有不可替代的重要意义。从个人成长来看，当今时代发展所需要的创新型人才，不仅要有过硬的专业技能，更要有坚定的理想信念、高尚的道德情操和强烈的社会责任感。人文社会科学能够帮助大学生树立正确的世界观、人生观和价值观，促进人的全面发展。从学校发展来看，纵观世界一流大学的发展，无不具有理工结合、文理渗透、互为补充的特点，从这种意义上，人文社会科学是推动高校长远发展的持续动力。从国家建设来看，人文社会科学不仅直接解决国家经济社会发展中遇到的重大问题，更从宏观上满足着人类的精神需求，主导精神文明建设，从而促进社会全面进步、和谐发展。华南理工大学高度重视人文社会科学建设，始终将学校发展融入国家和地方经济发展的大局当中，培养了大批党、政、军和企业管理人才，为促进经济社会发展做出了重要贡献。

　　《华南理工大学社科文库》汇集了华南理工大学人文社会科学研究者主持国家社科基金项目结项的优秀学术成果，集中体现了学校在人文社会科学领域取得的学术成就。本套文库是展示优秀成果的窗口，旨在让国家社科基金项目结项成果"走出去"，让社会各界更好地了解和分享华南理工大学人文社会科学研究的发展。本套文库是思想交汇碰撞的平台，凝结了研究者对国家和区域发展重大理论和现实问题的思考，对学术前沿问题的关注，为相关领域专家学界和同行提供了很好的思想交流与对话平台。同时，在华南理工大学深厚理工科背景下发展起来的人文社会科学，对促进跨学科、跨领域的知识创造具有更为重要的参考意义。本套文库是服务社会发展的智库，在推进人文社会科学发展的进程当中，华南理工大学始终以国家和地方经济社会发展中的重大理论和现实问题为导向，致力于提供全方位、多方面、有力度的知识贡献和思想资源。文库正是深入探索国家发展、民族崛起和地方治理战略的思想宝库，从而能够对推动国家和地方科学决策提供智力支持。

在建设一流大学的征程上，华南理工大学将与时代同步伐、与祖国共命运、与人民齐奋斗，激昂奋进，勇攀高峰，进一步加强人文社会科学建设，打造人文社会科学优秀学术品牌，提升人文社会科学办学水平，创造出更加辉煌的成就。

是为序。

华南理工大学校长

目 录

绪　论

中国共产党在国际共产主义运动和民族现代化事业的宏大背景中，领导人民进行了波澜壮阔的阶级革命和民族战争，胜利地创建了中华人民共和国，又气势磅礴而道路坎坷地开创了社会主义的建设和改革事业，改变了所有中国人的历史命运。这种由共产党所领导、以革命意识形态为基础、以民族独立与国家富强为目标的社会演变和民众奋斗史，无疑是 20 世纪中国最为重要的民族集体记忆。这种民族集体记忆，就是我们的研究所要涉及的"红色记忆"①。所以，"红色记忆"实质上是一个政治文化概念。

中国共产党始终高度重视"红色记忆"的审美工作，早在中华人民共和国成立前就积累了丰富的经验。在中国当代文学与文化史上，"红色记忆"异常丰富的资源价值得到了多层次、多侧面的审美发掘。在 20 世纪 50—70 年代的开国时期，"红色记忆"叙事既有对共和国政权历史必然性与革命文化正义性的丰富表现，又有对社会主义新生活、新人物的热情讴歌，其中的优秀之作还显示出内蕴深广的各类文化积淀，由此产生了众多中国当代文学史上的"红色经典"。但在新的时代语境中，这些作品又因其文化性质和价值底蕴引起了众说纷纭的争论。在 20 世纪 80—90 年代的社会变革时期，中国社会不断地改革和开放，文化发展呈现出日益多元化的趋势，"红色记忆"审美也从题材范围、主题形态到文体特征等众多方面，表现出与社会变革、文化转型的时代环境相呼应的丰富性和复杂性。21 世纪以来，对"红色记忆"的重述和"红色经典"的改编，更在

---

① 在全书的绪论部分，因为界定概念的需要，按照引号中"特定称谓"的用法，对"红色记忆"等词一律加引号；在书中正文部分，不再在"特定称谓"这一用法上对"红色记忆"、"红色文学"、"红色文化"、"红色经典"等词汇使用引号。

纸面、视觉和网络传媒上全面展开，其审美价值和社会影响甚至超越文学范围，成为包蕴丰厚的社会文化现象；但各种问题与误区也存在于其中。完全可以说，源于"红色记忆"和对这种记忆的价值认知而形成的相关创作，已经成为共和国60多年历史上最为重要的文学与审美文化现象；由此产生的艺术成果，则成了植根于当代中国社会精神核心的、内涵极其丰厚而又极为复杂的文化财产。

在多元化、全球化的新型文化语境中，"红色记忆"审美仍将不断地得到丰富与发展，而且仍将具有强烈的现实意义和深远的历史意义。因此，立足中华民族及其文化伟大复兴的时代制高点，以一种开放包容而又崇真守正的态度，来对20世纪中国的"红色记忆"及其在共和国60多年历史上的审美表现，进行较为系统而深入的梳理和阐释，就成为时代赋予我们的、一项无法回避的重大文学与文化任务。

一

"红色记忆"其实是一个带有比喻色彩的概念，所以，在展开具体的研究思路之前，我们首先需要对相关概念的比喻性特征及其内在的社会历史含义，进行一种知识谱系学层面的简要梳理。

"红色"这个词的本义自然是一种颜色，但由于人们的喜爱和崇尚，这种颜色在人类历史上很早就出现了许多的比喻义。在中国，人们崇尚红色的历史源远流长。早在旧石器时代，山顶洞人装饰品的穿孔处就常常被染成红色。商周时期，汉民族的尚红意识已经形成，《礼记》云"周人尚赤"就是这种意识的具体表现；在"五行"、"八卦"之中，"五行"的火对应红色，"八卦"的离卦也象征红色。在古代中国，"红色"主要代表的是一种民俗、民间文化的意味。首先，人们用"红色"代表驱疫、避邪的意愿，以求得"平安"、"吉祥"。许多宫殿和庙宇的墙壁涂成红色，民间系红腰带、穿红兜肚，都隐含着这种用意。其次，人们在红色中寄寓了美好的愿望和祝福，蕴含着"喜庆"、"成功"、"兴旺"、"发达"之义。"大红灯笼"、"大红花轿"、"大红花"等习俗的寓意即在于此。因为长期与帝王、贵族生活相联系，"红色"又衍生出"高贵"、"权势"、"庄重"之类的含义，从而具有了政治文化的色彩。

"红色"作为一种政治文化概念，则是近代以来的事情。在西方文化中，英语"red"包含着"暴力、流血"的意味，进而拥有了"危险、警告、禁止"的意义。大约从法国大革命开始，"红色"被用来象征"独立、战争、流血、牺牲"，开始包含"革命"的政治文化内涵。随着中西文化交流与融合的不断增强，汉语的"红"也接受了西方文化中这种颜色所包含的意义。

"革命"一词在中国也古已有之。《书》曰"革殷受命"，《易》曰"汤武革命，顺乎天而应乎人"，皆为明显的例证。甲午战争后，"革命"一跃成为中国使用率最高的汉语词汇之一。"在比较抽象的意义上，'革命'这个词本身，对于20世纪中国乃是一个超越党派、超越政治意识形态的历史主题，或者说，20世纪全中国的一种共同'宗教信仰'"[1]。国民党内部的"革命同志"、"革命尚未成功"之类说法的概念含义，即在于此。

"红色革命"则是中国共产党所领导的革命的专用词汇。从李大钊充满激情的展望："试看将来的环球，必是赤旗的世界！"[2] 到苏区的"红军"、"红色政权"、"红色歌谣"、"红色戏剧"等新生事物的大量出现，表达的都是这种含义。将中国共产党所领导的斗争称为"红色革命"，还具有与"白色恐怖"相比较的意味。"'四一二'事变后，白色恐怖笼罩社会，一个'赤'字也足以定人罪名。"[3] 随后，"红色革命"就成了中国共产党领导人民大众所展开的反帝反封建的新民主主义革命的特定称谓。"红色"也就在传统文化、民俗文化意义的基础上，拓展出了鲜明而丰富的政治文化意味，从而成为一种意识形态的象征符号。

中国当代社会与文化史上的"红色记忆"概念，是从"红色革命"中生发出来的。作为一个偏正词组，"红色记忆"可以扩展为"对红色革命的记忆"、"有关红色革命的记忆"；这一概念的原初意义，也就是有关"红色革命"这一社会历史实践的精神意识。但实际上，"红色记忆"是一个约定俗成的社会文化习用语，并无学术层面严格的意义界定，所以在现实生活的使用中，由于环境条件需求和主观着眼点的差异，对这一概念的内涵与外延也就表现出多种不同的理解。

---

[1] 杨匡汉主编：《20世纪中国文学经验》，东方出版中心2006年版，第132页。
[2] 李大钊：《李大钊选集》，人民出版社1959年版，第117页。
[3] 杨义：《中国现代小说史》第2卷，人民文学出版社1986年版，第70页。

二

在中国当代文化史上，对于"红色记忆"的历史时空与审美范围，大致存在着三种不同的界定。

第一种界定，从"红色革命"是通过暴力手段夺取政权的社会历史运动、"红色记忆"则是"对红色革命的记忆"这一本原性含义出发，将"红色记忆"的外延界定为中国共产党领导的反帝反封建的新民主主义革命，也就是中国现代历史上共产党所领导的革命与斗争，时间范围为1921年中国共产党成立到1949年中华人民共和国成立。这显然是对"红色记忆"最规范的理解。从当代文学史的范畴来看，按照这种思路来划分"红色记忆"审美的成果，范围应该是"革命历史题材"和"战争题材"两种类型的创作。

第二种界定，将现代历史上的"红色革命"和新中国的"毛泽东时代"都划到"红色记忆"的范围，时间段也就相应地从1921年中国共产党成立延伸到了20世纪70年代末的改革开放之前。这种思路的核心，实际上是"红色政权"、"红色江山"的开创、巩固和建设，与"红色革命"存在着一脉相承之处。基于这种含义对"红色记忆"概念的使用，也相当广泛地存在。从20世纪90年代初期的"红太阳"热、"毛泽东"热到21世纪初期风靡一时的"唱红歌"，其中虽有不少革命战争年代的红色歌曲，但更多的实际上是20世纪50—70年代之间歌唱共产党、歌唱毛主席、歌颂社会主义新中国的歌曲；而在对"红色英雄人物"的宣传中，从刘胡兰、董存瑞到黄继光、邱少云，直到雷锋、焦裕禄，都被作为宣传的对象。这些现象是人们在社会与文化层面将"红色记忆"的边界从共产党成立延伸到新中国"毛泽东时代"的具体表现。在文学艺术的范畴，人们归纳十七年文学中的"红色经典"，也是既包括《红旗谱》、《红岩》、《青春之歌》、《保卫延安》、《铁道游击队》等革命历史题材和抗战题材的作品，又包括小说《创业史》、《山乡巨变》和电影《英雄儿女》等表现新中国斗争与生活的作品，其中的道理即在于此。

第三种界定，根据"红色记忆"由共产党所领导这一根本特征，将其看作一个内涵和外延不断扩充的动态结构，把中国共产党领导广大民众追求独立富强、改变国家和民族命运的全部社会历史实践，都作为一种

"红色记忆"来看待。根据这种思路，不少宣讲中国特色社会主义理论的报告与论文，就将"红色精神"与"核心价值观"、"红色精神"与"中国梦"融为一体进行阐述，从红船精神、井冈山精神、延安精神、西柏坡精神到抗美援朝精神、大庆精神、"两弹一星"精神，再到九八抗洪精神、抗震救灾精神、"航天精神"，都被纳入同一价值视野中进行解说。

在这些界定中，对"红色记忆"进行理解的着眼点和侧重点各有不同，都有相当的合理性。总的看来，其中包括两个基本要素，一是中国共产党的领导；二是以革命文化为主导。从这个角度看，将战争年代和新中国的"毛泽东时代"归属于"红色记忆"的范畴，显然是题中应有之义，关键是改革开放之后共产党领导的社会历史实践应当如何理解和判断。笔者认为，在"文化大革命"之后的社会历史时期，中国社会在共产党的领导下，正在经历一系列的变革。政治生活方面，开始由代表无产阶级和广大劳动人民的利益转向"代表最广大人民的根本利益"，由"革命党"转向"执政党"；经济生活方面，开始由生产关系的公有化为中心，转向了以生产力的发展为中心；社会生活方面，开始由阶级斗争为纲转向了和谐社会的建设。所有这一切表明，中国社会正进行着以革命文化为主导向执政文化、建设文化为主导的历史性转型。在这个转型期，意识形态一体化的局面逐渐消失，社会文化呈多元化发展的态势，传承"红色文化"的只是其中的一个重要组成部分，也就是"主旋律文化"部分，当然，这种"主旋律文化"还在不断地增添着新的内涵。

基于以上考虑，我们对"红色记忆"时空范围的界定，将20世纪上半叶的战争岁月和新中国"毛泽东时代"的斗争与生活均纳入其中，而对于改革开放之后的中国社会生活，则只将"主旋律文化"引导下的部分涵盖于内。按照这样的思路，当代文学史上的"红色记忆"审美就表现出以下几种类型，即对于战争年代革命往事的追溯，对于"毛泽东时代"的社会主义革命与建设生活的讴歌，以及"主旋律文学"对于中国社会与文化历史性转型状态的考察。

值得注意的是，因为"红色记忆"概念的内涵与外延一直处于不断更新和发展的动态历史过程之中，从"记忆"的角度看，这些不断丰富和发展的记忆内容，表现出一种由共时性向历时性、由现实向历史不断转换的特征。比如"毛泽东时代"的农业集体化生活，在20世纪五六十年代是一种对于现实的共时性记忆，到20世纪80年代后的历史新时期，就成为了一种历时性记忆。但是，对某类"红色记忆"的艺术表现，往往在同一历史时期都被看作现实题材，到了历史的新阶段才会被看作历史题材，与记忆的共时性和历时性并不相互匹配。比如某些战争年代的革命斗争记忆在新中国十七年文学时期的创作中加以表现，虽然从时间角度看相去并不久远，但因为有了新中国成立这个重大的历史转折，结果就被看作是对革命过程中的一段"历史"的回忆；而表现农业集体化生活的创作，因为"当代"这个历史时间段的不断延长，即使从时间上看比十七年文学反映"革命历史"的跨度更大，也往往被看作是"现实生活"题材。这就使记忆的时间与题材的类型之间，出现了一种"错位"。由此实际上已经导致了当代文学史研究中创作题材分类的某种混乱。比如在十七年文学的研究中，对"革命历史题材"的创作一直未有内部的细分，而对"现实题材"的创作却往往会细分为"工业题材"、"农业题材"、"军事题材"等，并以之与"革命历史题材"并列。很显然，仅从概念之间关系的角度看，这种分法也存在着形式逻辑的错误，因为这几类题材并不构成一种并列的关系；而从创作实绩来看，以文学创作的代表性文体长篇小说为例，十七年文学其实是"革命历史题材"的创作才成果丰硕，但他们只能"拥挤"在一个概念的界域之内，其他题材类型如"工业题材"创作，并没有多少成果，在文学史著作的篇章结构中却与"革命历史题材"占有"平起平坐"的位置，这就导致了叙述分寸和篇章结构的失衡。有鉴于此，我们的研究希望撇开现实题材和历史题材之类的当代文学史传统分类法，在共和国历史的整体视野中，从"红色记忆"这一创作资源本身的内容出发，将相关创作分为革命往事追溯、建设道路讴歌和变革时势考察三种类型。

三

如何处理以革命进程中的错误与创伤为审美对象和思想主题的创作，是"红色记忆"审美研究中又一个需要加以解决的关键性问题。

任何重大的人类历史进程中，都是既有胜利与辉煌，又有坎坷与失误。在波澜壮阔却又曲折复杂的革命斗争过程中，由于诸多主客观条件的限制，同样会出现种种矛盾、错误和失败。它既造成了革命事业和革命队伍的巨大损失，也会给历史当事人带来沉重的牺牲和伤痛，特别是历史错误的承受者，更会增添精神上难以化解的委屈与失落感。即使革命走在正确的轨道上，历史当事人在激情洋溢地投入之后再辩证地反思往事、考量得失，心中往往也会充满付出巨大代价后的缺失与遗憾。更为吊诡的是，如果历史当事人以正面参与者的身份和高度认同的精神态度投入某项革命运动，事后却发现那不过是一场历史的错误，精神心理的创伤与荒谬感就更是在所难免了。由于这种种情况的存在，在"红色记忆"的丰富内涵中，必然会存在各种不同类型的"创伤记忆"①。

"红色记忆"的精神指向和情感倾向本身，也存在着因历史环境和记忆规律而不断会出现的变化。新中国成立初期，革命取得划时代性的胜利，在革命队伍的集体目标和革命者个人的理想追求之间，就会因为出现了这种现实层面的良好效果而更坚定有力地趋向一致，价值指向层面也就必然会是趋同性压倒了异质性，由于异质性而导致的种种"创伤"自然地会处于被遮蔽状态。其后，随着岁月的流逝，蕴含于战争年代历史记忆中的正面感受和理想激情必然会逐渐地淡化与褪色，伤痛记忆和负面感受则很可能会在情感趋于平淡之际的品味中逐渐抬头。而且，产生于社会主义建设历程中的"红色记忆"新内涵也在不断丰富，中国的社会主义建设所走过的却是一条坎坷、挫折与失误不时出现的道路，于是，新的"创伤记忆"也就会不断地增加。在改革开放的时代语境中进行记忆重构时，各类精神价值指向的趋同性和异质性呈现出自主表现的状态，"红色记忆"正面内涵的颂歌和"创伤记忆"的悲歌也就随之同时浮出了历史的"水面"。

在共和国60多年的"红色记忆"审美历程中，各个历史时期对"创伤记忆"都存在着丰富的艺术表现。

十七年文学一向被视为"红色记忆"的"颂歌"时代，事实上当时的"红色记忆"审美并非如此单一。少量因"干预生活"而在当时被打为"毒草"、新时期则被看作"重放的鲜花"② 的现实题材作品，就是对

---

①　"创伤记忆"又可称为精神创伤或心理创伤，是指那些由于生活中具有较为严重的伤害事件所引起的心理、情绪甚至生理的不正常状态。

②　《重放的鲜花》是一部多人作品的合集。在1956年至1957年上半年"百花齐放，百家争鸣"的思想氛围中，一些青年作家创作了一批张扬个性的诗歌和揭露社会弊端的小说、特写作品。但在不久后的"反右"斗争中，这些作家遭到严厉批判，其作品也被打成"反党反社会主义的大毒草。"1979年，上海文艺出版社从这些被封杀多年的作品中选取刘宾雁、王蒙、陆文夫、邓友梅、流沙河、宗璞等17位作者曾产生过较大影响的篇章，编辑成书并命名为《重放的鲜花》出版。

社会主义新生活的"瑕疵"及其所导致的心理创伤的一种揭示与批判。当时更具历史记忆价值的"创伤记忆"书写,则存在于曾经"红极一时"的革命回忆录之中。1957年,解放军总政治部发起"中国人民解放军三十年"征文,当时全军、全社会的应征稿件数量达3万多份,选送到编辑部的有11610篇。众多老革命"在写下'过五关斩六将'的历史业绩的同时,也不忘向后人说明他们也曾有过'走麦城'的教训"①。由于种种原因,编辑部在1958年到1963年间仅采用其中的337篇,编辑出版了8册《星火燎原》丛书。2007年,解放军出版社又挑选600多位亲历战斗的革命前辈所写的近700篇文稿,编辑出版了10卷本的《星火燎原·未刊稿》。《星火燎原·未刊稿》编入了大量反映红一、二、四方面军及东北抗联艰苦卓绝的战斗生活和披露重大史实、总结重大历史事件经验教训的作品。这些作品虽然不过是一种群众性写作的产品,但从"红色记忆"资源发掘的角度看,却堪称20世纪五六十年代最具分量和力度的"创伤记忆"书写。

"文化大革命"结束后的80年代,揭露革命历程中的"创伤记忆"成为一种时代思潮性的创作现象,众多的"反思文学"作品站在革命迷误承受者的视角和立场回味历史创伤、总结经验教训;揭示"党史"、"军史"重大问题与内在矛盾的创作中,也出现了如黎汝清的长篇小说《皖南事变》之类的优秀作品。20世纪90年代以来,随着社会的开放和文化的多元化,将革命事业的辉煌与误区、喜悦与创伤融为一体进行表现逐渐成为普遍现象。《历史的天空》将描述红色英豪成长和揭示根据地内部矛盾与斗争汇聚一堂,《恋爱的季节》对20世纪50年代初的"青春加革命"眷恋、认同与慨叹、剖析兼而有之,就是全面和辩证地审视"红色记忆"的典型例证。针对多元化语境中解构"红色记忆"、颠覆"红色文化"的社会思潮,社会各界人士还创作了不少探究历史隐秘、维护历史真相的纪实性作品,这类创作实际上是对"红色记忆"本身所受伤害的一种审美文化回应,可以看作是"创伤记忆"审美的"变体"。

所以,"创伤记忆"实为"红色记忆"历史与文化构成中不可忽视和抹杀的重要存在,对于"创伤记忆"的倾诉和历史病症的探究,乃是对"红色记忆"意义正值的有力的丰富、深化与拓展,将这一类创作纳入

---

① 陈先义:《〈星火燎原〉:必将彪炳史册的英雄篇章》,《解放军生活》2007年第7期。

"红色记忆"审美研究的范畴，具有充分的合理性与必要性。我们的研究不从全盘认同和肯定性的"红色经典"、"红色文化"的视角出发，而选择带有中性色彩的"红色记忆"作为思维视野和价值权衡的出发点，这种思考和认知也是其中的一个重要原因。

不过，笔者并不认同将各种解构"红色记忆"、否定"红色文化"的创作都看作"创伤记忆"书写和历史病症探究。"红色记忆"作为对中国红色革命的了解、感受与认知，实际上隐含着一种在根本价值立场层面对"红色革命"和"红色文化"的认同态度，所谓"记忆"中对经验过的事物的识记、保持、再现或再认，就包含着一种置身其中、也就是作为革命队伍一员的心理态度。由此出发的创作，即使是对历史创伤与病症的审视，目的也应当是为了"疗治"创伤、健全和完善革命的肌体。学术研究使用一个概念，自然不能违背这个概念的基本意义指向。所以，笔者既不赞成将各种解构、否定性的审美观照全盘纳入"红色记忆"审美的范畴，也不认同"红色记忆"审美只能是那种讴歌型的、将中国革命描述成"从胜利走向胜利"的历史的创作，在笔者看来，"创伤记忆"审视也应当纳入"红色记忆"审美的范畴，而其外延的边界，则是审美主体是否秉持着一种探究历史病症、疗治历史创伤的文化态度和精神立场。举例来说，在 20 世纪 80 年代的"反思文学"创作中，王蒙小说的"少共"情结和"布礼"① 心态、张贤亮《绿化树》中的《资本论》阅读和"走向红地毯"场景，都根本性地昭示了作者的价值立场；反之，比如张爱玲创作的著名作品《秧歌》和《赤地之恋》，虽然也描写了新中国成立初期的社会政治生活，但作品中明显地秉持着一种敌对性的暴露、控诉立场，因此我们不能称之为"红色记忆"叙事。可以说，在这种对比之中，实际上昭示了"红色记忆"这一社会文化习用语约定俗成的外延边界。

四

"红色记忆"题材文学一直是中国当代文学研究的重点和热点。20 世纪五六十年代的同时代研究与评价初步确立了其价值秩序。20 世纪八九

---

① 《布礼》系王蒙一部中篇小说的名称，该小说发表于《当代》1979 年第 3 期。"布礼"，即致以布尔什维克的敬礼。

十年代的"重写文学史"及重要作家作品的"重评"、"重排"思潮中，产生了不少带质疑、否定色彩的论著。21 世纪以来，对于"红色记忆"审美的研究全面展开，学术成果大批涌现，评价标准和阐释思路也随之变得丰富和复杂。对于"红色经典"的改编及其讨论和争鸣，更使阐释和发掘其审美内蕴成为了一种涉及面广泛的社会文化现象，2004 年 4 月 9 日，国家广电总局甚至下发了《关于认真对待"红色经典"改编电视剧有关问题的通知》。"红色记忆"审美成果丰富而内涵复杂，相关学术资料的收集、整理与归纳也已相当充分和完备，在这样的前提条件下，研究"红色记忆"究竟应该选择怎样的思路和框架，就成为了一个值得深入思考的问题。

在笔者看来，共和国 60 多年"红色记忆"审美的历史进程，大致可分为三个阶段。第一阶段是从 1949 年中华人民共和国成立到 1976 年"文革"结束的"毛泽东时代"，可称之为"开国时期"，社会文化以巩固政权和寻找建设道路为根本特征，表现出一种斗争思维的逻辑和胜利者的精神姿态。第二阶段是从 1976 年至 20 世纪末的"转型时期"，社会文化的总体趋势是视野开放、思想解放、观念变革，政治文化本身也经历着由革命文化主导向执政文化主导的历史性转型。第三阶段是 21 世纪以来的"多元语境"，时代环境呈现出文化多元化、精神世俗化的倾向，"红色记忆"审美则表现出记忆重构和历史消费相融合的特征。在各个不同阶段，从"红色记忆"的客观内容到人们的思想观念和价值立场，都存在着巨大差别，由此导致了"红色记忆"审美面貌的历史性差异。有鉴于此，我们对共和国 60 多年"红色记忆"审美的研究，将秉持以下几方面的学术原则。

首先，以客观事实的客观形态及内在逻辑为依据，来设计全书的学术框架和研究思路。也就是以综合红色记忆的审美实践和社会上对红色记忆审美的理性认知为基础，来梳理和归纳"红色记忆"的审美态势及其来龙去脉、前因后果，发现和提炼其中所包含的历史、文化或学术研究层面的关键事实与根本问题；然后以这些事实和问题为线索，史论结合、点面结合地建构全书的研究思路和学术框架。从而既清晰地勾勒"红色记忆"审美的外在轮廓与社会文化风貌，又深入地探究其丰富的艺术内涵和独特的意蕴建构，并以一种辩证理解的思想眼光和守中、持衡的价值立场，有力地呈现出相关创作及研究中所体现的缺失与局限。

其次，选择审美态势鸟瞰与叙事境界微观相结合的学术路径，来展开全书所要研究和探讨的具体内容。一方面，宏观把握"红色记忆"审美的复杂态势与丰富形态；另一方面，则选择具有倾向代表性的"经典作品"或审美独特性的"特色作品"进行文本细读，并借此揭示和探讨某些带有全局性意义的问题。在文本细读方面，对于历经时代和历史风雨而仍然葆有其艺术光彩的"经典作品"，研究重点放在以新的理论背景和学术理性，揭示作品之所以能经受住复杂的审美与文化考验的内在机制与价值基础；对于同样是"红色记忆"审美产物的"特色作品"，我们则重在揭示其审美精神的代表性和艺术建构的创新性。通过这样的学术路径，我们希望能够既避免以问题为中心展开宏观论辩而可能出现的空疏或偏激的弊端，又克服单纯文本解读往往会出现的就事论事、"见树不见林"的局限，从而建构起一种视野开阔度和内容坚实性兼具的学术境界。

最后，以"红色记忆"审美是一个未完成的动态历史过程为观念基础，在研究中坚持学术阐发和实践启迪相结合的思想方向。在学术阐发的层面，首先从根本上探讨"红色记忆"为什么和以怎样的方式，形成了当代文学史上种种内涵丰富而复杂的创作现象和审美境界，进而以文化多元时代的价值理性为思想基础，深入揭示各种审美境界的历史合理性与蕴含独特性。在实践启迪的层面，从当今时代的文化潮流和文学发展全局出发，既反思以往的"红色记忆"审美所体现的观念传统与思想逻辑，又揭示未来的"红色记忆"审美应该追求怎样的文化品格、贯注怎样的现代精神，才有可能为民族文化的雄健发展提供有效的价值资源。从而在理论逻辑与历史逻辑融会贯通的境界中，为"红色记忆"审美潜能的充分发掘提供理论的启迪与指导。

具体说来，笔者拟以"红色记忆"题材创作中的长篇小说和影视剧等叙事性作品为关注对象，分别从"红色记忆"的不同含义出发，将全书的论述框架分为三大部分，以期构成一种对于"红色记忆"审美的多层面、多角度的观照。

全书的第一章、第二章、第三章为第一部分。这部分按照社会上习惯性的"红色题材文学"界定，来展开研究的学术视野，首先简要勾勒当代中国"红色记忆"审美的精神渊源，然后宏观、系统地探讨新中国60多年"红色记忆"审美的精神风貌与历史流变。具体说来，对开国时期的"红色记忆"审美，我们将革命历史题材与表现社会主义新生活的创作都包含于其中，因为在新的时代语境中，这两类创作都被习惯性地看作了"红色经典"；而对新时期以来的创作，我们则只将革命历史题材的作品纳入研究的范围。由此构成我们对学术界约定俗成的"红色记忆"审美的理解与认知。

第四章、第五章、第六章、第七章为第二部分。我们在这部分从多元文化语境中对"红色记忆"审美的新型理解与判断出发，把中国共产党领导广大民众追求独立富强、改变国家和民族命运的全部社会历史实践，都涵盖到"红色记忆"的范围内来审视。因为这种思想视野所涉及的文学创作的内容相当丰富和庞杂，我们在具体的研究过程中，首先按照革命往事追溯、建设道路讴歌、创伤记忆审视和变革时势考察等类别建构起研究的框架与思想的方向，然后按照这样的类别选择出兼具独特性和代表性的作品或创作现象，采用文本细读、以个案体现和揭示倾向的方式，来展开"红色记忆"审美在新的学术视野中所呈现的丰富内涵与基本特征。

第八章、第九章、第十章为第三部分。这一部分的论述重心是揭示"红色记忆"审美中存在的问题及其改正之途，其中第八章揭示新型时代语境中"红色记忆"重述过程所出现的误区，第九章剖析学术界理解和评价"红色经典"长期存在的思想规律与观念局限；第十章首先充分剖析21世纪中国文学与文化发展的整体状况和基本趋势，进而阐述"红色记忆"审美在文化多元时代应有的文学道路与文化品格。

本书研究的根本目的，是以"红色记忆"为视角和枢纽，有效地梳理和整合共和国60多年的各类相关题材创作，进而超越各种不同方向的观念至上、立场唯一的研究思路，以一种更具文化胸襟与思想层次的学术视野和"理解比评价更重要"的价值态度，来达成对"红色记忆"审美的广度与深度兼具、恢宏学术视野与切实审美批评相结合的整体性认知。

第一章 红色记忆审美的精神渊源

红色记忆审美是 20 世纪中国和世界特有的文学创作现象，从这样的角度来考察，当代中国红色记忆审美的出现，存在三个历史的先决条件：其一，从思想文化大前提的角度看，它与国际共产主义运动及世界红色文学的发展，从思想、文学观念到创作方法、审美格局等方面，都存在着明显的精神借鉴与现实呼应关系；其二，从历史发展进程的角度看，它直接起源于现代中国红色革命运动中的宣传工作，这种红色宣传工作为红色记忆审美提供了思路、氛围和创作人才等多方面的历史准备，因此，它实际上是现代中国红色文艺历史发展的必然产物；其三，从创作资源的角度看，它往往是创作主体对亲身经历过的社会历史活动、亲自见识到的英雄人物进行审美发掘的产物，是一代走在革命道路上的作家的人生经历、思想认知和情感积累达到一定程度之后，在革命意识形态的精神引导下的必然爆发与艺术呈现。

所以，我们研究中国当代文学史上的红色记忆审美，首先需要多方面地探讨其特定的精神渊源与形成基础。

第一节 世界红色文学的历史源流与中国影响

与中国革命和红色文化的源头相一致，中国红色文学的源头，也应当追溯到国际共产主义运动史及相关的文学创作。所以，笔者有必要对国际共产主义运动中的红色文学及其对红色记忆的审美认知，进行一个简要的勾勒。

一

世界红色文学是伴随着国际共产主义运动而形成和发展的，属于革命队伍的文化人对无产阶级现实生活与革命形势的认识、宣传与艺术表达。这种创作行为长期处于政治斗争的漩涡，甚至被纳入到了政治组织的体系之中。

19世纪三四十年代，在英国宪章运动这"世界上第一次广泛的、真正群众性的、政治性的无产阶级革命运动"① 中，"世界文学史上第一次出现"了无产阶级文学②，即以诗歌为主的"宪章运动文学"。随后，德国也出现了被恩格斯称为"德国无产阶级第一个和最重要的诗人"③ 的维尔特。巴黎公社时期的文学，则在革命酝酿时期成为革命的"喉舌"，革命失败后又体现出总结失败教训、揭露和控诉反动政府镇压革命罪行的功能，成为19世纪后期欧洲无产阶级文学成就的集中体现。这些作品虽然思想成分复杂，写作技巧也不免粗糙，但以其全新的、关于无产阶级生存状况和斗争趋势的题材与内容，强烈的革命激情和鲜明的倾向性、战斗性，显示出崭新的审美风范；艺术上往往短小锋利、文字浅显、节奏明快，具有浓厚的民歌色彩；而且产生了《国际歌》这样激情洋溢、气势磅礴的不朽战斗诗篇。

此后，随着工人运动的兴起、无产阶级政党的建立和革命斗争的尖锐化，无产阶级文学运动也在欧洲各国风起云涌、绵延不绝。中欧和东南欧均出现了最初的无产阶级文学。波兰1882年出版了第一本工人诗歌集《他们要求什么？》，革命诗人瓦茨瓦夫·希文齐茨基的《华沙革命歌》则受到列宁的高度赞赏和喜爱。保加利亚的社会民主党活动家格奥尔基·基尔科夫创作了《劳动之歌》和《工人进行曲》，成为当时保加利亚最流行的无产阶级歌曲。丹麦的尼克索被誉为北欧无产阶级文学的主要旗手。他的《征服者贝莱》、《普通人狄蒂》、《红色的莫尔顿》三部曲，通过对马克思主义者莫尔顿和机会主义者贝莱发展道路的对比，为丹麦无产阶级指明了革命的方向。这一时期红色文学的审美文化风貌，与无产阶级文学萌芽期一脉相承。在文艺理论方面，当时的欧洲则出现了德国的梅林、蔡特

① ［俄］列宁：《第三国际及其在历史上的地位》，载《列宁全集》第29卷，人民出版社1956年版，第276页。

② 杨周翰、吴达元、赵萝蕤主编：《欧洲文学史》下卷，人民文学出版社1979年版，第151页。

③ ［德］恩格斯：《格奥尔格·维尔特》，载《马克思恩格斯全集》第21卷，人民出版社1965年版，第7页。

金、卢森堡等早期马克思主义文艺评论家。

随着世界革命中心转移到俄国，无产阶级文学也在俄国文坛激烈的思想斗争中成长起来。革命导师列宁在 1905 年到 1913 年间发表了《党的组织和党的文学》、《关于民族问题的批评意见》等文章，提出了文学的党性原则和两种文化的学说，成为无产阶级文学的纲领和批判继承文化遗产的指针。早期马克思主义文艺理论家普列汉诺夫以其《没有地址的信》、《艺术与社会生活》等美学论文，对马克思主义文艺理论的发展作出了不可或缺的贡献。"无产阶级艺术的最杰出的代表"[①] 高尔基，早在十月革命前就创作出了迎接 20 世纪无产阶级革命风暴的名篇《海燕之歌》和最优秀的代表作、长篇小说《母亲》。后者通过对俄国无产阶级革命运动发展和群众觉醒过程的出色描述，第一次充分体现了列宁的文学党性原则。这些文学活动与创作、理论方面的成果，为十月革命后苏联文学的发展奠定了坚实的基础。

十月革命的成功，开创了 20 世纪俄罗斯文学中全新的"苏联文学"时代。当时的苏联文学社团林立，新口号层出不穷。其中规模和影响最大的，是红色文学范畴的"无产阶级文化协会"和"拉普"。1934 年成立的苏联作家协会，则提出了"社会主义现实主义"的创作主张。在创作领域，虽然各种思想倾向和艺术风格的作品同时存在，但是，绥拉菲靡维奇的《铁流》、法捷耶夫的《毁灭》、富尔曼诺夫的《恰巴耶夫》等作品描写苏联国内的红色革命战争，革拉特科夫的《水泥》、潘菲洛夫的《磨刀石农庄》等小说讴歌苏联的社会主义现实生活，还有马雅可夫斯基的诗作《列宁》、《开会迷》等，都产生了巨大的影响。苏联卫国战争爆发后，战争成为苏联文学最重要的创作题材，长篇小说领域出现了西蒙诺夫的《日日夜夜》、法捷耶夫的《青年近卫军》等优秀作品，这些作品成为世界反法西斯文学的重要组成部分。将红色革命作为一种历史记忆进行思考和展示的鸿篇巨制，如肖洛霍夫的《静静的顿河》、阿·托尔斯泰的《苦难的历程》等，也气势磅礴地诞生于文坛。

由于社会主义苏联的领导地位和苏联文学优秀作品的示范作用，世界其他国家的无产阶级文学运动也蓬勃发展起来。1925 年，苏联"拉普"

---

① ［俄］列宁：《政论家的短评》，载《列宁全集》第 16 卷，人民出版社 1956 年版，第 202 页。

提议、经共产国际批准，建立了国际革命文学联络机构。1927年10月，第一次世界革命作家代表大会在莫斯科召开，成立了革命文学国际局，创办了机关刊物；并于1930年召开第二次国际革命作家代表会议，将革命文学国际局改名为国际革命作家联盟。国际无产阶级文学运动，从此由思想联系发展到了直接建立组织联系的阶段。在这一时期，世界各国的许多激进作家都纷纷倾向社会主义，甚至加入到无产阶级作家的阵营中来，从而构成了20世纪世界文学史上"红色的30年代"。在欧洲，法国的巴比塞、罗曼·罗兰、阿拉贡等一大批著名作家为马列主义和无产阶级运动所吸引，加入了法国共产党。曾经创作出《炮火》、《光明》等优秀作品的巴比塞，创办"光明"社、出版《光明》杂志，团结了一大批欧洲进步作家，1923年加入法国共产党后，还主持召开了第一次反法西斯大会和国际反战同盟大会。德国的不少作家直接投身革命，托勒就曾经担任巴伐利亚苏维埃共和国的领导人，西格斯、沃尔夫、魏纳特、雷恩等都是共产党员，战后还曾在民主德国担任要职。奥勃拉赫特的长篇小说《无产者安娜》被看作捷克社会主义现实主义文学的奠基作。在美洲，美国的德莱塞1927年访问苏联后，创作了最早塑造美国共产党员形象的《女性群像》，约翰·里德则以政治家的敏感写出了《震撼世界的十天》，真实而热情地讴歌了十月社会主义革命；墨西哥的曼西西杜尔大量介绍苏联作家高尔基、马雅可夫斯基等人的作品，写出了热情讴歌苏联社会主义建设的访苏游记《一百二十天》，他的长篇小说《深渊上的黎明》首次塑造了墨西哥工人领袖的形象；古巴的著名无产阶级诗人纪廉所创作的《给士兵的歌和给游客的歌》、《西班牙》，都获得了世界声誉。在亚洲，日本的无产阶级文学运动以《播种者》杂志在1921年创刊为兴起的标志，并作为日本文学的主导性潮流一直延续到30年代中期；青野季吉、藏原惟人等着重致力于无产阶级文学理论的建设；共产党员作家小林二多喜的《蟹工船》、《为党生活者》和德永直的《没有太阳的街》，被誉为日本无产阶级文学的双璧。其他如朝鲜的新倾向派和"卡普"、印度的进步主义文学、缅甸的"红龙书社"、印尼的无产阶级反帝文学，都在世界社会主义运动的浪潮中蓬勃发展。

各个不同时期的无产阶级文学，构成了世界红色文学的基本形态。它们在政治视野、革命倾向、教育功能和现实主义创作方法等方面的特征都相当一致，建构了一种有关革命的战歌和颂歌相结合的审美文化传统。

二

在世界红色文学的发展历程中，不同的作家在无产阶级革命进程中所处的位置存在着巨大差异，不同的作家组织机构存在着各不相同的集团利益，不同时代对文学也有不同的审美接受诉求，于是文学创作中也就出现了各不相同的创作思想和审美倾向。其中存在着各种"非主流"创作倾向，充分表现出无产阶级文学的内在复杂性，对之加以勾勒和归纳，有利于我们从宏观上更为清晰地辨明世界红色文学的发展全貌与审美道路。笔者以苏俄文学为对象，来具体说明这个问题。

20 世纪苏俄文学对于红色革命的叙述，主要包括俄国的早期无产阶级文学和苏联文学两个部分，它们共同显示出一种社会主义现实主义的创作方法和"战歌与颂歌"的审美传统。苏俄文学创作中也长期存在两种"非主流"的创作倾向。

极"左"思潮的干扰及其影响下形成的文学倾向，在苏俄文学的发展历程中长期地存在。在 20 世纪 20 年代初苏联文学刚刚兴起的时候，红色文学范畴中的两个文学社团"无产阶级文化协会"和"拉普"，就表现出极"左"的思想倾向。当时还涌现了"意象派"、"谢拉皮翁兄弟"、"左翼艺术阵线"、"山隘派"等各种思想和艺术都并不成熟的文学社团。20 世纪 30 年代国际革命作家会议所成立的国际革命作家组织，也有过教条主义和公式化的庸俗社会学倾向。直到"社会主义现实主义"的创作方法提出之后，苏联文学的发展方向才定于一尊。苏联卫国战争之后的一个时期里，反法西斯战争必要的文学"讴歌"倾向，又逐渐导致了"无冲突论"和"粉饰派"文学的产生。

1953 年斯大林逝世和赫鲁晓夫上台所引起的震荡与混乱反映到文学上，导致了对片面歌功颂德、掩饰社会矛盾的"无冲突论"的强烈反驳。20 世纪 50 年代中期，苏联的文学创作中又迅速掀起了以"写真实"著称的、深入揭露生活中的矛盾和冲突的创作思潮。奥维奇金的农村特写《区里的日常生活》成为率先打出"暴露文学"旗帜的"第一支春燕"，紧接着出现了特罗耶波尔斯基的《农艺师手记》、田德里亚科夫的《不称心的女婿》、女作家尼古拉耶娃的《前进中的战斗》和《拖拉机站站长和总农艺师》等作品。这种倾向进一步发展，又走向了专门揭露社会阴暗面、存在着"丑化现实"之嫌的"解冻文学"境界，爱伦堡的《解冻》、帕斯捷尔纳克的《日瓦戈医生》、索尔仁尼琴的《伊凡·杰尼索维奇的一天》就是其中的代表。

实际上，包括社会主义现实主义在内的这种种创作倾向，在苏俄文学的发展史上，并不是相互间阵线分明，而是犬牙差互、不断变化的，和同时代的整个社会思潮紧密联系的。1890 年至 1917 年的"白银时代"，俄罗斯文学先后存在着象征主义、"阿克梅派"、未来主义、自然主义和现实主义等多种思潮和流派，高尔基、绥拉菲摩维奇、马雅可夫斯基等后来的社会主义文学作家，就都夹杂其中。十月革命后，俄国作家发生了剧烈的分化与重组。国内作家形成了继承红色文学传统的"苏联文学"创作队伍，但也有约一半的作家迁居国外，构成了庞大的"侨民文学"的创作队伍。侨民作家大多具有"反主流文化"、反苏联官方意识形态的色彩，他们也叙述苏联的红色革命，但审美面貌完全不同于国内的无产阶级文学。20 世纪 50 年代后的"解冻文学"虽然出现于苏联国内的作家队伍之中，倒与"侨民文学"表现出审美精神层面千丝万缕的联系。在 20 世纪 50—70 年代的苏联文学中，邦达列夫的《营请求炮火支援》等"战壕真实派"文学，沙拉莫夫的《科雷马故事》、索尔仁尼琴的《古格拉群岛》等披露劳改营和劳改犯生活的"集中营文学"，格罗斯曼的《生活与命运》、艾特玛托夫的《卡桑德拉的印记》等反思革命及其历史后果的作品，也是相互间立场和观念差异极大，却各以其独特的个体记忆与感悟，揭示出红色革命被苏联主流文学叙事遮蔽的历史侧面，从而共同形成了一种"反思"、"控诉"的审美传统。

在学术研究中，对于红色革命持讴歌、肯定态度的主流叙事形态，一般被称为"红色文学"，其中的优秀者也被就定性为"红色经典"；而对红色革命持反思、批判态度的，则往往依不同时期、不同作家群体的创作及其所构成的思潮或流派，而分取各种其他名称，并没有统一的称呼。20 世纪 80 年代后，苏联出现了"回归文学"的浪潮。"白银时代"的文学、苏联时期持不同政见者的地下文学和侨民文学，均得以重见天日，从而将 20 世纪苏俄文学复杂的整体面貌，全面而充分地展现出来。在苏联解体前后，对苏联主流文学范畴的作家及其作品持否定态度的研究占据上风，有些苏联时代的"经典作家"甚至被贬得一文不值。与此相反，自 20 世纪 80 年代中期起就掀起强劲回归浪潮的"地下文学"和"侨民文学"，则成为追捧的对象，被奉为万马齐喑时期的文化瑰宝。20 世纪 90 年代后期，又有一些学者大力维护苏联主流文学，认为它们在苏维埃时期的俄罗斯文学当中，仍然是"在思想上和审美上最完备的流派"①。

这一切不过是不同政治与历史观点在文学领域的延伸，其实质是阶级斗争与人道主义的较量，属于人类政治生活中不同侧面的现实主义与理想主义的斗争。从历史长河来看，不管具体采取何种价值立场，其中的出类拔萃之作，往往都能凭借其对于人类文化正面价值元素的寻找、筛选和坚守，超越具体的历史是非、恩怨和视域的局限，显示出文本审美意蕴的丰富性和价值内核的合理性。苏俄文学的许多红色经典虽然有着特定时代的烙印，不少作品还有粉饰现实、回避矛盾的内容，但其中所体现的英雄主义精神不仅是那一时代的表征，同时也是人类灵魂中的伟大正面价值的标志。比如《钢铁是怎样炼成的》这样的作品，虽然在特定的政治气候中可能放弃了对现实中某些问题的反映，但全书毕竟是一个坚强的英雄以其全部热情对生命价值如何实现的思考，作者也确实以此为基础，向年青一代展现了一个"新的现实"。正因为如此，在20世纪的苏俄文学中，红色文学范畴的《毁灭》、《青年近卫军》、《铁流》、《恰巴耶夫》、《静静的顿河》等作品，至今仍然显示出激动人心的审美魅力；而对于红色革命被遮蔽的另一面给予真实反映的《日瓦戈医生》、《古拉格群岛》等作品，也同样是震惊世界的文学名著。

20世纪苏俄文学关于红色革命的叙事，以及学术界对这种叙事的不同历史评价，正是国际红色记忆叙事复杂的历史状态与文学命运的代表和缩影。

三

世界红色文学的历史发展，构成了中国红色记忆审美的国际大环境、大气候。中国的红色文学在20世纪上半叶从萌芽到定型的过程，都受到了域外红色文学的重要影响。

首先是文学观念与创作理论的影响。

20世纪20年代是中国无产阶级革命文学兴起的时期。当时的文学社团"太阳社"的理论主张，就深受苏联"无产阶级文化派"及随后的"拉普"文艺理论的影响。后期创造社成员朱镜我、李初梨、彭康、冯乃

---

① 张捷：《俄罗斯文学界对苏联文学看法的变化》，《红旗文稿》2009年第10期。

超等留日学生于 1928 年归国发起的"革命文学"论争，则成为"中国无产阶级文学形成自觉运动的标志"，"从中外文艺思想接触和交汇来看，它突出反映了日本无产阶级文学运动对中国的影响"①，其中"对理论斗争的提倡和对这一斗争迫切性、重要性的强调可以清楚地看出福本主义的思想脉络"②。中国的"普罗文学"运动作为"具有划时代意义的文化现象"，"第一次使中国文学和世界文学产生了直接的联系，它和国际无产阶级文学运动形成了一种时代的共振"③。

"左联"成立后的第一项工作，就是成立马克思主义文艺理论研究会，加强对马克思主义文艺理论的翻译、介绍和研究。从马克思、恩格斯、列宁等马克思主义经典作家，到早期马克思主义文艺理论家普列汉诺夫、拉法格、梅林、卢那察尔斯基、沃洛夫斯基，再到苏联文坛的代表性理论家斯大林、波格丹诺夫等，各种马克思主义的文艺论著及其文艺思想，都得到了囫囵吞枣式的翻译和介绍，并马上运用到中国的无产阶级文艺实践之中。到延安时期，苏联文学理论的基本观点，诸如意识形态的文学观、革命现实主义、革命的大众文学等，已经演变为"文学为抗战服务"、"抗日的现实主义"、"工农兵文艺"等中国的文艺理论主张，并逐渐成为革命文艺界的共识。"左联"所引入的、作为苏联文学新创作方法的口号"社会主义现实主义"，"影响比以往其他方法更加深远，甚至一直延续到当代"④。

其次是组织形态的联系。

中国作家队伍的组织形态及其历史命运，也与国际无产阶级文学运动紧密相关。在第二次国际革命作家代表大会上，中国的"左联"被吸纳为联盟成员，从而确立了与国际无产阶级文学运动的组织联系。而"左联"在 1936 年的解散，也由于"得到共产国际的指示"⑤。就这样，"中国的文学完全汇入某一种世界性文学潮流，成为它的一部分，甚至形成

①　艾晓明：《中国左翼文学思潮探源》，北京大学出版社 2007 年版，第 63 页。

②　郭沫若：《离沪之前》，载王锦厚编《郭沫若散文选集》，百花文艺出版社 1992 年版，第 112 页。

③　旷新年：《1928：革命文学》，山东教育出版社 1998 年版，第 87 页。

④　钱理群、温儒敏、吴福辉：《中国现代文学三十年》（修订本），北京大学出版社 1998 年版，第 200 页。

⑤　温儒敏：《无产阶级革命文学运动与左翼作家联盟》，载张炯、邓绍基、樊骏主编《中华文学通史》第 6 卷（近现代文学卷），华艺出版社 1997 年版，第 359 页。

'从属关系'"①。

最后是作家思想情感态度和具体创作模式层面的影响。

域外红色文学对中国作家在创作上影响最大的，自然是苏俄文学。因为十月革命的成功，许多中国的革命文学作家都对苏联充满向往、景仰之情。瞿秋白创作了《赤都心史》与《俄乡纪程》。蒋光慈以歌唱十月革命和社会主义的诗歌踏上创作之路，他在《新梦·自序》中表示："我生始值革命怒潮浩荡之时，一点心灵早燃烧着无涯的红火。我愿勉力为东亚革命的歌者。"② 胡也频的中篇小说《到莫斯科去》，则直接描述了女主人公素裳对共产党人施洵白"到莫斯科去"遗志的继承。"左联"成立后，许多反映无产阶级运动的外国文艺作品，特别是苏联文学作品，都得到了大力的翻译和介绍。据统计，"左联"时期翻译出版的外国文学书籍有700余种。

这种思想情感的向往与文学作品本身的翻译，自然会对创作形成重要的甚至具体的影响。以蒋光慈而论，爱伦堡、罗曼诺夫的革命与爱情关系的书写，对他"革命＋恋爱"叙事模式的形成，具有明显的启发意义；陀思妥耶夫斯基的心理描写方法，则促成了他的《丽莎的哀怨》、《冲出云围的月亮》等作品对人物略带变态心理的艺术探索性描写；他的长篇小说《咆哮了的土地》，直接受到苏联"拉普"文学作品《铁流》、《毁灭》等"客观叙事诗的展开"的创作影响。影响所及，连鲁迅也希望创作一部苏联长篇小说《毁灭》那样的、反映中国工农红军长征历程的小说作品《铁流》。

不过，20世纪二三十年代的革命作家如蒋光慈、柔石、叶紫、丁玲等，虽然都对中国文学创作中红色话语的发展做出了有益的探索，但当时中国的红色文学距离完备的文学话语形态还相距甚远。直到20世纪40年代中期，多数革命作家尚不能熟练地掌握红色话语的词汇、语法和修辞系统，诸多创作都比较朴素，红色话语与启蒙话语相混杂，红色话语本身的特点并不鲜明。丁玲在延安时期所创作的《我在霞村的时候》、《在医院中》等作品，正是启蒙话语和革命话语相混杂的具体表现。因为毛泽东《在延安文艺座谈会上的讲话》的方向指引，中国文学创作中的红色话语

---

① 杨匡汉主编：《20世纪中国文学经验》，东方出版中心2006年版，第142页。
② 蒋光慈：《〈新梦〉·自序》，载《新梦》，上海书店1925年版。

才逐渐内涵丰富和成熟起来。

但即使在中国红色文学审美话语走向成熟和丰盛的新中国开国时期，对苏俄等世界红色文学的学习与借鉴仍然广泛地存在，而且确实对作家的创作产生了深远的影响。新中国成立后，苏俄文学被大量地翻译过来。"仅从1949年10月到1958年12月止，我国翻译的苏联（包括俄国）文学艺术作品共三千五百二十六种，占这个时期翻译出版的外国文学艺术作品总种数的65.7%；总印数八千二百万零五千册，占整个外国文学译本总数74.4%。"① 这些苏俄文学作品在中国被高度"经典化"，对中国当代作家的创作产生了至为深切的影响，甚至转化成了中国作家认识和改造世界的价值基点与精神底色。《保卫延安》的作者杜鹏程在1957年就谈到过苏联文学对他的巨大精神影响："保尔·柯察金不只是苏联青年的光辉形象，他在世界上各个角落走动，他时常在我们身边。……其实，不光是保尔·柯察金这样帮助过我们，郭如鹤、来奋生、马特诺索夫、达维多夫、沙布洛夫、巴特曼诺夫……可以开出数以百计的名字——这些光辉形象，就像亲密的同志、朋友、兄长一样，把为阶级事业而征战的锐利武器交给我们；不断用崇高的理想激发我们，还时时和我们在一起战胜敌人，战胜艰难，战胜妨碍我们前进的种种障碍。"② 20世纪50年代的青年作家、20世纪下半叶中国最重要的作家之一王蒙，在21世纪初曾坦陈"是爱伦堡的《谈谈作家的工作》在五十年代初期诱引我走上写作之途"③，并较为中肯地分析了苏联文学对中国当代文学创作形成深远影响的价值基础，他认为，"苏联文学的影响可能比苏联这个国家的影响更长远"，因为"苏联文学的核心在于正面人物，理想人物，正面典型，'大写的人'等等范畴"④；"苏联文学的魅力在于它自始至终地热爱着拥抱着生活"⑤；"苏联文学像是一个光明的梦"⑥，而"用文学来表达人们的梦想，这本来是天经地义的"⑦。所有这一切，都是以苏俄文学为主的域外红色文学影响中国红色记忆审美的典型例证。

---

① 卞之琳等：《十年来的外国文学翻译和研究工作》，《文学评论》1959年第5期。
② 杜鹏程：《学习苏联文学的点滴回忆》，《延河》1957年11月号。
③ 王蒙：《苏联文学的光明梦》，载《苏联祭》，作家出版社2006年版，第178页。
④ 同上。
⑤ 同上书，第184页。
⑥ 同上书，第175页。
⑦ 同上书，第190页。

更为意味深长之处在于，从历史发展和演变的整体视野来看，中国的红色记忆审美与世界红色文学也存在着全局性相互呼应的关系。在 20 世纪世界文学"红色的 30 年代"，中国左翼文艺勃兴；20 世纪 50 年代，在苏联"解冻文学"思潮的影响下，中国"干预生活"的作品大量涌现；20 世纪 80 年代苏联"回归文学"时期，中国出现"反思文学"热潮，凡此等等，相互之间的呼应关系都非常明显。中国红色记忆审美与世界红色文艺潮流深刻的精神渊源关系，在这方面体现得更为深刻和贴近本质。

第二节　中国现代红色文艺的审美阵营与创作实践

从中国共产党成立开始，红色文艺的创作与传播就受到高度重视。因为中国现代革命整体格局的影响，现代红色文艺的审美阵营，包括国统区左翼文艺和根据地红色文艺两个存在巨大差异的部分。因此，勾勒中国现代红色文艺的审美实践，也需要从这两方面出发分别展开。

一

中国无产阶级革命文学的兴起和左翼文学运动的发展，主要活动空间是国民党统治区，具体承担者则是国统区知识界的共产党人和激进的青年作家们。

早在 20 世纪 20 年代前期，共产党人邓中夏、恽代英、萧楚女、蒋光慈、沈泽民等，就提出过无产阶级革命文学的主张。1924 年，蒋光慈、沈泽民等人以上海的《民国日报》副刊《觉悟》为阵地，创建了专门提倡"革命文学"的"春雷社"。1928 年大革命失败后，中国的政治、文化重心南移。一批"从日本回来的进步作家，加上国内从大革命前线来到上海的作家，合力赋予了'创造社'以新的生命，使被人称为'为艺术而艺术'的创造社一变而为革命文学团体的创造社"[1]，有力地推动了马克思主义文艺理论的翻译与传播，无产阶级革命文学作为文学运动，由此蓬勃发展起来。1930 年 3 月，为了反抗国民党的政治和文化压迫，中国左翼作家联盟在上海成立，国统区出现左翼文学运动的高潮。

不过，从当时的整个文学环境来看，虽然"'五四'时期以现实主义

---

[1]　张资平：《读〈创造社〉》，《繁茜》1932 年第 1 期。

为主的多元文学思潮消失，革命现实主义成为主导文学思潮”，但实际上仍然是“无产阶级文学与民主主义、自由主义文学的各自发展与演变，构成了这一时期文学发展的基本脉络”①。而且，“确实有理由把 20 年代末崛起的‘无产阶级文学热’看成一种纯粹的‘思想感动’”，“左联”就“并不是一个单纯的文学团体，而是一个半政党性质的文学团体”②，它们“带着中国早期共产主义运动的一致特色，即精英性、空想性和抽象性，而归结到一点，就是理论上的意义远远大于实践的意义”③。落实到具体的创作实践，由于相关社会新动向的现实基础并不充分，“无产阶级的艺术方法”就主要是左翼作家从事创作时的一种观察视角和审美思路。以之为出发点而建构的新型艺术境界，一方面具有重要的审美创新意义，另一方面公式化、概念化的现象也不可避免地存在着。

小说方面，在“左联”早期对革命展开正面描写的创作中，出现了蒋光慈的《短裤党》和《咆哮了的土地》、洪灵菲的《流亡》、阳翰笙的《地泉》三部曲等较为著名的作品。由于对革命生活和工农群众缺乏现实感受，这些作品明显地存在着公式化、概念化的局限。直到丁玲的中篇小说《韦护》，才一方面沿袭蒋光慈小说《野祭》形成的“革命 + 恋爱”的叙事模式；另一方面却表现出作家对士大夫家庭出身的新知识分子的独特观察与发现，显示出某种摆脱公式化、概念化缺陷的征兆。丁玲的《水》自觉运用阶级分析的方法来解剖重大的现实题材及其所包含的社会问题，表现集体性行为的开展，从而构成了“普罗文学”的重大突破。叶紫的《丰收》直接以土地革命风暴和工农红军反“围剿”为背景，描写了农民的阶级性格及其成长，正面表现了革命斗争血与火的现实。在这一时期，柔石、胡也频的创作也取得了一定的成就，《生人妻》、《为奴隶的母亲》等优秀作品的价值认知，均建立在较为坚实的生活实感的基础之上。

诗歌方面，1925 年蒋光慈以诗集《新梦》开创了中国的无产阶级诗歌，主张革命文学“它的主人，应当是群众，而不是个人”④，将诗歌转

---

① 雷达、赵学勇、程金城主编：《中国现当代文学通史》，甘肃人民出版社 2006 年版，第 215 页。

② 同上书，第 220 页。

③ 杨匡汉主编：《20 世纪中国文学经验》，东方出版中心 2006 年版，第 127、128 页。

④ 蒋光慈：《关于革命文学》，《太阳月刊》1928 年第 2 期。

化为对无产阶级"战斗的集体主义"的歌颂。蒋光慈还热情地讴歌了列宁领导的十月革命,把共产主义理想带进了诗歌领域,展开了无产阶级诗学的一个重要侧面。以殷夫为前驱、蒲风为代表的"中国诗歌会",是"左联"领导下的一个群众性诗歌团体。在当时诗歌贵族化和大众化两种不同的发展趋向中,"中国诗歌会"的诗歌大都采用直接描摹现实的方式,还提出了"歌谣化"的创作主张。他们的诗歌及时、迅速地反映时代的重大事件,强调诗歌的意识形态化和对实际革命运动的直接鼓动作用,从而成为"文艺大众化"运动的有力组成部分。

戏剧方面,左翼戏剧可"划分三个历史时期:大革命失败后的时期;左翼戏剧运动时期;国防戏剧运动时期"[1]。1929 年,沈端先(即夏衍)、郑伯奇、冯乃超、钱杏邨等发起组织上海艺术剧社,提倡"无产阶级戏剧"。"在这之前,应该说'五四'以来中国话剧已有一个反帝反封建的革命传统,可是当时所谓民众戏剧,或者革命戏剧,还缺少一个明确的阶级观点。由于艺术剧社是党直接领导的剧团,在这一点上就比较明确而坚定了。"[2] 1930 年,中国左翼剧团联盟(后改为中国左翼戏剧家联盟)在上海成立,同时成立了大道、曙星、春秋等剧社,提出了"演剧大众化"的口号,并在南通、北平、武汉、广州、南京等地各有分盟,使左翼戏剧运动得到了大幅度的推进。"九一八"之后,左翼剧联建立了许多工人剧团"蓝衣剧社",提出了"戏剧走向农村"的主张;后又提倡"国防戏剧"运动,艺术形式上"提倡'通俗化'、'大众化'和方言话剧"[3],在演出各种进步戏剧的过程中,逐渐突破都市剧院演出的狭小圈子,走向工厂、农村,向着"广场戏剧"的方向发展。

总的看来,虽然当时的不少纪实性作品出现了对苏联景象和"红区"景观的描述,大量作品的革命性内涵,主要还是表现在应用了革命文艺理论来指导,真正的"红色"题材作品,在国统区左翼文学中是相当欠缺的。不过,某些文学史著作往往把直接描写革命斗争实践的作品和国统区革命作家创作的、具有革命意识的文学作品,统称为"红色文学"。著名的"左联五烈士"的作品,就是在这种意义被命名为"红色文学"。所

---

① 葛一虹主编:《中国话剧通史》,文化艺术出版社 1997 年版,第 92 页。

② 夏衍:《难忘的一九三零年》,载凤子、葛一虹主编《中国话剧运动五十年史料集》第 2 辑,中国戏剧出版社 1959 年版。

③ 周钢鸣:《民族危机与国防戏剧》,《生活知识》"国防戏剧"特刊,1936 年 2 月出版。

以，国统区的左翼文学，可以看作是以理论引导和价值倾向为关键特征与内涵核心的中国现代红色文学。这种从共产党成立初期即开始萌芽的作家精神与创作传统，历经时代的风雨，一直延续到解放战争时期国统区左翼文艺阵线的思想斗争和创作实践，并在历史的演变过程中不断地增强着自己的文坛地位和社会影响。

二

如果说国统区"普罗文学"的提倡者和实践者既有共产党员，又有许多革命文艺理论影响下的非党员文人，那么，红色根据地文学的创作者和管理者，则基本上本身就是革命者、即所谓"革命文艺战士"。他们并不进行纯粹的理论探讨，而主要从创作实践的层面，在根据地展开了轰轰烈烈的"红色大众文艺"实践活动，这种实践活动包括"红色戏剧"和"红色诗歌"两个方面。

在苏区时期，"红色戏剧"运动处于群众性文化活动的中心位置。

在活动管理方面，"三湾改编"后，井冈山根据地的红军部队和各级工农政权，就都把"宣传群众、组织群众、武装群众"作为了重要的政治任务。在红军连队成立了俱乐部，以短剧、民间小调、革命歌谣和采茶戏曲调的形式，开展战士文化娱乐活动。当时专业性的"八一剧团"里，活跃着李伯钊、刘月华、石联星"三大赤色跳舞明星"。1933 年，"八一剧团"又扩展为工农剧社，并在中央苏区各县、区和各红军部队都建立了分社、支社。1934 年，瞿秋白从上海来到瑞金，全面领导苏区的艺术工作，他开办高尔基戏剧学校，进行了上海左翼文学理论与苏区文化建设相结合的初步尝试。从此，根据地"红色戏剧"活动就和国统区左翼戏剧运动同时发展起来。

在戏剧演出方面，红色戏剧经历了从化妆演出到活报剧、再到现代话剧的形式；形成了专业与业余相结合，部队、农村、机关相结合的演出系统，成为政府与军队政治工作的有机部分；它们作为一种宣传剧、教育剧，具有鲜明的"广场戏剧"的特色。

在创作成果方面，这一时期经苏区政府教育部和工农剧社的编辑和推荐，油印出版的剧本数以百计，代表作有《我——红军》（沙可夫等作）、《战斗的夏天》（李伯钊作）、《年关斗争》（方志敏主持创作）、《八一南昌起义》（聂荣臻指导编写）、《松鼠》（胡底作）等。还演出了《最后的晚餐》、《黑人吁天录》等经典名剧。甚至在长征和游击战争过程中，红色戏剧仍然在顽强地存在着、战斗着。长征胜利后，苏区的红色文艺战士被分散到各部队、各地区，红色戏剧的火种也随之被带到了各个根据地。

诗歌方面，1933 年 5 月，《红色中华》报创办了中央苏区唯一的文艺副刊《赤焰》，出版了《革命诗集》。1934 年春，《青年实话》出版《革命歌谣集》。这些诗歌浅显易懂而又激情洋溢，起到了极大的宣传作用。

陕甘宁边区建立后，群众性文艺活动更加活跃起来。延安的红色文化人之中，"来自异地的左翼作家在三四十年代之交和 40 年代后期成就最为显著，而本土作家则在 40 年代中期大放光彩"①。延伸至新中国成立，根据地、解放区的文艺创作从戏剧、诗歌到小说，均先后取得了令人瞩目的创作实绩。

戏剧方面。1936 年 11 月，丁玲到达陕北保安，发起成立"中国文艺协会"，实现了左翼作家和苏区文艺骨干的第一次会合。"七七事变"后，成立于 1937 年 3 月的人民抗日剧社改名为抗战剧团，组建了十八集团军西北战地服务团。1937 年 11 月，陕甘宁边区文化界抗战联合会成立（1939 年 2 月改名为"文协"延安分会），还成立了边区文化界救亡协会、边区音乐界救亡协会、边区文艺界抗战联合会、边区美术协会、边区戏曲协会、边区抗敌电影社、延安文化俱乐部等重要的文艺团体和组织，几乎包括了一切可能的大众化文化、文艺组织。这些组织均以"培养无产阶级作家，创作工农大众文艺"为宗旨，积极开展工农文化活动。1938 年 4 月 10 日，鲁迅艺术学院成立。随后剧团猛增，演剧活动日趋繁盛，演出了曹禺的《雷雨》、《日出》，果戈理的《钦差大臣》和根据托尔斯泰小说改编的《复活》等大量中外名剧，这次"演大戏"热潮引起了争论，甚至被认为带有"关着门提高的错误"② 和"失去了政治上的责任感"③。但直到延安文艺整风掀起了革命文化建设的新高潮，戏剧运动才出现大转折，在大众化的道路上迈开大步。当时仅在延安就演出了 130 多出话剧，其中创作新剧目近 80%，还产生了《同志，你走错了路》、《粮食》等优秀作品。在其他根据地，话剧运动也迅速展开并不断发展，

---

① 杨义：《中国现代小说史》第 3 卷，人民文学出版社 1986 年版，第 519 页。
② 周扬：《艺术教育的改造问题》，《解放日报》1942 年 9 月 9 日。
③ 张庚：《论边区戏运和戏剧的技术教育》，《解放日报》1942 年 9 月 11 日。

出现了《把眼光放远一点》、《李国瑞》等优秀剧目。还产生了秧歌剧、新歌剧、农民戏剧等"广场戏剧"的形式。以群众性秧歌剧大规模创作和演出为基础，"新歌剧"的创作也形成气候，先后产生了《白毛女》、《赤叶河》、《刘胡兰》等色彩鲜明、内涵深刻、流传广泛的作品。解放战争时期，各解放区的演剧团形成了大流动的格局，但也出现了话剧《反"翻把"斗争》、《炮弹是怎样造成的》、《红旗歌》等优秀作品。

诗歌方面。根据地诗歌最为重要的创作实践是"歌谣化运动"。现代中国早期的白话诗人，就已经进行过"新诗歌谣化"的尝试。中国诗歌会的诗人则将这种尝试赋予了意识形态的意义，成为"无产阶级文学"运动的有机组成部分。20世纪40年代，"诗的歌谣化"得到根据地政权的支持，更发展到了极致。"新歌谣"的根本特点，是在民间传统歌谣的形式中注入革命的内容，以达到宣传、教育、普及革命思想的目的。歌颂革命与革命的政党、政权、领袖、军队，成为新歌谣的基本主题。1938年，延安掀起了轰轰烈烈的"街头诗歌"运动，开启了延安文学形式变革、审美转型的先声。1942年，艾青主编的《街头诗》创刊，也特别强调诗歌的"日常性"。根据地"歌谣体"新诗的代表作，是李季的《王贵与李香香》，张志民的《王九诉苦》和《死不着》，李冰的《赵巧儿》，田间的《戎冠秀》和《赶车传》等叙事诗。"街头诗"搞起来后，美术、小说、音乐也纷纷跟进，共同形成了一种独具特色的根据地"街头文化"。

小说方面。解放区另一通俗文学的潮流，是将传统评书彻底新文学化，用以表现根据地农村中出现的新人物、新面貌、新问题。这一创作潮流以赵树理的《小二黑结婚》、《李有才板话》等小说为代表，还有如柯蓝的《洋铁桶的故事》、孔厥和袁静合作的《新儿女英雄传》等优秀作品。根据地的文人小说创作，也出现了丁玲的《太阳照在桑干河上》、周立波的《暴风骤雨》等相当成熟的长篇小说，二者均在1951年和歌剧《白毛女》一道，被苏联授予了"斯大林文学奖"。

三

中国现代红色文艺对当代红色记忆审美的影响既是全面的、决定性的，又是复杂的、多层次的。其中至少包含着以下两个基本方面。

一方面，中国现代红色文艺从理论观念到实践方向、再到人才积累等等，为当代红色记忆审美做好了充足的准备。中国现代历史上的红色文学理论传播与创作实践，导致了现代文学指导思想从启蒙到革命的巨大变动，带来了文学的重新定义。从红军时期的苏区到抗战时期的根据地、再到第三次国内革命战争时期的解放区，均普遍采用文艺形式进行革命的宣传、鼓动工作，从而为"文艺大众化"寻找到了切实可行的道路。新型的文学观念和创作实践，还训练出一大批文学的有生力量，形成了新中国文学的队伍储备。开国时期红色记忆审美的艺术精品，大多出自在战争年代已有相当文学训练的作家之手，这些作家或者曾经是"左联"成员，或者曾经是革命队伍中的记者、教员和文艺、宣传工作者，或者是在国统区进步文艺界已有一定名气、随后又进入了根据地文艺队伍的，他们大都在革命队伍里经受了红色记忆审美的熏陶，许多人甚至本来就是现代中国红色文艺的卓有成就的创造者，新中国成立后他们一展身手，果然卓尔不凡。毛泽东《在延安文艺座谈会上的讲话》更从文艺理论和政治纲领相结合的高度，概括和总结了中外红色文艺实践的经验教训，为新中国的红色记忆审美开辟了广阔的道路。所有这一切，具有决定性意义地影响了新中国五六十年代红色记忆审美的创作成就。

另一方面，中国现代史上的红色文艺既具鲜明的革命性和文艺大众化方向的艺术探索性，同时也存在着思想和艺术的诸多不成熟之处。对于这种不成熟性，学术界已有充分的共识。但对红色文艺创作队伍内部以"不成熟"形态存在的"多色调"特征，学术界却未曾给予正面而深入的历史认知。实际上，"左联"时期的优秀作家如沙汀、艾芜、张天翼等，优秀作品均是"非左翼"题材；延安时期，也存在丁玲、王实味等著名作家的"非左翼视角"写作现象；即使是典型的红色文学作品，其"革命＋恋爱"模式中的"恋爱"，也属于"非左翼"的意蕴侧面。这种多层次、多色调的复杂存在，恰恰蕴藏着优秀文学所应当具备的价值底蕴的丰富性、多维度性。这种价值蕴含的多维度性影响深远，既对开国时期红色记忆审美在"民族风格"、"民族气魄"名义下的多元文化艺术积聚提供了有益的经验，也成为"文革"后学术界重审红色文艺、创作界重构红色记忆的思想和灵感源头。其深长的历史与文化意味，值得我们在新的历史起点上作为一个重大的学术课题来关注和解读。

第二章　红色记忆审美的历史流变（一）

新中国成立后，"革命战争胜利了，尽管工作还是十分繁忙，但表现历史斗争终于成了可能的事……无产阶级总是要求在文学上表现自己的，要求将自己亲身经历的生活面貌和经验、自己所熟悉的战友，用文学形式表现出来"①，红色记忆审美由此成为了参与面广泛的创作现实。开国时期的红色记忆审美顺应共和国的开国气象和主流文化战略，有效地奠定了当代红色记忆叙事的精神与审美基础，其中的精品力作被称为"红色经典"，根源正在于此。总的看来，这一时期的红色记忆审美存在两个基本特点，一是以肯定、讴歌的立场发掘和再现红色文化的历史形态与精神内涵，二是认同和服从于"为工农兵服务"、"为最广大的人民群众服务"②的审美方向。这一时期红色记忆审美的基本特点，决定了不同历史时期的学术界对红色经典进行研究与评价的基本路径。

第一节　开国时期红色记忆资源的诗性转换

从历史文化的视野来看，红色记忆本身不过是一种创作题材和审美资源，从这种创作资源到审美境界的最终形成，需要经历一个审美主体精神创造和诗性转换的过程。因此，我们有必要首先对红色记忆审美进行诗性转换的方向与路径，给予一种简要的勾勒和分析。

一

在个人命运与集体命运紧密关联的革命战争时代，红色记忆资源的精

---

① 沙士年：《文坛上的一簇新花》，《解放军文艺》1958 年第 4 期。
② 《人民日报》社论：《为最广大的人民群众服务》，载冯牧主编《中国新文学大系（1949—1976）第 1 集・文学理论卷》，上海文艺出版社 1997 年版，第 62 页。

神底蕴必然地存在着将个体感受融汇到集体话语之中的意义指向。开国时期的红色记忆审美在确立诗性转换的精神方向时，也遵循着这一价值原则和话语规律，并将其贯穿到了从审美心理动因萌发到文本艺术意蕴建构的整个过程。

首先，开国时期的红色记忆审美存在一个根本特点，就是审美主体大多是"所讲述的事件、情境的'亲历者'"①。《林海雪原》、《青春之歌》、《红岩》、《苦菜花》等作品，作者本身就是历史生活的当事人，甚至是作品主人公的原型；《保卫延安》、《红日》、《战斗到明天》、《我们的力量是无敌的》等作品，作者则是重大历史事件和个体人生奇迹的见证人、记录者。在紧张的战争生活远去之后，这些作家面对种种记忆深刻的革命往事心潮难平，就由革命运动的实践者、亲历者转换成了红色记忆的传播、介绍者，在书面或口头上开始了具有明显"自叙传"、纪实性色彩的审美描述。《林海雪原》的作者曲波因为"战友们的事迹永远活在我的心里……我曾经无数遍地讲过他们的故事，也曾经无数遍地讲林海雪原的战斗故事……于是我便产生了把林海雪原的斗争写成一本书，以敬献给所有参加林海雪原斗争的英雄部队的想法。"②《敌后武工队》的作者冯志也这样表示："书中的人物，都是我最熟悉的人物，有的是我的上级，有的是我的战友，有的是我的'堡垒户'；书中的事件，又多是我亲自参加的"，"《敌后武工队》如果说是我写的，倒不如说是我记录下来的更恰当"③。瑞士心理学家荣格曾经把艺术创作的模式分为"心理型"和"幻觉型"两种类型，他指出："心理模式加工的素材来自人的意识领域，例如人生的教训、情感的震惊、激情的体验，以及人类普遍命运的危机，这一切便构成了人的意识生活，尤其是他的情感生活。诗人在心理上同化了这一素材，把它从普通地位提高到诗意体验的水平并使它获得表现"④。开国时期的红色记忆审美，正是以"人的意识生活，尤其是他的情感生活"为基础，而将其"提高到诗意体验的水平"的一种文学创作。

---

① 洪子诚：《中国当代文学史》（修订版），北京大学出版社 2007 年版，第 95 页。

② 曲波：《关于〈林海雪原〉》，载《林海雪原》，人民文学出版社 1957 年版，第 622—623 页。

③ 冯志：《写在前面》，载《敌后武工队》，人民文学出版社 2002 年版，第 2 页。

④ ［瑞士］荣格：《心理学与文学》，载《荣格文集》，冯川译，改革出版社 1997 年版，第 40 页。

　　其次，红色记忆的审美主体往往"在心理上同化了这一素材"，因而精神倾向与红色文化的主导性发展方向表现出高度的一致性。新中国成立后，"来自解放区的作家（包括进入解放区和在解放区成长的两部分）和四五十年代之交开始写作的青年作家，成为这一时期作家的主要构成"，在这些革命亲历者的心目中，"文学写作与参加左翼革命活动，是同一事物的不同方面"①，因此他们都对革命具有高度的认同感，将革命成功和新中国建立看作历史发展的必然规律。他们之所以热衷于相关叙述，是因为革命战争实践已经由艰苦的现实生活转化成了光辉的历史记忆，但"记住昨天的战斗生活，对于我，是永远的，只要还活着的时候，都是必要的。因为它已经给了我、今后还将给我以前进的力量"②。也就是说，回想过去的英雄主义能够生成瞻望未来的乐观主义，"使我们人民能够历史地去认识革命过程和当前现实的联系，从那些可歌可泣的斗争的感召中获得对社会主义建设的更大信心和热情"③。曾有研究者认为，十七年文学的革命历史叙事是为了建构新中国的合法性，通过"讲述革命的起源神话、革命传奇和终极承诺，以此维系当代国人的大希望和大恐惧，证明当代现实的合理性"④。这一论断实际上并不贴切。因为建构"合法性"其实是一种"他者"视角的创作，而在这些胜利者眼中，新中国的"合理"与"合法"性压根就不需要再度证明，他们的心里也不存在什么"恐惧"和需要回忆往事来重燃或"维系"的希望。恰恰相反，他们进行创作的心理基础不是自疑和恐惧，而是身处革命队伍内部的自豪与得意。而从国家意识形态的层面看，"所有开头都包含着回忆因素。当一个社会群体齐心协力地开始另起炉灶时，尤其如此"⑤，而且，"集体记忆在本质上是立足现在而对过去的一种重构"⑥，在集体记忆中，过去"如果不是

---

① 洪子诚：《中国当代文学史》（修订版），北京大学出版社2007年版，第29页。
② 吴强：《红日》，中国青年出版社1959年版，第5页。
③ 邵荃麟：《文学十年历程》，载《文学十年》，作家出版社1960年版，第37页。
④ 黄子平：《"灰阑"中的叙述》，上海文艺出版社2001年版，第2页。
⑤ ［美］保罗·康纳顿：《社会如何记忆》，纳日碧力戈译，上海人民出版社2000年版，第1页。
⑥ ［法］莫里斯·阿尔布瓦：《论集体记忆》，毕然、郭金华译，上海人民出版社2002年版，第59页。

全部，那么也最主要是由现在的关注所塑形的"①。也就是说，即使在新中国成立后那样一个开国伊始、群情激昂的历史时代，集体记忆的表达也是需要的，而"发扬革命传统"的目的，正是为了"争取更大光荣"。因为精神方向的高度一致，红色记忆审美的个人心理动因，就自然而然地融入到了集体性记忆表达的普遍趋势之中。

再次，众多红色记忆的审美主体在文本意蕴建构的层面，都自觉地超越"自叙传"的境界，将个人性经历的记忆倾诉转换成了为党、人民、英雄建构宏大话语的历史使命。《红日》的作者吴强"看到美好的今天，瞭望更美好的明天，我不禁想起了在风里、雨里、炮火纷飞里苦战恶斗的昨天，更不禁想起了那些勇敢的、忠诚于党和共产主义事业的英雄战士。"② 冯志创作《敌后武工队》，则是"总觉得如不写出来，在战友们面前似乎欠点什么，在祖国面前仿佛还有什么责任没尽到"③，他创作这部作品是希望"献给伟大的光荣的正确的党！献给勤劳的勇敢的坚贞的人民！献给我的亲爱的战友和同志们！"④，"党"、"人民"、"战友和同志们"的排序，将其中的层次性表达得非常鲜明。刘知侠在《铁道游击队·后记》中也这样写道："所以有勇气写下去，主要是铁道游击队的可歌可泣的英雄斗争事迹鼓舞了我。……同时，作为一个文艺工作者，我熟悉了他们在党的领导下所创造的英雄斗争事迹，也有责任把它写出来，献给人民。"⑤ 凡此种种可见，正是集体性事业的使命感和社会文化的责任感，而不是为个人唱赞歌、树碑立传，成为了他们进行文本审美建构的根本价值旨归。

最后，众多红色记忆叙事都特别注意将作品的主题由史实描述和记忆实录的状态，升华到典型化地探索历史必然性与意义崇高性的境界。白刃的《战斗到明天》于1948年的严冬在平津前线开始写作，1951年作品完成并在中南部队印行，1958年初春又在北京修改完了第四稿，由人民文学出版社再次出版。作者自述这部作品的创作动机时说："平津解放后，

---

① ［法］莫里斯·阿尔布瓦：《论集体记忆》，毕然、郭金华译，上海人民出版社2002年版，第45页。

② 吴强：《红日》，中国青年出版社1959年版，第6页。

③ 冯志：《敌后武工队》，人民文学出版社2005年版，第2页。

④ 同上。

⑤ 知侠：《铁道游击队》，上海文艺出版社1978年版，第608—609页。

我把自己和周围一些知识分子，在敌后抗战中的经历，通过思想改造的主题，写了《战斗到明天》。"① 其中就清楚地表明，作者是将"周围一些知识分子"的"经历"，转换和升华到了"思想改造"的主题境界的。作家碧野也谈到，《我们的力量是无敌的》"是我在太原火线生活的收获。……从一个侧面写出中国革命战争的伟大胜利，而且把这胜利的战果向全国人民汇报，我的情感是热烈的，心是忠诚的"②。作者描述的是"太原火线生活"这一局部的历史事实，真正想表现和讴歌的，实际上则是"中国革命战争的伟大胜利"。真切的生活经历与阅历，就由此升华成了一种有关中国革命与战争及其伟大影响的"宏大叙事"。在历史记忆得到审美深化与升华的基础上，许多作家在艺术的追求方面往往也随之超越质朴叙述的写实境界，树立起了更具雄心壮志的创作目标和审美追求。这方面最为典型的，当数长篇小说《红旗谱》的创作。作家梁斌对同一题材从酝酿到真正开始创作历时 18 年之久。早在 20 世纪 30 年代，他就根据发生在家乡的第二师范学潮和高蠡起义，写出了短篇小说《夜之交流》，从这个短篇到小说《三个布尔什维克的爸爸》，再到两个五幕剧《千里堤》和《五谷丰收》，一直到创作长篇小说《红旗谱》，梁斌才最终确定了"完成一部有民族气魄的小说"③ 这样一种宏伟而明确的艺术目标。

　　总之，红色记忆审美在叙事内容方面表现出鲜明的审美资源亲历性、创作内容实证性特征，精神建构层面则具有个体感受与集体意识形态高度融合的倾向。这些特征决定了文本审美境界中深厚的生活实感、鲜明的情感倾向和质朴无华的叙事笔法，使得作品呈现出一种对历史客观化呈现的审美形态；也有力地决定了红色记忆审美创造的颂歌品格，以及审美主体对于本质、规律、真理性、"宏大叙事"高度"服膺"的意义建构心态。可以说，这就是红色记忆审美的诗性转换路径和意义建构目标。

二

　　当代中国的红色记忆审美，实际上是一项集体性的审美塑形与精神创

---

① 白刃：《〈战斗到明天〉·三版前言》，载《战斗到明天》，人民文学出版社 1980 年版。
② 碧野：《〈我们的力量是无敌的〉·重版前言》，载《我们的力量是无敌的》，解放军文艺出版社 1980 年版。
③ 梁斌：《漫谈〈红旗谱〉的创作》，《人民文学》1959 年第 6 期。

造活动。在这项社会文化活动中，不仅存在着对历史文化资源进行诗性转换的审美创造工程，而且大量存在着"泛审美文化"层面的叙述、保留和传播红色记忆的群众性写作实践。这种"泛审美文化"以其强大的史实参照作用和意义建构功能，既为红色记忆审美成果的顺畅理解和良性传播提供了深厚的精神土壤，也为红色记忆审美创造本身奠定了更丰富的资源基础，堪称从"红色记忆"到"红色经典"诗性转换的桥梁。其中影响最广泛、功能最强大的，当属以《红旗飘飘》和《星火燎原》为代表的群众性革命回忆录写作。

群众性的非虚构写作在中国现代文学史上就已经形成了传统。1932年，阿英主编了我国第一部以报告文学命名的作品合集《上海事变与报告文学》。1936年9月，茅盾仿效高尔基主编的《世界的一日》，主编了大型报告文学集《中国的一日》，以近500篇文章的巨大篇幅，真实地记录了1936年5月21日这一天中国人生活的方方面面。在中国共产党领导下的抗日民主根据地和后来的解放区，也出现过群众性的通讯写作运动，产生了《冀中一日》、《渡江一日》等大型报告文学集，形成了红色文艺的民众性创作实践模式。新中国成立以后，在抗美援朝战争中出现了《朝鲜通讯报告选》、《志愿军一日》、《志愿军英雄传》等影响巨大的通讯报告合集，在反映社会主义建设生活和祖国面貌变化方面，也出现过《祖国在前进》、《经济建设通讯报告选》（一、二集）、《技术革新通讯报告文学选集》等非虚构写作的作品合集。

在对革命历史的非虚构写作方面，从1949年新中国成立到20世纪50年代中期引起较广泛关注的，主要是表现英雄人物的传记文学作品。中国青年出版社在1951年到1957年间，就相继出版了《刘胡兰小传》、《董存瑞》、《黄继光》等在青少年读者中卓具影响的作品；《青年英雄的故事》1954年出版后，发行量甚至高达1158000册①。吴运铎1953年出版的自传性回忆录《把一切献给党》，表现了一个中国保尔式的英雄人物吴运铎的战斗生活、忘我精神和思想成长过程，堪称这一时期英雄人物传记文学的优秀代表。

20世纪50年代中期，因为《红旗飘飘》丛刊的创办和总政治部发起"中国人民解放军30年"征文进而编辑《星火燎原》丛刊，许多老革命

---

① 黄伊：《创办〈红旗飘飘〉的回想》，《新文学史料》2003年第1期。

纷纷加入革命回忆录撰写的行列，记叙他们亲身经历、亲眼所见、亲耳所闻的革命史实，形成了一种群众文化运动。革命回忆录的写作于是异乎寻常地繁荣起来。

《红旗飘飘》由中国青年出版社出版，从 1957 年 5 月到 1962 年共出版了 16 集，发表革命回忆录 300 余篇。1979 年《红旗飘飘》复刊，延续到 1993 年底又出版到了第 32 集。《红旗飘飘》所发表的文章从文体到内容都相当地广泛和复杂。在文体方面，《红旗飘飘》以革命回忆录和传记作品为主，但也有革命烈士诗抄和一些新创作的反映当年革命斗争生活的小说、诗歌、散文，第 8、9 集中就有"烈士诗文抄"专辑。在内容的编辑方面，《红旗飘飘》的各集大都注意到了内容的相对集中。第 3 集为"解放军三十年征文"特辑，包括 40 多位老干部写的文章；第 4 集为"庆祝十月革命四十周年特辑"，除了一部分翻译作品，其余的都是参加过十月革命的中国工人对于十月革命动人片段的回忆；第 5 集"革命先烈故事特辑"介绍了 28 位革命先烈，作者大部分是烈士的亲属和生前战友；第 11 集是"福建老根据地革命斗争故事特辑"；第 12 集中编了一个"江西革命斗争回忆录选辑"，收录了 17 篇有关江西革命根据地的回忆录。此外，《红旗飘飘》的第 1 集和第 10 集中分别有"老共青团员回忆录"、"老工人回忆录"专辑；第 13 集则有"安源矿史片段"和"天津战役片段"两个选辑。其内容和作者的丰富性于此可见一斑。

《星火燎原》虽然稿件本身只是"中国人民解放军 30 年"征文的结果，但从文章作者的广泛和重要，到丛书出版过程的漫长与复杂，都堪称中国当代出版史上的奇观。正式入选文章的撰稿者中，就有 1000 余名革命老战士，其中包括 9 位元帅、8 位大将、36 位上将、84 位中将、303 位少将和 62 位参加过战争的省部级干部。丛书的出版过程则贯穿了共和国 60 多年的历史进程。20 世纪五六十年代，《星火燎原》由人民文学出版社出版，"1959 年，回忆长征的《星火燎原》第三册最先出版，1961 年又出版了红军时期和东北抗日联军的第四册和抗战时期的第六册。红军时期的第二册和抗战时期的第七册 1962 年出版，1963 年又出版了解放战争时期的第九、十册。本来应该最先出版的第一册，却迟至 1964 年 5 月才出版"①。因为种种原因，《星火燎原》全部 10 册直到 1979 年 1 月才开始

---

① 蔡伟：《编辑〈星火燎原〉的背后：鲜为人知的故事》，《党的文献》2007 年第 6 期。

全套重新出版，到1982年8月最终出齐，出版机构则转移到了解放军出版社的前身——战士出版社。2007年，解放军出版社选择20世纪50年代的"未刊稿"予以编辑，居然还以丰富的内容出版了10卷本的《星火燎原·未刊稿》。

以《红旗飘飘》和《星火燎原》为代表的革命回忆录如此地丰富、广泛而厚重，作为一种"泛审美文化"既有力地参与了当代精神文化的建设，也深刻地影响和改变了红色记忆的意义建构与审美格局。

首先，《红旗飘飘》和《星火燎原》坚持存真、求实的编辑原则，发掘和保存了大量珍贵的党史、军史资料。

"'尊重历史，存真求实'所体现的实事求是原则是黄涛在编辑《星火燎原》丛书时坚守的最高编辑宗旨"①，在编辑的过程中，编辑部对入选文章史料的真实性与准确性都给予了高度的关注。"编辑部为了保证稿件的真实性还经常请有关历史的当事人、亲历者再进行审阅。……不仅保证了稿件的真实性，坚持了历史的本来面目，还提高了史料的权威性。"②著名作家项小米曾参与过《星火燎原·未刊稿》中"长征卷"的编辑工作，入选文章高度的真实性和准确性使他深深地感受到："如果没有这些稿件，没有这些细节，你所知道的战争和军史，就永远只是一些概念、定义和数字而已。教科书告诉我们定义，而回忆录告诉我们细节"③。针对新的时代环境中出现的针对革命的种种质疑与问题，项小米在编辑过程中发现："许多问题的答案，早就存在于《星火燎原》之中了，细读这些稿件，许多本来就清楚的问题，变得更加有根有据，更加坚信历史不可被人随意涂抹。"④

其次，《红旗飘飘》和《星火燎原》成为20世纪五六十年代对青年进行革命传统教育的两面旗帜，深刻地影响了当时社会的文化与精神生活。

《红旗飘飘》第1集"编者的话"（即创刊词）中写道："在我国人

---

① 肖文：《从〈星火燎原〉中看红色编辑家黄涛的编辑思想》，《编辑之友》2010年第12期。

② 《我军光辉历程的真实纪录——谈〈星火燎原〉的编辑出版》，《中国出版》2007年第8期。

③ 项小米：《曾经有过这样一群人——参与编辑新版〈星火燎原〉随笔（上）》，《福建党史月刊》2012年第15期。

④ 同上。

民革命的历史上，有着多少可歌可泣，惊天地、泣鬼神的事迹！但是这一切，对于当今一代的青年，并不是很熟悉的。因此，他们要求熟悉我们人民革命的历史，并从英雄人物的身上吸取精神力量"①。在第 2 集的"出版说明"中，编辑部再次强调："本丛刊是专门向我国广大青年读者宣传我们党和中国人民光荣斗争的历史，歌颂近百年来我国历次革命斗争中的革命先烈和英雄人物，鼓舞我们青年一代向无限美好的社会主义英勇进军的。"② 从印数方面看，《红旗飘飘》也是一个庞大的存在，"光是第一集至第六集，共印 2131785 册。根据丛刊发表的文章印成单行本的有，《解放战争回忆录》，印 899200 册，《在烈火中永生》，印了 3280000 册！"③ 在人民群众的社会文化生活中，这部作品集也确实起到了有力的宣传、教育作用。"《红旗飘飘》从诞生的第一天起，就受到了广大读者的欢迎，它的读者面极广。从少先队员到革命老前辈，从青年工人到解放军战士，从机关干部到青年学生，差不多都有《红旗飘飘》的读者。许多中学政治、语文教师拿它做教学参考资料；不少共青团组织把它作为优良读物推荐给团员；少先队辅导员也拿它向孩子们讲故事"④。

《星火燎原》同样被誉为"一本真正的活的革命教科书，真正的英雄的史诗"⑤，"是史学也是文学的重要贡献"⑥。丛书所收的作品中，先后共有 30 多篇文章入选各个历史时期的中小学课本，其中包括《朱德的扁担》、《一袋干粮》、《一副担架》、《我跟父亲当红军》、《六月雪》、《飘动的篝火》、《老山界》等感人至深的名篇，其影响和教育作用之巨大即此可见一斑。

最后，《红旗飘飘》和《星火燎原》以其丰富的资源含量、强大的精神启迪功能，为红色记忆的诗性转换建起了宽阔而坚实的精神和审美桥梁。

这种桥梁作用首先表现在《星火燎原》和《红旗飘飘》以良好的精

---

① 《〈红旗飘飘〉·编者的话》，《红旗飘飘》第 1 集，中国青年出版社 1957 年版，第 3 页。

② 《〈红旗飘飘〉·出版说明》，《红旗飘飘》第 2 集，中国青年出版社 1957 年版，第 2 页。

③ 黄伊：《创办〈红旗飘飘〉的回想》，《新文学史料》2003 年第 1 期。

④ 晓杰：《把红旗举得更高——谈〈红旗飘飘〉丛刊》，《读书》1959 年第 12 期。

⑤ 李希凡：《高举起革命的红旗——〈星火燎原〉读后》，《读书》1958 年第 13 期。

⑥ 茅盾：《〈潘虎〉等三篇作品读后感》，《解放军文艺》1959 年第 4 期。

神和内容基础，促成了众多红色题材文学名著的孕育和诞生。《在烈火中得到永生》在《红旗飘飘》第 6 集发表后，不仅读者读了深受感动，有关部门也高度重视，以此为基础，相关作者最终创作出了《红岩》这部十七年时期发行量最大的红色经典。长篇小说《烈火金刚》也是首先刊登在《红旗飘飘》上，大受读者好评后才结集出版的。军旅作家王愿坚曾为《星火燎原》丛书的编辑，从中汲取到了丰富的文学创作营养，其后从事文学创作，发表了《粮食的故事》、《支队政委》、《党费》、《七根火柴》、《三人行》、《赶队》等当代文学史上名噪一时的短篇小说。

这种桥梁作用也表现在《星火燎原》和《红旗飘飘》以丰富的创作资源，达成了众多电影、戏剧等艺术作品的创作和改编。陶承的传记文学《我的一家》在《红旗飘飘》发表后，著名剧作家夏衍将其改编为电影《革命家庭》，使作品产生了更大的影响；随后，在社会上还出现了"期待有更多的革命回忆录搬上舞台"[1] 的读者呼声。在这种根据革命回忆录的素材进行艺术创作和改编的过程中，仅从《星火燎原》丛书提供的素材资源出发所创作的电影和歌剧，就有《突破天险乌江》、《强渡大渡河》、《飞夺泸定桥》、《巧渡金沙江》、《突破乌江》、《万水千山》、《四渡赤水》和《洪湖赤卫队》、《党的女儿》等。

在 20 世纪五六十年代产生了巨大影响的，还有大量单独出版的革命回忆录。陈昌奉的《跟随毛主席长征》、缪敏的《方志敏战斗的一生》、杨植霖的《王若飞在狱中》等作品，都是单独出版时反响强烈，随后又被收录《红旗飘飘》之中的。《毛泽东的青少年时代》（萧三）、《艰难的岁月》（杨尚奎）、《在大革命洪流中》（朱道南）、《在毛主席教导下》（傅连暲）、《转战南北》（李立）、《气壮山河》（李天焕）、《挺进豫西》（陈赓）、《伟大的转折》（阎长林）也都曾风靡全国，拥有广大的读者。到了 20 世纪八九十年代，革命回忆录写作虽然不像 20 世纪五六十年代那么繁盛，但众多的高层领导干部退休后仍然用心于此，成为一大爱好，而且出现了不少的优秀作品。成仿吾的《长征回忆录》、杨成武的《忆长征》、《聂荣臻回忆录》、《刘伯承回忆录》、《许世友回忆录》、萧华的《艰苦岁月》、伍修权的《往事沧桑》、张麟的《徐海东将军传》、景希珍的《在彭总身边》等作品，内容中都涉及老一辈无产阶级革命家的曲折

---

① 夏康达：《期待有更多的革命回忆录搬上舞台》，《上海戏剧》1961 年第 6 期。

革命历程和复杂的党内历史问题，保存了许多第一手的党史、军史资料。

以《红旗飘飘》和《星火燎原》为代表的革命回忆录，虽然"参与者也不限于文学界"、"在'文学性'上可能存在争议"，但它们"与'革命历史小说'一起，成为以具象手段，来确立现代中国历史的权威叙述；在民众之中，其影响甚至超出'正史'"，而且，"比较起来，'纪实体'的回忆录和'史传'散文，有着'虚构'小说所难以替代的直接性"①。可以说，在中国当代文化史上，正是《红旗飘飘》、《星火燎原》之类的"泛审美文化"实践，为红色记忆的审美创造及其"经典化"奠定了多方面的良好基础。所以考察红色记忆的诗性转换，革命回忆录等群众性的非虚构写作是不应当被遮蔽和忽略的。

第二节　开国时期红色文学内涵的文化积淀

开国时期的红色记忆审美沿着发掘和再现红色文化历史形态与精神内涵的道路，在革命历史和社会主义新生活两个题材领域都创作出了大量的著名作品。创作主体对审美道路的理性自觉与清晰表达，决定性地影响了文本审美境界的文化意蕴构成，也导致了学术界以其为基础和核心而形成的简单化、片面化的研究倾向。但实际上，红色记忆审美存在着丰富的多元文化积淀和复杂的意蕴建构形态，只有对此形成准确而深刻的审美认知，我们才有可能真正把握到开国时期红色记忆审美的价值底蕴。

一

开国时期的红色记忆审美在革命历史和社会主义新生活两个题材领域，都取得了丰硕的创作成果，以至在新的时代文化语境中，众多精品力作被誉为"红色经典"。

革命历史题材的红色记忆审美建构，可依据作品的审美认知重心和历史文化底蕴分为史诗性和传奇性两种类型。史诗性作品侧重于揭示斗争的整体态势和探索革命的基本规律，《红旗谱》、《青春之歌》、《一代风流》等表现革命人生道路的作品，重在"以人带事"、揭示各类典型人物的性格成长；《保卫延安》、《红日》、《红岩》等展现革命斗争历程的作品，

---

① 洪子诚：《中国当代文学史》（修订版），北京大学出版社 2007 年版，第 142 页。

则重在"以事带人"、勾勒重大历史事件的全景性风貌。传奇类作品往往以英雄人物在敌强我弱的环境中斗智斗勇的非凡事迹为表现中心，《林海雪原》、《铁道游击队》、《敌后武工队》、《烈火金刚》、《野火春风斗古城》等，均产生了良好的审美接受效应。以人物为中心的《苦菜花》、《战斗的青春》、《新儿女英雄传》和以事件为中心的《小城春秋》、《风云初记》、《平原枪声》等，则表现出介乎于史诗性和传奇性之间的审美特征。这些优秀作品有许多被搬上了电影和戏剧舞台，从而更扩大了社会层面的影响。20世纪60年代的戏剧领域，还产生了《智取威虎山》、《红灯记》、《沙家浜》、《红色娘子军》等著名作品，并在"文革"的特定历史环境中成为了"革命样板戏"。

表现红色政权建立后的新生活和社会主义建设道路的创作，在热情歌颂的总体艺术基调之下，表现出牧歌和战歌的不同审美倾向。从20世纪50年代周立波的《山乡巨变》、孙犁的《铁木前传》到"文革"时期王蒙的《这边风景》，包括大量表现农村"新人新事"的中短篇小说，都表现出鲜明的牧歌情调；柳青的《创业史》、陈登科的《风雷》、浩然的《艳阳天》等表现农村"两条道路"斗争的作品，以及周而复的《上海的早晨》等展现城市工商业改造主题的作品，思想和行为交锋的战歌色彩则表现得更为明显。20世纪60年代后，随着"阶级斗争"观念的不断强化，现实生活题材作品中的战歌特征也体现得越来越鲜明。

但毋庸讳言，开国时期的红色记忆审美虽然成就卓著，却也是瑕瑜互见的。其中的根本原因在于，当时的红色记忆叙事选择全盘认同性地发掘红色文化的审美道路，这种审美道路从实践效果到意义功能层面都存在正负面作用并存的特征。客观现实中的斗争生活是复杂曲折的，生活中的革命实践也是成功与失败、正确与错误并存的。创作主体秉持全盘肯定和认同的价值态度，当面对革命和建设实践中的种种错误时，就会表现出无助于提高甚至大大有损作品艺术品质和价值蕴涵的倾向。在当时的创作中，这种倾向包括两个方面。

其一是"回避"。革命历史题材的创作对于革命历程中的"路线错误"和历史挫折，就极少进行正面的揭示与表现。《红旗谱》以"王明左倾路线"时期的革命斗争为历史背景，但作者自觉地回避、淡化了党组织在根本方针和基本路线层面所存在的局限，而着意于表现基层革命者高昂的斗争精神及其深厚的社会历史基础。对根本性问题进行探索与深思的缺失，无形中损伤了作品对革命文化审美认知的厚度。在"牧歌"倾向的社会主义新生活题材的创作中，回避矛盾、"粉饰现实"则几乎成了普遍存在的倾向。

其二是"顺应"。在新中国的社会主义建设道路上，从农业合作化、"大跃进"到"文革"，从针对知识分子的"反右"运动到面对青年学生的知识青年上山下乡运动，各种热情的创新与尝试、激烈的斗争与批判中，实际上都是既存在着理论的迷茫与错误，又表现出实践的弊端与偏颇。但不管处于何种生活状态，也不管实际的体验和感受如何，大量现实生活题材的创作都坚持一种以主流意识形态导向为价值基点的颂歌立场。从艺术成就卓著的合作化题材小说到"文革"时期的知青题材创作，无不如此。即使是赵树理的《三里湾》、《"锻炼锻炼"》这样体现出清醒现实主义眼光的作品，和王蒙汪洋恣肆地开辟边疆民众"生活境界"的《这边风景》，对于当时社会生活的基本方向，仍然秉持着一种"顺应"的精神心理态度。

人们在新的时代文化语境中重新打量红色记忆审美的艺术成果时，之所以把那些优秀作品仅仅看作"红色经典"，却较少作为普遍意义上的"经典"来对待，作品中表现出过于鲜明、甚至不加分析的红色文化立场，也是其中的一个重要原因。

二

学术界将开国时期的红色题材文学仅仅看作红色文化范畴的"经典"，在审美内涵认知层面是有欠深刻和全面的。对于红色文学审美境界中的文化积淀与意蕴建构，这种判断明显地缺乏深入的考察和精辟的剖析。

关于红色文学的审美蕴含与意义建构，学术界存在以下较为流行却包含着偏差与误区的研究思路。其一，在文本意义元素和文化蕴含的发掘方面，往往以思想文化层面的某种理论体系和意识形态为价值参照系，来探索作品的相应价值蕴含并予以褒贬。从这种考察思路中，生发出一种从自身立场出发的二元对立思维，盲目地排斥或遮蔽文本审美境界中其他价值内涵的存在合理性和意义建构功能。以"民间"立场排斥"庙堂文化"的价值合理性，以个体精神否定集体性话语的社会文化必要性，就表现出这种局限。其二，以文本审美境界的各类内涵元素之间必然存在冲突与矛盾为前提，来对作品的意义生成结构进行剖析，通过文本意义编码机制的"裂隙"来达成对作品"完美性"的否定。这种思路实质上是将审美实践仅仅看作了意识形态的技术运作过程，瓦解了精神创造的内在有机性；而且，不少的研究对文本多重意蕴之间存在矛盾、"裂隙"之类的判断，往往是主观刻意为之的，并不符合作品的客观实际。

实际上，众多红色文学的精品力作都不仅仅具有观念和立场层面的审美蕴含，而表现出一种由革命文化主导、又有多元文化并存的审美意蕴建构。许多农村题材小说的"老农民"和"富裕中农"身上，都存在着浓厚的小农经济习性和农耕文化特征，作者站在"集体化"的观念立场，在理性层面一般都对人物身上的这类习性和特征持批判态度。但在心理情感层面，创作主体却往往表现出一种亲近而体贴的倾向，对其基本愿望的尊重、艰辛手段的体谅和怜悯、"思想顽固"的惋惜兼而有之；而且因具有充分的"同情性理解"，艺术上对人物性格内涵的发掘与刻画也显得左右逢源、入木三分。这样一来，文本的实际审美蕴含就大大地突破和超越了创作主体的观念预设，表现出红色记忆审美建构中革命文化主导、多元文化并存的独特艺术状态。此外，"红色英雄传奇"中的主人公形象往往都散发着某种传统江湖、草莽文化的气息，"红色革命史诗"的意蕴空间则多半具有浓郁的民间、地域文化色彩，知识分子题材作品的"小资情调"与"人性化"倾向，也总是"压抑"不住地表现出来，这种种文化意味的复杂性，均是作品价值蕴含和艺术魅力的曲折表现。多元文化蕴含以这样一种方式和路径积淀于文本审美境界，客观上形成了独特的审美优势，为开国时期的红色记忆审美拓宽了价值基础，甚至增添了跨文化语境的审美活力。

开国时期的红色记忆审美建构呈现出多重话语并存、多元文化共生的态势，具有历史与文化的必然性。古老中国漫长的历史文化积累，现代社会从启蒙到革命的文化发展历程，中华大地深广的乡土文化土壤，"农村包围城市"的革命道路，战争决定成败、武装夺取政权的革命方式，共同决定了新中国文化的发展虽然高标"革命文化"的发展方向，实际上却必然是一种多元文化并存、共生的历史状态。红色记忆审美作为一种现实主义的文学创作，在发掘历史与文化意蕴的过程中清理出多元文化的蕴含，在文本审美境界的建构中融入多元文化的意味，也就是势所必然的事情。与此同时，共和国意识形态的政治文化导向和思想"革命化"规约，又确实构成了一种强大的精神力量，影响和决定了红色记忆审美境界中多元文化审美表现的曲折性与复杂性。但相关审美机制的曲折与复杂，虽然在一定程度上可能掩盖、却不可能排除红色记忆审美在叙事资源层面的丰富性和文化底蕴方面的包容度。所以，一方面，我们审视创作主体的价值立场时，应该将其理性、情感、心理等多方面的态度综合起来权衡和思考；另一方面，我们对文本艺术蕴含的判断和理解，应该着眼于文本审美建构的整个艺术呈现，而不能局限于同作者理性观念完全一致的方面。也许只有这样，我们对红色记忆审美的内容含量和价值元素的认知，才有可能全面而又透彻。

第三节　开国时期红色题材创作的审美属性

毛泽东《在延安文艺座谈会上的讲话》发表以后，"文艺为工农兵服务"和"文艺大众化"成为了中国文学发展的根本方向，红色记忆审美正是在这种方向指引下的一种创作，由此形成了开国时期红色题材文学的基本审美文化风貌。在新的时代文化语境中，这种审美趋势及其结果却导致了如何把握红色记忆题材创作的艺术类型与美学品质、如何对其进行审美文化定性的困惑。因为一种新提法在 20 世纪 90 年代学术界的出现，相关研究的态势变得更为复杂，以至在红色记忆审美全局性理解和根本性判断的层面都出现了问题。因此，我们有必要对这种新提法、新观点展开具体而深入的辨析和探讨，以获得对这一问题更进一步的反思性学术认知。

一

李陀在《今天》杂志的 1991 年第 3、4 期合刊号上发表《1985》一文，首先提出"工农兵文艺"这种"长达几十年的文化建设"①，是毛泽东试图"创造一种与他领导的革命相适应的全新的大众通俗文化"②，由此提出了"革命通俗文艺"的概念。也是在 1991 年第 3、4 期合刊号上，《今天》这本已经由大陆转移到香港出版的著名民间刊物，接过《上海文

---

① 李陀：《1985》，载《雪崩何处》，中信出版社 2015 年版，第 93 页。
② 同上书，第 94 页。

论》从 1988 年开始、因"引起了一场风波"① 而已经停掉的话题，重新
开辟了"重写文学史"专栏，陆续发表了赵毅衡的《村里的郭沫若》
(1992 年第 2 期)、黄子平的《文学住院记》(1992 年第 4 期)、孟悦的
《〈白毛女〉与延安文艺的历史复杂性》(1993 年第 1 期)、李陀的《丁玲
不简单》(1993 年第 3 期)、陈思和《民间的沉浮》(1993 年第 4 期) 等
论文。1993 年，唐小兵又把《今天》杂志上发表的某些论文及其他相关
论文合编为《再解读：大众文艺与意识形态》一书，并由牛津大学出版
社（香港）出版。在《我们怎样想象历史》"代导言"一文中，唐小兵
提出了"大众文艺"的观念。虽然李陀在相关讨论中并不完全认同"大
众文艺"这一提法，因为"'大众文艺'是'为大众写'，而'工农兵文
艺'的特点是你光为大众写还不行，作者必须自己改造自己，把自己的
立场转移到大众上来"②，但很显然，他们对这种文艺的"通俗"或"大
众"性质并无异议。所以，作为对开国时期红色题材文艺创作的一种基
本判断，李陀的"革命通俗文艺"和唐小兵的"大众文艺"是两个所指
对象和基本内涵都颇为相近的概念。由此，主要在具有海外学术和思想背
景的现当代文学研究者中，就形成了一种将开国时期的大陆主流文艺整体
定位为"革命通俗文艺"、"大众文艺"的倾向，这种研究倾向流传到国
内，在 20 世纪 90 年代的文学史研究界乃至整个学术界，都形成了广泛而
重要的思想影响。

这种提法可予探讨的问题，主要存在以下两个方面。

第一，在研究对象的界定方面，对"革命通俗文艺"或"大众文艺"
的范围如何划分。李陀认为整个当代中国的"工农兵文艺"都是"革命
通俗文艺"，"在延安兴起的'新秧歌'运动，这是毛提出'工农兵方
向'之后第一次建设革命通俗文艺的实践；如果把这之后几十年的革命
文艺所取得的成就，包括诗歌、小说、戏剧、歌曲中凡可称之为经典的作
品与这次秧歌运动比较，我以为很容易看出它们都不过是后者的继续和扩
大"③。甚至"无论就艺术形式的通俗化来说，还是就作品中蕴含的价值

---

① 李陀：《先锋文学与文学史写作（编者前言）》，载李陀编选《昨天的故事：关于重写文学史》，生活·读书·新知三联书店，第 1 页。

② 《语言·方法·问题——关于〈我们怎样想象历史（代导言）〉的讨论》，载唐小兵编《再解读：大众文艺与意识形态》（增订版），北京大学出版社 2007 年版，第 258 页。

③ 李陀：《1985》，载《雪崩何处》，中信出版社 2015 年版，第 94 页。

取向来说，'伤痕文学'和'改革文学'不仅与'工农兵文艺'没有根本性的差异，而且是'工农兵文艺'的一个新阶段（恐怕也是最后一个阶段）。因此，可以说一直到 1985 年之前，'工农兵文艺'并没有受到大的动摇，它仍然依照毛泽东确立的革命通俗文艺的标准监督着文学话语的生产"①。唐小兵则认为，"大众文艺"的"滥觞应当追溯到 20 年代末期江西苏维埃政权倡导下的戏剧运动、民歌搜集，纵贯了后来的抗战文艺、解放区文艺以及工农兵文艺"，"延安文艺，亦即充分实现了的'大众文艺'"，其中存在"一系列民众性文艺实践"、"大批刊物杂志"、"有经典意义的作品（《白毛女》、《穷人乐》、《高干大》、《王贵与李香香》、《李家庄的变迁》)"和"相当完备的理论阐述"②；"中国现代文学史上 40 年代后期至 60 年代初期的一大批'转述式文学'（从《创业史》到《上海的早晨》，从《青春之歌》到《红岩》)，而且也应当包括 70 年代完全垄断被许可范围内的社会象征行为的'革命样板戏'……是一个'革命时代'的大众文学"③。刘禾以虽非红色题材却属于典型的主流文化立场、阶级观念视角的歌舞剧《刘三姐》为例，给出了"民间（口头）文学、官方（通俗）文学、市民（消费）文学、大众视听媒体"④的区分，也就是将整个"官方文学"都归入了"通俗文学"。这样，论者实际上就把延安文学以来所有的"民众文艺实践"、文人"转述式文学"和"革命样板戏"等大陆"革命文艺"，不加区分地一概划为了"革命通俗文艺"或"大众文艺"。

　　第二，在观念内涵的阐述过程中，《再解读》研究者群体往往按照时代政治话语与民间文艺形式"两分法"的思维路径，来拆解文本叙事元素，判断作品的文化意味和审美品质。唐小兵认为，"'大众文艺'的理想状态是诗人和听众同时认同于一个想象性的集体化历史主体"，"传统文艺形式的重新发现和利用，……进一步说明了诗人已转化成一

　　① 李陀：《1985》，载《雪崩何处》，中信出版社 2015 年版，第 96 页。

　　② 唐小兵：《大众文艺与通俗文学：〈再解读〉导言》，载《英雄与凡人的时代：解读 20 世纪》，上海文艺出版社 2001 年版，第 248—249 页。

　　③ 唐小兵：《暴力的辩证法：重读〈暴风骤雨〉》，载《英雄与凡人的时代：解读 20 世纪》，上海文艺出版社 2001 年版，第 135 页。

　　④ 刘禾：《一场难断的"山歌"案：民俗学与现代通俗文艺》，载王晓明主编《批评空间的开创：二十世纪中国文学研究》，东方出版中心 1998 年版，第 356 页。

项功能，退缩为'大众'这一硕大母体的自然延伸"。① 刘禾则指出："'民间'形式在被新型国家意识形态占有之后，经由大众视听媒体派生出一个占主流地位的通俗文艺，即'革命通俗文艺'"。② 这些论述实际上是首先将国家意识形态、集体性时代政治话语加上民间形式作为通俗文艺的根本特征，然后依照这一标准，将"红色文艺"、"样板戏文艺"都看作是一种染上了革命色彩的通俗文化、大众文艺。孟悦研究《白毛女》的目的，就是要"考察所谓'新文化'、'通俗文化'，以及新的政治权威三者之间的相互关系在几个《白毛女》文本中的曲折体现，以及它们在《白毛女》几次修改中的演变"③，她认为，在歌剧《白毛女》中，就存在"民间伦理逻辑的运作与政治话语之间的相互作用"，"可以看到一种回合及交换"④。虽然相关作者在具体分析中展开了多元文化的共同作用，但如前所述，从根本性质的角度看，唐小兵、李陀等人早已把这些作品都划入了"革命通俗文艺"、"大众文艺"的范畴。刘禾在有关《刘三姐》的研究中指出，广西彩调剧《刘三姐》的原班作者与改编者乔羽之间的版权案，就是"民间文学与主流的文人（通俗）文学之间"⑤ 的较量，歌舞剧《刘三姐》的改编则是"'民间'素材与都市通俗文艺结合"⑥。在他们看来，"中国本土的雅文化，就今天来讲，就是一个能作为社会道德和文化理想的代言人（而不是民众代言人）的知识分子"，但"本土的雅文化业已被摧毁"⑦。比如文人周立波创作的"《暴风骤雨》与其说是'革命历史小说'，不如说是象征性神话，是解释、说明新的社会秩序的意识形态重构"，⑧ 所以也属于

---

① 唐小兵：《大众文艺与通俗文学：〈再解读〉导言》，载《英雄与凡人的时代：解读 20世纪》，上海文艺出版社 2001 年版，第 255 页。

② 刘禾：《一场难断的"山歌"案：民俗学与现代通俗文艺》，载王晓明主编《批评空间的开创：二十世纪中国文学研究》，东方出版中心 1998 年版，第 372 页。

③ 孟悦：《〈白毛女〉演变的启示》，载王晓明主编《二十世纪中国文学史论》第 3 卷，东方出版中心 1997 年版，第 183 页。

④ 同上书，第 194 页。

⑤ 刘禾：《一场难断的"山歌"案：民俗学与现代通俗文艺》，载王晓明主编《批评空间的开创：二十世纪中国文学研究》，东方出版中心 1998 年版，第 355 页。

⑥ 同上书，第 374 页。

⑦ 同上书，第 385 页。

⑧ 唐小兵：《暴力的辩证法：重读〈暴风骤雨〉》，载《英雄与凡人的时代：解读 20 世纪》，上海文艺出版社 2001 年版，第 121 页。

"转述式文学"、"大众文艺"。

这实际上是从外延和内涵两个方面，对开国时期的大陆主流文学、实际上也就是红色记忆审美作出了一种明确的审美文化层面定性和整体性价值判断。

二

"革命通俗文艺"作为一种对开国时期红色记忆审美的历史判断，既存在理论的缺陷，又存在着与客观实际的背离之处，实际上包含着诸多重要的思想与学术误区。

首先，从时代文化基本态势和整体格局的角度看，开国时期的文艺创作实际上存在着巨大的内部差异，不能一概而论、统统划入"通俗文艺"的范畴。

从创作的角度看。即使在开国时期的特定文学形势下，文人"雅文学"和所谓的"大众文艺"、"通俗文艺"，实际上也还是界线分明的。作为文学创作口号，当时确实存在着把"人民文艺"、"大众文艺"等概念混用的现象，比如新中国成立前夕创刊的《大众文艺丛刊》，主要著作者邵荃麟、冯乃超、胡绳、林默涵、夏衍、郭沫若、茅盾、丁玲等，就都是新中国主管文艺工作的重要领导人；这个刊物也确实提出："文艺中心口号是建立'人民文艺'，又有人称为'人民至上主义的文艺'，也有称'大众文艺'的"，"建国后称为'工农兵文艺'，其实质并无不同"①。但在整个十七年时期较为成熟和规范的具体操作层面，当时的作家专业创作与大众文艺创作之间，界线却是相当分明的。最为典型的例证，就是专业作家由新中国专门成立的作家协会、文学艺术界联合会等机构管理，人民大众的群众性文艺实践活动则另由群众文艺馆、工人文化宫等部门负责。大众文艺创作也另有自己的刊物，比如形形色色的《工人文艺》、《工农兵文艺》、《大众文艺》等，它们与《人民文学》、《诗刊》等类刊物，从办刊方针到选稿原则，都是截然不同的。新中国成立初期北京出版的《大众诗歌》和1957年中国作家协会创办的《诗刊》两种刊物，从编辑人员、出版单位到作者，以及诗歌的内容、审美趣味、创作风格等，都存

----

① 钱理群：《〈大众文艺丛刊〉的批判》，载程光炜主编《大众媒体与中国现当代文学》，人民文学出版社 2005 年版，第 251—252 页。

在着明显的差异。《大众诗歌》由大众书店出版，《诗刊》由人民文学出版社出版；《诗刊》第一任编委会构成人员中，从主编臧克家，副主编严阵、徐迟，到编委田间、艾青、吕剑、沙鸥、袁水拍①等，不管在何种时代环境中，大概都没人会把他们与比如农民诗人王老九、《红旗歌谣》、"小靳庄诗歌"的众多"工农兵作者"混为一谈。再以作家的创作论，虽然著名作家赵树理曾经主编《说说唱唱》，老舍、郭沫若都曾写作过通俗文艺作品，新中国成立初期的北京，还成立过会员"包括工人、学生、艺人、教员、记者、编辑、画家、音乐工作者、演员、剧作家、诗人、新旧小说家、市民中的文艺爱好者"在内的"大众文艺创作研究会"②，但大概没人会因此把《龙须沟》、《茶馆》、《正红旗下》、《蔡文姬》等，也当作"通俗文艺"来看待。

　　从读者的角度看。当时的主流意识形态确实在不断地强调文艺"为工农兵服务"、"为最广大的人民群众服务"，乃至提倡"文化艺术工作要更好地为农村服务"，但即使到了 1963 年，也不过是"农村中能够看报读书的人多起来了，新的戏剧、音乐，新的年画、连环画，新的文学作品逐渐地深入农村，从来没有见过电影的偏僻山村有了放映队的足迹"，而实际上"农村读物的出版和发行工作做得很差"③。直到 80 年代，中国的广大农村还在进行着扫盲教育工作呢。所以，开国时期的中国普通群众特别是广大农民，文化水平到底是否能直接阅读和感受当时文人创作的文学作品，其实是大可怀疑的。文人创作的红色经典比如"三红一创"等，虽然发行量极大，往往上百万乃至几百万册，但读者主要还是当时的中小知识分子、青年学生，在那时候这些人都处于社会上较高的文化层次，扫盲工作尚未完成的几亿城乡普通百姓，实际上是不可能进入这种阅读的。既然受众普遍地没有抵达"大众"群落，那么，笼统地认为当时的文人"转述式创作"是"通俗文艺"、"大众文学"，就是没有事实依据的。虽然读者范围不是决定作品审美品质的直接和充分的条件，但它也从一个侧

---

①　丁景唐主编：《中国新文学大系（1949—1976）》第 20 集（史料·索引卷 2），上海文艺出版社 1997 年版，第 995 页。

②　王亚平：《〈大众文艺简讯〉：创刊词》，载丁景唐主编《中国新文学大系（1949—1976）》第 19 集（史料·索引卷 1），上海文艺出版社 1997 年版，第 763 页。

③　《人民日报》社论：《文化艺术工作要更好地为农村服务》，《人民日报》1963 年 3 月 25日。

面说明，当时确实存在着文人"雅文学"和"大众文学"的差别。但是，就像五四时期的新文学作家们曾经提倡过"平民文学"，研究者不会因此就把他们的创作定性为"平民文学"一样，我们也不能因为开国时期提倡过文艺"为工农兵服务"，就把当时的文艺创作一概当作"大众文艺"。

其次，从理解和界定概念内涵的角度看，"革命通俗文艺"的观念也存在着两方面难以自圆其说的问题。

第一个问题，文学审美建构中存在民间艺术形式、民间文化蕴含，并不一定就是"通俗文艺"。

民间文化往往是指存在于民间的（20世纪五六十年代的"民间"往往特指"乡土民间"，而把"都市民间"排除在外）、已经定型的既往文化的积淀，这种文化积淀自然具有通俗文化的品性。但民间文化是否永远只会是通俗文化呢？答案应该是否定的。事实上，经过作家的创造性劳动的转换，民间文化完全有可能发生质变，成为以独创性为根本标志的文人"雅文学"的有机组成部分。老舍的《茶馆》、《正红旗下》都具有浓郁的北京市井文化气息，但这并不影响它们属于"雅文学"的范畴。新时期文学也有类似的例证，比如莫言的《檀香刑》利用民间文艺形式、李锐的《万里无云》和阎连科的《受活》采用民间口头语，但它们无疑都是典型的具有先锋性质的"雅文学"。所以，文学的雅、俗之分和作品是否采用民间形式并不具有直接的关联。那么，开国时期大批具有"地方特色"、"乡土气息"的作品，也就不能不加区分地一概看作"通俗文学"了。再从相关研究者的论述本身来看。刘禾认为，《刘三姐》代表着"将'民间'和'民俗'引入'土洋结合'的都市通俗文化"所形成的"在当时造成'轰动效应'的主流通俗文艺"[①]；陈思和在《民间的沉浮》中分析指出，《沙家浜》、《刘三姐》、《红高粱》的"隐形结构"，其实都是民间文艺中江湖人物"一女三男"的角色模型。[②] 那么，何以《红高粱》这部"新历史小说"就是先锋文学、"雅文学"，而《沙家浜》和《刘三姐》就注定只能是"通俗文艺"呢？而且，陈思和在他的《中国新文学整体观》和《中国当代文学史教程》中，其实是推崇作家"走向民间"、

---

① 刘禾：《一场难断的"山歌"案：民俗学与现代通俗文艺》，载王晓明主编《批评空间的开创：二十世纪中国文学研究》，东方出版中心1998年版，第374页。

② 陈思和：《民间的沉浮：从抗战到"文革"文学史的一个解释》，载《陈思和自选集》，广西师范大学出版社1997年版，第216—217页。

推崇文学作品的民间隐形结构和民间文化意味的，按照利用了民间形式就只能是通俗文化的逻辑，陈思和岂不是在文学观念的层面存在推崇"通俗文艺"的意味？事实当然不是这样。所以，一概地认为采用了民间文艺形式、或具有传统通俗小说与民间文艺隐形结构的作品就是"通俗文艺"，立论的逻辑基点就是不能成立的。

第二个问题，认为"国家意识形态"就是大众文艺或通俗文化、代言"社会道德和文化理想"就是"雅文化"，这种思路从理论阐述到现实问题解答都难以自圆其说。

《再解读》研究者群体大多将认同和服从于"新的政治权威"的审美话语判定为"通俗文艺"。唐小兵，认为诗人、作家"认同于一个想象性的集体化历史主体"就是"大众文艺"；刘禾则断定，民间形式与新型国家意识形态的结合就构成"革命通俗文艺"，"能作为社会道德和文化理想的代言人（而不是民众代言人）的知识分子"所创作的文学作品才算"雅文化"、"雅文学"。他们的这种论断逻辑与西方大众文艺理论的一种思路和观点存在相似之处。美国的德怀特·麦克唐纳在20世纪50年代关于美国大众文化的大讨论中，就曾有过类似的表述："民间艺术是人民自己的风俗，是他们的私人小花园，与统治者的高雅文化深墙垒垒的大花园格格不入。但大众文化拆掉了这堵墙，把大众纳入了一种庸俗化了的高雅文化，从而成为政治统治的一个工具。"[①] 在德怀特·麦克唐纳看来，大众文化虽然存在庸俗化的倾向，却仍然是一种"高雅文化"，所谓"庸俗化了的高雅文化"，表达的就是这种意思。刘禾却将民间形式与新型国家意识形态结合而成的文化形态同"通俗文艺"联接了起来，理论逻辑就变成了只有非"新型国家意识形态"、"不是民众代言人"的知识分子所创造的才是"中国本土的雅文化"，否则只能算是"通俗文艺"。二者之间出现了截然相反的判断。为什么会做出这种判断，作者语焉不详；何以"知识分子"个体能代表"社会道德和文化理想"，作为"民众代言人"反而不能代表了，其事实基础和理论依据到底是什么，作者也未作出解答。理论逻辑周密性的欠缺，就于此充分地表现出来。

———————————

① ［美］德怀特·麦克唐纳：《文化理论与通俗文化读本》。转引自［英］约翰·斯道雷的《文化理论与通俗文化导论》，南京大学出版社2001年版，第48页。

　　雅文学与"能作为社会道德和文化理想的代言人（而不是民众代言人）的知识分子"之间的关系，也是个难以一概而论的问题。按照刘禾的观点，《沙家浜》与《刘三姐》自然是"通俗文艺"，而《红高粱》意在解构主流意识形态，所以应当属于"雅文学"。但事实上，且不说体制知识分子是否就注定在任何历史时期都不能代表"社会道德和文化理想"，也不说开国时期书写红色记忆的作家是否真的都缺乏代言"社会道德和文化理想"的思想意识，就只是把"能作为社会道德和文化理想代言人的知识分子"与"雅文化"、"雅文学"必然地联系在一起这一点，一旦超越作者所考察的学术视野，就显得不符合基本的历史事实。比如"文化汉奸"周作人乃至真正的汉奸胡兰成在当汉奸期间的文学作品，可能连立论者本人都不会将其看作是"社会道德和文化理想的代言"，但同样也不会把它们归入"通俗文学"的范畴。即此可见，"社会道德和文化理想"代言与"雅文学"之间，也是缺乏必然逻辑联系的。实际上，"革命通俗文艺"论者的学术意图，是希望从精神独立性的角度来界定"雅文化"和知识分子，从而贬低十七年主流文学。但精神独立品格虽然是"雅文化"的重要特征，却并不是其全部内涵；而且，精神独立也并不意味着与体制文化天然对立，因为思想观念一致而相互认同与融合，同样是一种具有历史合理性的存在形态。所以从这个角度看，其论断也明显地表现出简单化的缺陷，不能看作是全面、深刻而公允的雅俗文化认知。

　　而且，即使论者的理论立足点能够成立，这种说法也不符合开国时期大陆主流文学的重要历史事实。因为即使在《再解读》一书中的某些研究者看来，也并不是当时的所有文学作品都属于民间形式与国家意识形态的结合，就是"转述式文学"的典型代表作《红旗谱》，孟悦也认为："《红旗谱》的形式感的源头可以追溯到五四以来的新文学中现实主义的创作方式，而后者又是借鉴了欧洲 19 世纪文学的结构。"① 而刘禾认为："由于本土的雅文化的破败，西方文化所具有的种种'优势'，便乘虚而入，当仁不让地占领了雅文化的地盘。所谓'雅俗共赏'在大陆文化环

---

① 孟悦：《〈白毛女〉演变的启示》，载王晓明主编《二十世纪中国文学史论》第 3 卷，东方出版中心 1997 年版，第 186 页。

境经常指的是'洋为中用','洋'和'雅'是被人换用的"①。由此看来,《红旗谱》当然也就是"雅文学"了。那么,《创业史》、《青春之歌》等更为"欧化"的"转述式文学",又怎能归为"革命通俗文艺"的范畴呢?所以,"革命通俗文艺"论者对于大陆主流文艺的定性分析,与他们自己对历史事实的认定也存在着不相符合的地方。

　　总之,把开国时期的大陆主流文学归为"革命通俗文艺"的学术倾向,虽然对把握当时文学的审美精神具有一定的启发意义,对批判当时文学思想独立性的欠缺也具有相当的冲击力。但是,研究者盲目地执着于批判立场和生硬地套用西方的思想文化理论,缺乏对中国当代文化特殊状况的细致分析,以致把整整一个时代的主流意识形态和各类知识分子共同努力的文化结果,只作为一种特殊的"通俗文化"、"大众文艺"来看待,这就显得既缺乏对历史复杂性的充分把握,也缺乏学理基点的坚实性和话语逻辑的严密性了。所以,"革命通俗文艺"、"大众文艺"的论断只能算是一种"片面的深刻",而不是准确、科学的历史判断。

三

　　开国时期真正的"通俗文学"和"大众文艺",其实存在于另外一些地方。

　　这首先涉及怎样判断"雅文学"和"俗文学"的问题。笔者认为,决定一部文学作品是俗文学还是雅文学,最根本点在于它满足受众的何种精神需求。人的精神需求系统的层次有高低、深浅之分,通俗性作品的主要阅读效果,应当是满足受众好奇、消遣、娱乐的心理欲求,雅文学则以较高层次的审美享受和思想认知、精神感悟为价值立足点,由此形成了通俗文艺在审美宗旨方面"与世俗相通"、艺术形式方面"浅显易懂"这样两个基本特征。② 以 20 世纪 90 年代的著名长篇小说《白鹿原》和《废都》为例,虽然这两部作品的性描写都隐含着"与世俗相通"的精神趣味,《废都》还明显地体现出明清艳情小说的艺术格调与叙事策略,但它们在核心意蕴建构和根本审美宗旨层面,却表现出强烈的现实批判意味、

---

　　① 刘禾:《一场难断的"山歌"案:民俗学与现代通俗文艺》,载王晓明主编《批评空间的开创:二十世纪中国文学研究》,东方出版中心 1998 年版,第 385 页。

　　② 孔庆东:《孔庆东文集·超越雅俗》,重庆出版社 2009 年版,第 24 页。

生存感悟和文化反思色彩，所以从根本性质上看，这两部作品都不应当被归入通俗文学的范畴。假如上述关于"通俗文学"的看法能够成立，那么，"革命通俗文艺"论者指认的开国时期主流文学的大量作品，无疑都不是以宣泄和消遣为主要创作意图和阅读效果的，所以虽然从不同侧面表现出通俗文化的色彩，但在文化定性层面，也不应当被划入"通俗文学"的范畴。不过，正因为受众精神需求的差异是一种基于人性的客观存在，所以在任何时代应当都有雅文化与俗文化、雅文学和俗文学同时存在。在现代中国那战乱频仍、局势极为紧迫的时代环境中，言情、武侠等类型的通俗文学尚未彻底泯灭，新时期之后，中国的通俗文学更是来势迅猛。那么，正如当时存在一种特殊形态的"雅文学"一样，1949 年到 1976 年间的中国，是否也存在一种特殊形态的"通俗文艺"呢？答案是肯定的。事实上，在开国时期的各种艺术门类中，确实都存在着这种以通俗化和满足大众好奇、消遣型文化娱乐为主导倾向的"大众文艺"。

在文学领域的"革命通俗文学"研究中，学术界从世纪之交开始，出现了一种不同于李陀、唐小兵等人观点的理解和判断。

洪子诚在他初版于 1999 年的《中国当代文学史》中，将革命历史题材创作分为"对历史的叙述"和"当代的'通俗小说'"两个类别。他认为，赵树理"评书体"类型的《登记》、《灵泉洞》等作品，"50 年代出版的《铁道游击队》、《敌后武工队》、《林海雪原》，连同《烈火金刚》，以及更早的《吕梁英雄传》，都具有语言通俗，故事性强的特征，虽然它们表现的是革命战争情景，但与过去的'通俗小说'在艺术上有相近的地方，这些长篇有的时候被称为'革命英雄传奇'"[1]，可算是一种"'新型'的通俗小说"[2]。贺桂梅在新世纪的研究中，则将"革命通俗小说"的"最大特征"概括为三个方面："一、借鉴的是旧章回小说的一个特定类型，即"英雄的说部"（英雄传奇）。第二个特点是其叙述内容都是革命战争题材。第三个特点是在叙述方法上都注重'说书人'这一叙述视角，注重故事性与语言的口头性。"[3] 她所界定的作品范围，增添了延安时期的《洋铁桶的故事》、《新儿女英雄传》和新中国成立后的《野

① 洪子诚：《中国当代文学史》（修订版），北京大学出版社 2007 年版，第 115 页。

② 同上书，第 114 页。

③ 贺桂梅：《1940—1960 年代革命通俗小说的叙事分析》，《中国现代文学研究丛刊》2014 年第 8 期。

火春风斗古城》等作品，但去掉了赵树理的《登记》和《灵泉洞》。这样一来，"被视为具有'传奇色彩'、'通俗化形式'的小说，基本上都是抗日战争题材的作品；而那些'史诗性'的作品，则经常与国共内战的历史直接相关"①。

实际上，《铁道游击队》、《敌后武工队》都存在着对敌后游击战历史进程及其战术特征、成败规律的表现，《新儿女英雄传》、《吕梁英雄传》、《铁道游击队》则表现出明显的"集体性成长"的叙事特征，《野火春风斗古城》对杨晓冬城市地下斗争的日常生活窘况进行了真切而详尽的描写，这种种审美意蕴也不能说就不是"史诗性"特征、"现代性"主题和非传奇的"生活实感"的表现。但因为战争本身所具有的传奇、惊险性，这些作品客观上确实能够更充分地满足读者痛快淋漓的冒险猎奇和英雄崇拜心理，因而更为大众所"喜闻乐见"。从这个角度看，如果不满足于革命历史题材创作存在明显的"通俗化"倾向的概括，而一定要划分出一些"革命通俗文学"作品来，那么，将这些"有限度地运用通俗小说的方法"②的作品都归入"红色大众文艺"的范畴，也具有一定程度的合理性。

开国时期真正丰富而影响巨大的"红色大众文艺"，当属各种带有"泛审美文化"性质的群众性写作活动的产物。其中又可分为现实生活表现和革命历史讴歌两大类别。

在现实生活表现方面，诗歌领域可以《红旗歌谣》、《小靳庄诗歌选》等"民歌"和王老九等"农民诗人"的创作为代表。不管具体内容和水平如何，它们确实不能不说是一种大众参与的民众情绪的审美化自我宣泄。戏剧方面，"毛泽东思想文艺宣传队"的文艺实践可为典型的代表。因为这类活动所依赖的文本，除了模式化编排的各种简单故事，就是对"样板戏"的模拟和基于自我情绪传达的即时性发挥，它们缺乏原创性，而以模仿性、类型化为根本特征，这正是通俗文艺特性的具体表现。20世纪60—70年代的"三史"写作活动中，还出现了大量的"村史"、"工厂史"、"军队史"作品，也明显地带有"泛审美文化"的色彩。包括众

---

① 贺桂梅：《1940—1960年代革命通俗小说的叙事分析》，《中国现代文学研究丛刊》2014年第8期。

② 洪子诚：《20世纪中国文学纪事》（下），载林建法、乔阳主编《中国当代作家面面观：汉语写作与世界文学》下册，春风文艺出版社2006年版，第525页。

多的连环画作品，也属这一类型。超越特定的时代语境重新审视，现实生活题材的"泛审美文化"产品中，只有某些新闻性与文学性兼具地讴歌社会主义新人新事的作品，如《毛主席的好战士——雷锋》、《为了六十六个阶级兄弟》等，因为其中蕴含着一定的社会主义文化精神的意味，所以仍然存在着值得关注之处。

开国时期创作最为成功、传播效应最为良好的"红色大众文艺"，则是各种革命回忆录和性质类似的传记文学作品。从《红旗飘飘》、《星火燎原》中各种广泛传播的文艺性故事，到《把一切献给党》、《我的一家》、《高玉宝》等发行量巨大的单行本作品，都可归入这一类型。这类作品思想内涵的独创性与探索性是比较欠缺的，主要以生动有趣、引人入胜的讲述和宣传为特征，其中才典型地体现了唐小兵所说的"直接实现意义，生活的充分艺术化"①的审美特征。关于这类作品的历史、文化价值和对红色记忆诗性转换的桥梁功能，我们已经进行了具体的分析，在此不再赘述。

这类作品的具体情形相当复杂，但都与"雅文学"存在着巨大的区别，在当时多半被称为"工农兵文艺"、"群众文艺"、"大众文艺"等。其实，这些作品才是开国时期特定历史环境中的"革命通俗文艺"、"大众文艺"。

"红色大众文艺"实际上是 20 世纪 30 年代以来的文艺大众化运动、国家意识形态的宣传功能和民众浅层次文化娱乐需求共同作用的产物。在中国现代文学史上，大众文学的早期提倡者如瞿秋白就曾提到，"普洛大众文艺所要写的东西，应当是旧式体裁的故事小说、歌曲小调、歌剧和对话剧等，还应当运用连环图画的形式；还应当竭力使一切作品能够成为口头朗诵、宣唱、讲演的底稿"②。20 世纪 80 年代，钱理群等著的《中国现代文学三十年》根据"解放区的文学通俗化运动"的实际，认为当时这种"创作呈全面收获的景象"，主要表现在"通俗小说有章回体、演义体和新小说体；通俗诗歌……有街头诗、枪杆诗、墙报诗，有仿民歌体

---

① 唐小兵：《大众文艺与通俗文学：〈再解读〉导言》，载《英雄与凡人的时代：解读 20世纪》，上海文艺出版社 2001 年版，第 250 页。

② 史铁儿（瞿秋白）：《普洛大众文艺的现实问题》，载《中国新文学大系（1927—1937）》第 1 集（文学理论集 1），上海文艺出版社 1987 年版，第 434 页。

等；通俗戏剧……出现了广场剧、农村小话剧、秧歌剧等"①。可见，从中国大众文艺的先驱者到对于中国现当代文学特殊历史状况研究较深的学者，对"大众文艺"的基本判断其实是一致的。

将开国时期的大陆主流文学视为"革命通俗文艺"、"大众文艺"的学术主张，实质上是以对革命文化持批判态度、而又处于时代文化格局"先锋"位置的现代性文化为精英文化，而把国家意识形态文化覆盖下的一切文艺创作都看作了通俗文艺。但客观的历史事实是，中华人民共和国五六十年代的开国时期和八九十年代的文化变革年代，存在着完全不同的文化格局，以八九十年代的文化格局去"硬套"五六十年代的文学现实，造成历史的错位和文化的误读实为势所必然的事情。而且，"革命通俗文艺"的论断还隐含着一种将认同主流意识形态的知识分子逐出精英知识分子队伍的文化态度，这种以"文化雅俗"贬低"政治雅俗"②的思想倾向中，显而易见地存在着价值立场的偏激性。

四

从国家意识形态的提倡，到广大知识分子和"准知识分子"的创作与改编，直到各阶层民众的接受，"红色大众文艺"牵涉面广、持续时间长、影响复杂深远，已经成为当代中国重要的社会文化现象。但因为对当代中国"雅文学"和"俗文学"、审美文化和泛审美文化的特殊形态缺乏细致的学理分辨和历史考察，因为当时源于"文学大众化"倡导和后来着意于批判性研究所造成的遮蔽，学术界对它的研究实际上还相当欠缺。在笔者看来，"红色大众文艺"也是红色记忆审美的一部分，对这个尚未充分展开的复杂学术课题的研究，大致可从以下几个方面入手。

首先，应当展开广泛而深入的"田野调查"，以充分收集和保存即将湮灭于历史长河的各种原始资料。当代"红色大众文艺"是一个庞大的存在。粗略地扫描一下《中国新文学大系（1949—1976 年卷）》的索引分册即可发现，其中的 900 余种文艺刊物中，除《人民文学》这样众所周知的纯文学刊物和某些文艺研究刊物外，更大量的是各种地市级刊物、

---

① 钱理群、温儒敏、吴福辉：《中国现代文学三十年》（修订本），北京大学出版社 1998 年版，第 552 页。

② 王齐洲：《雅俗观念的演进与文学形态的发展》，《中国社会科学》2005 年第 3 期。

厂矿或行业文艺乃至儿童文艺，明确以"大众"、"工农兵"、"群众"命名的刊物就比比皆是；而"大系"图书编目"文集·综合"类的 141 种书目中，以"工人文艺创作"、"职工作品选"、"战士作品选"、"群英大会"、"工农兵青年创作选"命名，或定位为"工人文艺"、"前线文艺"、"革命文艺"、"煤矿文化辅助读物"系列丛书的，竟达 50 种以上。很显然，如果对这种种"红色大众文艺"的管理部门、刊物状况、出版机构、创作和改编情形、接受群体等方面的资料缺乏全面、细致的搜集与辨析，我们至少无法比较充分地解释如"红旗歌谣"、"战士作家高玉宝"、"农民诗人王老九"等"红色大众文艺"现象有着怎样的社会与文化来由，何以会在当时出类拔萃、享有盛誉，自然也就谈不上更深入一步的研究与理解。

其次，应当建构起一种社会文化考察与审美文化阐释相结合的研究思路，来展开对具体现象的分析与研究。当代中国特殊的"大众文艺"现象虽然完全可用"审美意味淡薄"一言以蔽之，却耗费了大量中国文化人几十年的精力与才华，对其以简单的审美判断代替一切，实际上并不利于对问题的深入探讨。所以，我们应当更侧重于社会学的研究和社会文化层面的考察，从文本的形成路线、思维境界与阅读效果，到受众的范围、层次与心理欲求等方面，全面捕捉这一领域为我们展开的剖析、探索的丰富可能性；然后在与当时的"雅文学"的对比中，揭示其话语模式的特征、局限及形成缘由。只有这样，我们方可从更丰富、细致的侧面，来把握当代中国文化与文学的内在特质及其生成机制；即使批判，也才能更有厚度和力度。

最后，应当力避那种万事同源千篇一律、"向上看"式归纳为"文化专制"的所谓"批判立场"。因为对这种已经众所周知几十年的答案的重复，无助于对只能"向下看"的"红色大众文艺"的深入研究。我们更应当做的，是实证性地揭示当时大众文化娱乐的实际情形及其人性根基。因为"红色大众文艺"的存在本身恰恰有力地说明，即使在高度一体化的社会历史环境中，人性需求的丰富性、多重性仍然是不可扼杀、不会彻底泯灭的；人们对于包括消遣、娱乐在内的各种文化的全面需求，仍然是一种不可抗拒的社会规律。所以，从人性欲求的普遍性和表现方式的丰富多样性等角度，以实证性的研究，揭示政治、文化一体化时代民众文化娱乐满足的特殊形态，深入细致地挖掘出其扭曲、畸形但确实存活着的表现形式，反而可以更有力地显示历史与人性的伟力。

　　总之，开国时期红色记忆审美的主流，应当是一种具有浓厚意识形态色彩和"大众化"倾向的精英文化，但真正大众文化层面的形态也广泛地存在。研究这一时期的审美成果，应当超越单纯从观念和立场出发的简单批判与贬低，而以特定时代环境中精神与文化的特殊性为基础，将学术重心转移到展开其内在丰富性与特殊性的方向上来。只有这样，我们的研究才能在更开阔的文化视野、更贴近人的本性和"中国国情"的思维境界中，建立起红色记忆审美研究的富有整体性、全面性和内在层次感的学术框架。

第三章　红色记忆审美的历史流变(二)

20世纪80年代以后，中国进入以改革开放为核心的新的历史发展阶段，社会变革、思想开放、文化多元成为时代的潮流。红色记忆审美也转变路径和方向，不再是颂歌与战歌的单一色调，而是讴歌中包含着反思，批判中隐含着痛惜与体贴，娱乐中渲染着亲切，艺术情味变得复杂起来。也就是说，在共和国60多年的发展历程中，红色记忆审美实际上形成了以建构为主的前30年和以重构为主的后30年两种不同的历史状态，两种历史状态之间既一脉相承，又表现出巨大的差异。

第一节　转型时期红色历史言说的意义范式

20世纪八九十年代的中国，明显地表现出由革命文化向建设文化、由一元文化向多元文化转型的历史趋势，这种趋势也深刻地影响了红色记忆的审美创造。学术界研究这一时期的红色记忆审美，在学术外延方面，往往只把那些与开国时期的创作和主流意识形态具有立场、观念一致性的深化、拓展型创作纳入其中，而对反思、质疑乃至解构性的创作，则以"新历史小说"、"百年反思"题材创作等名目排除于考察范围之外。在价值评判方面，往往对"新历史小说"、"百年反思"题材创作大加推崇，而对深化、拓展型的创作，则将其视为主流意识形态的产物给予贬低和淡化。这种研究思路实际上是在多元文化时代偏执和拘囿于一元文化立场的结果，并不利于对红色记忆审美进行全面、深入而富有说服力和认同度的探讨。

有鉴于此，我们拟从文化转型的整体格局出发，将文学文本和影视文本都纳入考察的视野，围绕红色历史言说来展开对红色记忆审美的相关研究。

一

在 20 世纪八九十年代的中国，社会变革与文化转型日新月异，紧紧吸引着文学创作者的精神视线，红色历史的审美言说挟带着强烈的时代气息，既绵延不绝，又有起有伏，大致呈现出三个阶段性的创作热点。

20 世纪 70 年代末到 80 年代初，在整个社会的拨乱反正时期，红色历史言说也以特殊的视角和内涵，与现实中的社会思潮相呼应。话剧《曙光》、《陈毅出山》等作品所形成的"领袖题材热"，电影《小花》、《归心似箭》、《今夜星光灿烂》等表现革命队伍人性、人情美的作品，以及《母与子》、《淮海大战》、《崩溃》、《结冰的心》等长篇小说，共同进行红色记忆叙事价值基点的恢复与重建，形成了红色历史言说的第一个高潮。20 世纪 80 年代中后期，随着西方思想和艺术观念的引进，解构传统审美观念和价值立场的"新历史主义"叙事成为新的文学创作思潮，《灵旗》等小说及《一个和八个》、《晚钟》等第五代导演的"探索电影"，以其相近的精神指向和审美旨趣，成为这股思潮中有关"革命历史"的代表性作品；《皖南事变》、《第二个太阳》等作品虽然在探究历史真实和传达人生启示方面均有重大突破，思想视野却限于党史、军史的范畴，它们共同构成了红色记忆叙事的第二个高潮。20 世纪 90 年代前期，知识界在现代中国百年历史的宏大视野中审视红色记忆，形成了《白鹿原》、《旧址》等优秀长篇小说；从 20 世纪 80 年代末的《开国大典》到 20 世纪 90 年代的《大决战》系列等重大历史题材电影，则将共和国"正史"的立场和史诗的品格融为一体，全景性地再现中国革命的壮丽历史进程，这两类作品以不同的创作思路，共同构成了转型时期红色记忆审美的第三个高潮。

这三个阶段的红色记忆审美，都表现出与时代思潮相呼应的审美视野和思想路线，由此形成了多种具有思想突破意义的文本意义范式。

首先，重大革命历史题材的纪传性叙事，成为这一时期红色记忆审美的重要突破。十七年文学时期，具有传记特征的长篇小说《刘志丹》曾经形成了牵涉面广泛的"政治、文学事件"，《保卫延安》仅仅侧面表现了一下彭德怀元帅的形象就引起轩然大波和严重后果。重大革命历史题材创作的种种"禁区"，于此可见一斑。到了 20 世纪八九十年代的转型时期，重大革命历史题材创作则呈现出全面突破的审美态势。在电影领域，

《南昌起义》、《西安事变》、《开国大典》、《大决战》等"以事带人"的作品，以全景性的画卷和史诗性的气魄，再现中国现代革命的发展过程、来龙去脉和演变规律；在"以人带事"的领袖题材作品中，《曙光》、《陈毅出山》融讴歌与反思于一体，问题意识鲜明地揭露党内种种复杂、尖锐的矛盾与斗争，《秋收起义》、《百色起义》等影片，则着力讴歌革命领袖和红色将帅的事业轨迹、功勋智慧与精神境界。在长篇小说领域，《地球的红飘带》第一次全景性地再现了中国工农红军伟大长征的壮丽历程；《皖南事变》以翔实的史料和缜密的思考，深入开掘了历史事件的复杂性和历史人物的局限性，具有率先进行"军史揭秘"的勇气与力度；《第二个太阳》以澎湃的激情和诗意浓郁的笔调，塑造了一个解放军高级将领的形象，有力地渲染出创建新中国的悲壮与崇高；《新战争与和平》、《万里长城图》等鸿篇巨制，则从国家、民族的全局性视野出发展开历史图景，形成了对中国共产党党史、军史叙事的有力拓展和补充。这些作品在叙事内容的层面，都尽可能全面、客观地呈现历史进程的丰富复杂性和历史嬗变的内在必然性；创作主体的理性意图和审美旨归，则是试图在思想解放的时代语境中展现历史的关键性步伐、重构人民共和国的开国逻辑，进行一种体制崇高性与必然性的审美传达。

其次，通过对红色记忆的抒情性或传奇性拟构，赞美和讴歌普通革命者的人性、人情和信仰之美，是这一时期红色记忆审美更为普遍的审美路径。人情、人性探索也是十七年时期文学创作的敏感题材，不少的作品曾因表现"资产阶级的人性美"而遭到严厉的批判。新时期以来，表现革命队伍中的人情美、革命者的精神美，则成为了创作者普遍关注的审美兴奋点。在艺术表现形态层面，这类作品则往往隐含着某种大众文化的精神意味。从新时期之初的《小花》、《归心似箭》、《今夜星光灿烂》到20世纪90年代的《红色恋人》、《黄河绝恋》等，均存在着"青春偶像剧"式的言情性书写特征。曾经轰动一时的《保密局的枪声》、《夜幕下的哈尔滨》、《敌营十八年》等影视剧，则吸收了"特工"、"谍战"叙事的惊险、悬疑等审美元素。这类创作或者延伸了开国时期红色记忆审美的传奇化叙事路径，或者深化了十七年时期革命历史叙事的人性、人情探索内涵，在经历"文革"期间的人性禁锢之后，极大地满足了人们心理情感的舒展欲望和审美灵性的自由发挥饥渴。其中的优秀作品，又往往能超越纯粹的诗意化、传奇性叙事，展开对普通民众人性、人情、品格乃至信仰的思考和品味，显示出较为充分的历史感、文化感和较为清新、别致的审美蕴含。而且，这类作品的创作思想，仍然秉持着一种讴歌型的、红色文化本位的价值立场。

再次，从个体生命本位的历史与人生立场出发，以红色革命的负面效应和人性的复杂性、世俗性为关注重心，对革命的历史观和价值观进行精神解构性的叙事。这种解构在20世纪80年代初以宗教精神解构阶级斗争历史的《晚霞消失的时候》和表现人性力量超越阶级性的《离离原上草》、《女俘》等作品中，即已初露端倪。到20世纪80年代中期，《灵旗》等"新历史小说"及《一个和八个》、《晚钟》等"探索电影"，则以思潮性的审美力量，对革命历史题材创作领域的传统历史观和审美观构成了双重颠覆。《旧址》、《丰乳肥臀》、《赤彤丹朱》等长篇小说的出现，意味着在红色记忆审美领域，具有历史精神抗衡品质的解构性叙述终于形成。这类以质疑、解构为审美宗旨的"思想解放"之作，往往选择特异的生命个体为审美观照的对象，通过描写其本然性的生命情态、非理性的人生动机和偶然状态的命运遭际，来探究战争和革命过程中的暴力、灾难及由此形成的对于人性、人欲的压抑、扭曲和毁灭，揭示革命过程的社会灾难性、价值虚无性和人生荒谬感，同时也着意展现人性、人欲的自然抵抗形态。这类作品显示出对红色记忆的传统意义建构进行精神解码和境界开拓的双重功效，但不少作品的历史观和价值观存在着虚无主义的倾向。

最后，从某种民间性的文化视野和价值立场出发，重新建构20世纪中国的历史叙事。这类作品往往依托中国本土、民间的文化资源，重新设立审视现代中国历史的意义框架，以一种"民族秘史"的叙事范式，来超越红色文化本位的"正史"叙事。《白鹿原》选择传统宗法文化角度，《家族》着眼理想主义精神血统的兴衰，电影《霸王别姬》揭示京剧这一最具中国民族文化特征的艺术形式在20世纪的盛衰沉浮，作品中显示的都是这种思想路线。在这类作品的创作中，审美主体表现出一种真相审视与文化诘问相结合的思想品格，一种人类生态学意义上的精神独立气象；文本审美境界则以构成现代中国文化重要维度的本土、民间文化资源为价值本位，从而显示出底蕴的深厚度与坚实性。

二

转型时期的红色记忆审美体现出红色文化本位和多元文化本位两种基

本的审美立场。秉持红色文化本位立场者，往往既能顺应红色文化关于中国革命的"正史"性思想立场与观念逻辑，又能敏锐应对时代文化语境的嬗变，有机融入精英文化的探索成果和大众文化的审美期待来调整叙事策略、建构审美境界，从而在与时代文化的对话性语境中，达成对红色记忆审美的拓展和深化。多元文化本位立场的确立者，则往往从主流意识形态之外的精神文化背景出发来确立审美的视角与思路，力图超越当代"正史"的思想视野、价值立场和开国时期红色记忆叙事的精神范式来建构文本审美境界，以文化开放、价值多元的时代意识为基础对红色记忆进行一种人本意义的追问，其中隐含着强烈而鲜明的思想辩驳意味和精神背离倾向。

在20世纪八九十年代不断突破思想禁区前行的历史文化进程中，不同思想和观念的碰撞、交锋时时发展，红色记忆审美领域的争鸣、批判现象也屡有出现。秉持多元文化立场的各种红色记忆审美，在刚刚出现时几乎都遭遇了激烈的争论和严厉的批评，同时也确实会不时出现立场的偏失、思想的误区和艺术分寸感的欠缺。

红色记忆审美中的人性、人道主义探索就是典型的例证。在20世纪80年代，有关人性、人道主义的讨论曾经构成了重大的思想文化事件，当时出现的几部"探索"人性、人情的电影和小说，也都引起了激烈的争论与批评。以淮海战役为背景的电影《今夜星光灿烂》，在如何表现重大题材、是否宣扬"战争残酷"和存在伤感情调、紧张的战斗中谈情说爱是否"歪曲生活"等问题上，都形成了激烈的争论。中篇小说《离离原上草》描写前国民党军官申公秋和解放军女战士苏岩，如何在普通农村妇女杜玉凤的人性魅力与人道精神的感召下由仇敌而尽释前嫌的故事，作品被批评为"背离了马克思主义的阶级论，宣扬超阶级超历史的人性、人类之爱"①。中篇小说《女俘》表现侦察小分队不惜代价地保护女俘及其儿子，以人道主义行为感化女俘的故事，也被认为不是讴歌革命的人道主义，而是宣扬资产阶级的人性论。在笔者看来，这些作品所描写的故事，实际上都是从人类历史长河来看有可能发生的人际关系现象，但一旦创作者简单地用一种思想观念来解释而不是展开其中所包含的人类生命现

---

① 张学正、丁茂远、陈公正、陆广训主编：《文艺争鸣档案：中国当代文学作品争鸣实录（1949—1999）》，南开大学出版社2002年版，第355页。

象的复杂性,并用以批判和解构另一种思想观念,审美建构就明显地体现出概念化、主观化的倾向,由此导致不同立场者的责难与批评也就在所难免。

但总的看来,因为红色记忆整体的丰富复杂性、某些具体内涵的可商榷性,以及由此形成的资源能力、审美张力;因为改革开放时代思想、文化和艺术理念的多样性和变化性;也因为"一切历史都是叙事","见仁见智"乃人类认识史上的必然之事,所以,无论是红色文化本位立场的深化、拓展型发掘,还是多元文化立场的质疑、背离性解构与重构,应该都有意义范式能够确立的价值基础。从时代文化全局的高度看,这种种红色记忆审美的意义范式之间所构成的,其实是一种既相互突破与排斥、又相互映衬和补充的文化关系。

三

那么,到底是由于创作主体思想视野、认知路向和审美重心等方面的哪些具体分歧,才使得审视同一历史文化资源的种种意义范型之间,价值倾向和精神风貌大相径庭呢?要想真正深刻地探讨转型时期的红色记忆审美重构,对这个问题很有进一步思考的必要。

首先,从思想视野和价值基点的角度看,各种不同意义范式的出现,是因为创作主体在国家文化本位、共和国红色江山意识和个体生命本位、普适价值倾向之间,存在着思想认识和立场选择的差别。

红色记忆是当代中国的一种体制性历史文化资源,红色文化本位的相关创作往往体现出鲜明的国家文化立场和共和国红色江山的思想意识。在老一辈作家中,这种国家文化本位意识甚至与党性文化立场融为一体。魏巍创作《地球的红飘带》,是因为"长征是我心中的诗","我谨以此粗疏之作,作为对培育我的党,培育我的军队和人民的报答"[1]。刘白羽创作长篇小说《第二个太阳》,则是因为"我们的十月一日,这是一个伟大突变、伟大壮举",必须"写一个长篇小说才能完成我的文学艺术创作的使命",才能"把创建新中国的深沉内涵充分表达出来"[2]。王火自陈他创作《战争和人》,"较深刻的理性意识"在于思考"国民党这个庞然大物当年

---

[1]　魏巍:《卷首语》,载《地球上的红飘带》,人民文学出版社1988年版,第2页。
[2]　刘白羽:《病中答问》,载《第二个太阳》,人民文学出版社1987年版,第420页。

是怎样会腐烂垮台的？民主党派与民主人士是怎样产生的？共产党应当怎样以史为鉴？"由此，他甚至极具针对性地质疑："现在的年轻一代是否太注重他们的个人欲望，以致会否定过去，认为当年那场战争与现实毫不相干？"① 甚至到21世纪初期，创作了系列电视连续剧《长征》、《延安颂》、《解放》、《开国领袖毛泽东》的著名编剧王朝柱，从事创作的理性动机也是"作为一个中共党员、老兵，有义务再现这段历史"，有责任诠释"中国共产党自长征至中华人民共和国成立这段可歌可泣的悲壮历史"②。这些作家的理性创作意图中，都表现出鲜明的共和国国家文化立场和红色江山的思想意识。

多元文化立场的创作者，则往往缺乏、漠视乃至排斥国家文化本位的思想意识在主体精神建构中的存在，而以个体生命为本位进行历史文化审视。李锐就直陈，他创作《旧址》是在进行一场"和祖先与亲人的对话"③，其核心问题是思考"以人血涂写的历史中的人的悲凉处境"④。到了21世纪，作家们的这种思想意识表达得更为鲜明和自觉。张一弓的《远去的驿站》着力表现"以三个知识分子为主要人物的三个家族"在"环绕着自己的社会矛盾和生存'难题'"中的命运，由此表达作者"人类不可避免地要在正剧和悲剧乃至于十足的闹剧中沉思着或是喧嚣着"的理性认知。⑤ 在他们的创作意图表述中，个体生命意识都表达得相当鲜明和清晰。

从历史发展的角度看，当代的红色记忆审美经历了一个由强化红色江山意识逐步向认同普适价值理念转移的历史过程。开国时期，红色记忆审美自然是以红色文化立场的艺术讴歌为主；20世纪八九十年代的文化转型期，源于对"文革"这一当代中国历史错误的慨叹，从红色文化本位到多元文化本位的革命历史叙事，都显示出对革命文化进行批判、反省的思想品格，以及对共和国的精神秩序进行确立与纠偏的思想文化倾向。在

---

① 王火：《啊，我情感世界中的急流险滩（后记）》，载《战争和人》（第2部），人民文学出版社1993年版，第659页。

② 王朝柱：《〈解放〉·前言》，载《解放》，人民文学出版社2007年版，第2页。

③ 李锐：《〈旧址〉·后记》，载《旧址》，上海文艺出版社1993年版，第246页。

④ 李锐：《关于〈旧址〉的问答》，载《拒绝合唱》，上海人民出版社1996年版，第192页。

⑤ 张一弓：《〈远去的驿站〉·后记》，载《远去的驿站》，人民文学出版社2007年版，第325—326页。

20世纪90年代中后期的世俗化文化语境中，还原革命和战争的本质、本相，阐释在这种人类极致状态中人的生命能力、生存智慧和品格境界，逐渐成为了被广泛关注和重视的审美思维路向。在这样一种精神文化走势中，各种关于中国革命和战争的世俗性、日常性价值立场，逐渐得到了充分的尊重；战争和革命作为人类生态的具体情状及其意蕴，在创作主体对民族历史内在奥秘和"天机"的感悟中，逐渐被广泛地发掘和揭示出来；许多原本处于集体性记忆边缘位置的历史文化内涵，包括战争的残酷性、毁灭性和诡异性、荒谬性乃至某种程度的游戏性等特征，也逐渐被毫不避讳地还原甚至强化。由此，淡化"中国特色"、强化人本意识和普世价值的意义范式不断地涌现出来，甚至成为了对于红色记忆的审美强势。

从时代文化全局的高度看，认同国家文化本位、红色江山立场的审美叙事，如何克服精神内涵的单一性、文化视野的狭隘性和个体生命价值被漠视的局限；追寻普适价值立场的叙事，如何克服中国现代历史的崇高性和必然性被世俗化乃至虚无化的弊端，如何规避"人本"名义下历史正义感消失、判断公正公平性淡薄的误区，是学术界在探讨转型时期红色记忆审美重构的得与失时，需要加以高度重视的问题。

其次，从审美认知路向的角度看，各种不同意义范式的出现，是因为创作主体的个体性感悟及其所依赖的精神文化资源与当代"正史"的历史认知和革命文化的价值取向之间，存在着"对接"形态的差异。

革命、战争和任何事物一样，都具有正反两方面的特性与内涵，审美主体感悟这种特性与内涵时出现侧重面和价值基点的差异，其意义范式与"正统"的革命文化价值取向之间，也就必然会出现不同的审美"对接"形态。红色文化本位立场的《小花》、《今夜星光灿烂》等作品所讴歌的人性、人情、人格内涵和"正史"的集体性认知、革命文化的精神走势，在价值取向层面其实是完全一致的，二者构成了认同、肯定性的"对接"；《旧址》、《丰乳肥臀》等作品以母性这种人的美好天性为依托，来达成对暴力革命的质疑与否定，作品与革命文化的理性认知和价值取向之间所构成的，则是一种否定性的"对接"。《一个和八个》、《晚钟》都着力表现战争暴力的残酷、血腥和主人公在革命队伍内部的种种委屈，《一个和八个》不断强化主人公人格的扭曲、撕裂特征，《晚钟》将中国军民和日本将士两种死亡并列呈现，排除对战争正义性的判断而笼统地宣扬一种"反战"的审美宗旨，其中所表现的则是一种批判、超越性的"对接"

形态。

中国自古以来的文学与文化创造，就有"代言"和"立言"两种传统。"代言"主要是指将时代或民族的主流意识形态当作认识和理解客观世界的基础来进行创作。所谓"代圣贤立言"，就是这种传统的典型表述。"立言"则主要是指以反抗和挑战主流意识形态、表达个体性认知的姿态所进行的创作。司马迁的"究天人之际，通古今之变，成一家之言"，堪称"立言"的典范。红色记忆审美过程中主体精神与历史资源的不同"对接"形态，实质上是中国文化的"代言"和"立言"传统在新时代的文学创作中的具体表现。

值得注意的是，不同"对接"形态的出现，既充分体现了变革年代思想解放的巨大精神激发功能；又说明立足复杂、多元的时代文化的一隅，审美认知仅仅与时代文化的某种类型构成精神联结，实际上并不利于审美创造的深厚与博大。从中国文化发展的历史来看，单纯"代言"或"立言"的精神立场选择，与作品的价值含量并不构成必然的联系。司马迁的《史记》自然是"立言"的姿态，司马光的《资治通鉴》却是地地道道的"代言"立场。李白高呼"安能摧眉折腰事权贵，使我不得开心颜"，杜甫却始终执着于"致君尧舜上，再使风俗淳"，而伟大诗人屈原所体现的，实际上是一种"代言"和"立言"融为一体的精神人格立场。因此，关键不在于创作主体的精神姿态，而在于审美境界中所体现的历史文化蕴含的深度与厚度。所谓"入木三分骂亦精"，所表达的正是内容含量比表述姿态更重要的道理。但在转型时期的红色历史言说过程中，审美主体往往对此缺乏清醒的认识和深刻的自觉，以至在意义范式建构时大多对差异性的强化有余而对包容度的追求不足，较为普遍地表现出某种精神文化层面的片面性。

第二节　多元语境红色记忆重构的叙事形态

21世纪以来，中国文化呈现出多元发展的整体态势，而且各种文化之间逐渐淡化了相互对立和排斥的倾向，呈现出相互融合与补充的趋势。在这一时期，红色记忆审美形成了持续不断的创作热潮。因为传播媒介的拓展与更新，其中最为引人注目的创作现象已经由长篇小说转移到了影视剧领域，甚至相关的文学作品也要借助影视剧的文体形态，才能充分发挥其应有的审美效应。我们的学术关注重心,自然地也就应该随之转移。

21世纪以来的红色题材影视剧有力地超越了开国时期的讴歌型艺术建构和转型时期的反思性审美重构,充分展开了红色记忆叙事的丰富思想视野与言说方式,建构起了不少深具审美底蕴与发展活力的新型叙事形态,显示出一种不同审美文化资源兼容并包、主流价值弘扬与接受效应追求相得益彰的审美新境界。

一

21世纪的红色题材影视剧具有丰富多彩的叙事形态,而且在各种叙事形态中,都出现了不少广受欢迎的优秀作品。

第一,"红色史传剧"成就辉煌。红色记忆作为一种意识形态色彩鲜明的审美资源,从新中国成立开始,就被赋予了史传目标、载道功能和教化目的,游戏功能则以雅俗共赏的思想观念为基础而隐匿其中。但开国时期的红色记忆审美所呈现的,主要是一种虚拟形态的"史诗性"宏大叙事。真正的史传叙事形态,到转型时期的《开国大典》、《大决战》等作品中才开始展露出卓尔不凡的艺术风姿。在21世纪的多样文化语境中,"红色史传剧"呈现出蓬勃发展的状态。这类创作往往以"正史"文献为基础,纪实性地展开中国革命历史的重大格局、重要关节及其内在精神。《长征》、《延安颂》、《八路军》、《解放》、《周恩来在重庆》、《太行山上》、《建国大业》等优秀作品,既大气磅礴地谱写出中国革命进程的全景性"史诗",又沉实厚重地揭示了"井冈山精神"、"长征精神"、"延安精神"等不同时期的"革命精神"的独特内涵;既气势恢宏地展示了革命领袖与将帅的功勋、智慧和精神境界,又通过渲染领袖人物在日常生活、个人隐私、与民众关系等方面的"人间烟火"气,诗意化地表现了其个性的魅力和精神的亲和力。《解放》中毛泽东吃烤枣、周恩来骂人、毛泽东与江青关系之类的描写,就属于这一类的艺术图景。总体看来,这些作品充分发挥了史实演义的国家文化阐释和建构功能,有力地揭示了红色政权的政治必然性、历史崇高性与文化庄严感。

从内部差异性的角度看,"红色史传剧"体现出以下特征。其一,表现"成长形态"优于表现"成熟形态"。《井冈山》、《长征》中的人物形象和革命事业都体现出一种处于成长状态的紧张、急切,作品反而借此更充分地展现出相关历史人物的真性情;《延安颂》、《解放》着意表现领袖人物的成熟形态，作品倒在刻意渲染的雍容舒缓风度中，隐含着一种表面、浮泛、"不着肉"的审美局限。其二，表现"内幕形态"优于表现"新闻形态"。《长征》中表现红军将领与李德的矛盾、《红色摇篮》揭示李立三和毛泽东的冲突，就都带有"内幕揭秘"的性质，而且表现得既真实可信、又精彩纷呈，充满艺术的灵性。不少作品表现革命进程中种种人所共知的"新闻形态"，则显得缺乏耐人寻味的审美蕴含。究其根源，在于"内幕形态"具有探讨、分析的思辨色彩，而领袖人物"新闻形态"的活动则往往带有外在表演的性质，因而难以展现人物性格的内在张力。其三，表现人物的"人生形态"优于表现其"生活形态"。《井冈山》对于毛泽东与贺子珍关系的演变过程，是当作其人生历程来描述和展示的，因而表现得血肉丰满、情真意切；而《延安颂》里对贺子珍与毛泽东的矛盾虽然也具有揭秘性质，但主要用意只是从历史客观性的角度，将毛泽东的一个生活侧面当作宏大革命历史进程中的"小花絮"来进行必要的揭示与披露，缺乏从个体人生的角度对其内在心理逻辑的挖掘，艺术表现也就缺乏入木三分的深度与力度。

另外，《记忆的证明》、《江塘集中营》、《人间正道是沧桑》等作品成功地建构起了一种虚实相生的历史叙事形态，并由此展现出独特的历史和深沉的思考，这种清新别致、深具审美潜能的史传叙事形态，也构成了对纪实形态的"红色史传剧"的有力补充。

第二，"红色草莽英雄剧"异军突起。在开国时期的《铁道游击队》、《烈火金刚》等作品和《红日》中勇猛而粗豪的解放军连长石东根的形象中，这种审美类型的创作已有精彩的艺术表现。20世纪80年代初的《两代风流》、《西望茅草地》等作品，堪称新时期"红色草莽英雄"叙事的滥觞，但在其审美蕴含的建构中，批判性占据着主导性的地位。经20世纪90年代的《狼毒花》、《我是太阳》等，再到21世纪的《亮剑》、《历史的天空》、《激情燃烧的岁月》、《英雄无语》、《楚河汉界》、《集结号》等，这种叙事类型的创作中佳作迭出，平庸、粗糙的跟风之作也层出不穷，一时蔚为内在质量良莠不齐的审美大观。"红色草莽英雄剧"的叙事时空往往从战争年代一直延伸到改革开放时代，或者侧重渲染英雄前辈的辉煌人生、传奇往事，展示其强势人格的崇高风范及其在平凡时代的世俗魅力，与世俗化社会精神萎靡、价值迷失的时代状态形成鲜明的对照；或者着力揭示战争文化人格与不断变化的时代环境相互矛盾、碰撞所造成的种种悲剧，展开对革命文化的负面传统及其时代效应的反思；或者着意展现主人公以农民式、江湖豪杰式的智慧、灵性乃至生命强力所创造的个体成功状态，强化一种本土民间的草根文化意识。不管具体的题材和内容如何，主人公在生命强力和体制理性之间腾挪奔突的人格姿态往往成为审美的重心，从中显示出一种红色家谱重温的心理与情感的亲切性，也表现出一种对英雄前辈既进行"世俗化"解密又进行"神性"重构的精神文化倾向。

这种叙事形态的内部也不断产生着变化。在21世纪的文化语境中，20世纪80年代那种揭示战争人格在平凡时代的世俗魅力和错位悲剧的审美倾向，逐渐让位给了对于草根文化人格及其环境适应性的讴歌。《亮剑》、《历史的天空》均浓墨重彩地表现出，带有流氓无产者色彩的农民文化品性、智慧与思想逻辑在战乱环境中反而能够"适者生存"。连《张思德》这样正宗的主旋律影片，也着意强调主人公作为普通士兵、平头百姓的质朴、憨厚、纯良的精神气质。另外，这类作品在渲染民间精神、草根文化的同时，并未降低或抹杀正大、庄严的革命文化和毋庸置疑的集体本位立场的存在。《亮剑》、《历史的天空》更着重表现的，就是主人公的草莽英雄气息同中国革命的理念境界之间的矛盾、碰撞状态，以及主人公的人格境界由此逐步得到的修正与升华。这样，认同、宽容与发掘草根文化的历史形态及其价值内涵，就变成了以强烈的人本和民本意识，来揭示个体活力、个人成功最终将百川归海般汇成革命集体功利的历史趋势。所以，这类创作实际上构成了一种强有力的对于红色文化价值倾向的烘托与讴歌。

第三，"红色谍战剧"包容广阔。由电视剧《暗算》开端，"红色谍战剧"在21世纪的影视剧领域层出不穷，已经形成了鲜明的"类型化"创作倾向。从讲究惊险火爆或推理悬疑的《暗算》、《仁者无敌》，到严谨写实语态的《英雄无名》、《特殊使命》、《雪狼》，从充满世俗气息的《潜伏》、《地上地下》、《红色》，到颇具时尚色彩的《五号特工组》、《海狼行动》，各种审美路径的创作林林总总、不一而足。这些作品纷纷把公案、悬疑小说等通俗文学的叙事要素与红色记忆的历史内容结合起来，既以紧张诡秘的人物关系、曲折惊险的故事情节，满足了大众心术与智力较量的娱乐化审美需求；又以英雄主人公理性意识的清醒和使命感的坚定，让大众对于红色记忆的心理亲切感、认同感得到了有效的释放；谍战叙事的智慧较量及其所显示的心理紧张感，则有力地强化了革命者坚持信仰的精神难度。凡此种种，都为"红色谍战剧"的类型魅力奠定了坚实的基础。

第四，"红色民间生态剧"底蕴深厚。现代战争记忆的民间光辉，在21世纪的影视剧中得到了充分的审美呈现。这类创作中，既有表现乡土民间传统的《沂蒙》、《血色湘西》、《地道英雄》，又有表现城镇民间的《生死线》、《狼烟北平》、《记忆之城》等。它们着重表现历史大事件、大进程中普通民众的命运轨迹、生存状态和精神品质，一方面致力于挖掘隐含其中的民间文化底蕴与传统伦理精神，带有乱世百姓故事、风俗民情展示的性质；另一方面又始终不忘把民间价值向红色意识形态靠拢作为历史的趋势和文化的方向来表现。由此，"红色民间生态剧"深刻地揭示出民间命运与革命伦理良性"共振"的历史、文化规律。从《血色湘西》到《沂蒙》，都着力揭示作品人物被复杂的日常生活行为所掩盖、又被时代命运最终激发出来的崇高品质，着力表现民间命运与革命伦理殊途同归、同频共振的状态，就是其中典型的例证。以此为基础，"红色民间生态剧"有力地揭示了中国革命的历史必然性和人民支持革命的深厚基础。这类创作价值底蕴的厚实、深广性正在于此。

第五，红色经典改编良莠不齐。所谓红色经典改编，实际上是对十七年文学中的革命历史和军事题材文学名著的改编，表现社会主义建设生活的优秀作品虽然往往也被看作红色经典，却并不在改编之列。这股改编的热潮开始于电视传媒广泛普及的20世纪90年代后期，而在21世纪蔚为大观。从小说《红岩》、《苦菜花》到戏剧《沙家浜》、电影《平原游击队》，从长篇小说《吕梁英雄传》到短篇小说《小兵张嘎》，从史诗性作品《红旗谱》、《青春之歌》到英雄传奇小说《林海雪原》、《敌后武工队》、《铁道游击队》、《烈火金刚》、《野火春风斗古城》，甚至"文革手抄本"小说《一双绣花鞋》、《梅花档案》和苏联小说《钢铁是怎样炼成的》等，都被加入各种流行文化的元素，在视觉媒介上进行了重新讲述。

红色经典改编的关键，在于能否成功地调动观众对红色经典的亲切感与共鸣感。十七年时期的红色记忆叙事虽然理性主题相对单一和意识形态化，但作品的"隐性"叙事形态中，实际上已深具审美多样性的潜质。《保卫延安》、《红日》全景性展示大兵团战役，《林海雪原》、《铁道游击队》、《烈火金刚》则传奇性演绎小部队战斗；《红岩》、《野火春风斗古城》属"地下斗争"、"红色特工"题材；《青春之歌》、《小城春秋》、《战斗的青春》则是典型的青春成长叙事；《红旗谱》、《三家巷》、《苦菜花》铺陈革命趋势的民间发展状态；《风云初记》、《百合花》则于战争风情画卷中讴歌人性、人情之美，各种大众文艺"类型叙事"的审美元素，其实已经隐含于这些优秀作品之中。改编者以此为基础，顺应当今时代的受众世俗化、娱乐化审美需求日益上升的趋势，对红色记忆进行"祛魅"性重述，拓展和充实了十七年红色记忆审美观照中精神日常性的侧面，使原著的故事叙述变得更加本真，艺术蕴含更具有世俗层面的"合情"、"合理"性，这样，原著的世俗亲切感与共鸣可能性就都得到了更为有效的发挥。但是，也有不少红色经典改编剧表现出因商业诉求所导致的精神趣味的芜杂性和低俗化倾向。其末流甚至以人性共通性为幌子，进行红色记忆的"戏说"和精神信仰的消解，小说版《沙家浜》、网络恶搞视频《闪闪的红星之潘冬子参赛记》，就是其中影响恶劣的典型个案。

第六，"红色青春偶像剧"清新别致。这是一种在21世纪才出现的红色记忆审美类型，从电视剧《恰同学少年》才开始形成这个名称，但发展相当迅猛，也出现了《风华正茂》、《建党伟业》、《新四军女兵》、《我的法兰西岁月》等不少引人注目的作品。这类创作借鉴"青春偶像剧"的审美思路，虽然从叙事类型的角度来看底蕴有欠深厚，但对革命者青春朝气的展现确实显得清新可喜，而且既独具匠心地反映了特定历史时代的精神事实，也对革命者人性、人情的正面品质做了艺术聚焦点别致的展示，因而总体上应当给予充分的肯定。从更深层的历史文化联系的角度看，"红色青春偶像剧"也不是凭空而起，与开国时期的《战斗的青春》、《战斗到明天》等带有"小资产阶级"气息的"成长小说"，与转型时期表现革命队伍人情美的《小花》、《今夜星光灿烂》等电影，都存在着明显的一脉相承之处。但也有不少的这类作品将年代剧、谍战剧的情节模式和言情、武侠的叙事元素杂糅在一起，散发出一种时尚、浮华而不无暧昧的审美气息，从而损害了作品的艺术品质。

这种种叙事形态及其优秀作品不断出现，既充分显示出红色记忆资源的叙事适应性和审美包容度，又有效地满足了受众多方面的审美需求。

二

在21世纪的多元文化语境中，红色记忆题材影视剧的审美境界，也表现出一些新型的精神文化特征。

首先，红色影视剧力求融合多元文化的优势来叙述和阐释红色记忆，以人文普适价值支撑和烘托红色文化精神的崇高性。

红色影视剧的叙事类型多姿多彩，但显示出一个共同的思想特征，就是注重沟通多元文化来阐述红色文化的精神内涵，力求以多样文化中具有普适意义的正面品质为思想后援，来支撑和烘托红色文化精神。《人间正道是沧桑》以杨、瞿两家和"黄埔同学"的伦理情感关系为情节框架，以他们由信仰主导的人生道路和相互关系，来对应国共两党的复杂关系和现代中国的历史变迁，由此从"血浓于水"的民族伦理文化的思想视角，使文本对宏观历史的审美认知，平添了许多情感的魅力和人生的意味。《仁者无敌》描述了英雄的地下工作者群体面临斗争和自然的双重险境，义无反顾地牺牲自我、拯救革命民众的壮烈行为，情节设计中更辅以国民党"剿匪"军司令因此而转变认识、率部起义的故事，从而雄辩地表现了红色文化的人道、"仁义"品格和革命者个体的人格感召力，有力地揭示了人心向背的巨大社会能量和共产党政治文化原则的历史正义性、人文崇高度。《潜伏》通过细腻刻画主人公生活尴尬憋屈、心理战战兢兢的日常"潜伏"状态，以世俗生活、常人性情层面的审美感知，反衬出地下工作者信仰坚守的艰难与崇高。《血色湘西》则表现了浪漫而富于"血性"的湘西人，经由种种客观事实的教育和复杂痛苦的转变过程之后，终于走向同仇敌忾、抗击日寇的爱国主义境界，通过这悲壮而神奇的故事，有力地显示了中华民族的民间良俗和抗敌御侮的现代国家意识相得益彰的思想主题。作品特意设计的共产党人思想导引的线索，则显示出创作者沟通民间生态与红色文化联系的理性自觉。

在此基础之上，某些优秀作品还显示出一种将古今中外的各种人类历史与文化状态融为一体，进行话语范式和审美品质兼容、整合的思想趋势。这一特征在某些长篇小说及据以改编而成的电视剧中表现得最为明显。《圣天门口》描述天门口各色人等在半个世纪的血雨腥风中复杂性与必然性相交织的生活情状，着力塑造了雪家的基督教文化人格形象，同时又作为叙述节奏似的逐章引用民族史诗《黑暗传》，作者真正的艺术意图，显然是以之为思想和精神的映衬，将现代革命进程的暴力崇尚，置于一种开阔的人类历史文化背景上来探究和剖析，从而在人类生态学的意义上来展开对革命文化的反思，启示现代中国个体和民族生存的多种可能性。《亮剑》也是将农民文化优质与革命文化正值进行良性融合，才塑造出了"中国特色"鲜明的主人公人格形象。《风声》在渲染悬疑、神秘氛围的同时，却将敌对阵营的严酷斗争对于置身其中者心灵、情感和品格的折磨与考验，以及主人公由此显示的人性深度和人格高度，作为文本审美内涵的重心。所有这一切，都是不同话语范式和审美品质达成诗性融合的表现，也是作品内蕴丰厚性得以形成的精神和文化基础。

红色影视剧以人文普适价值为思维起点，来阐述红色精神的历史文化合理性、弘扬时代主流精神，这既使红色记忆的先进文化品质在审美过程中得到了有力的保障，又使其审美传达具备了更充分的人文亲和力与审美共鸣度。

其次，红色影视剧既不拘一格地探求和发掘受众的心理积淀，又始终保持红色文化的底线立场，显示出一种"从众所欲而不逾矩"的审美思维特征。

在"红色草莽英雄剧"和"红色谍战剧"中，普遍存在着一种"审美游戏"的艺术色彩。从《狼毒花》的喝酒绝招渲染，到《我的兄弟叫顺溜》的狙击绝技聚焦，直到《小兵张嘎》喜剧色彩浓烈的故事编织；从《亮剑》故事情节对主人公李云龙在革命队伍中"另类"风格的津津乐道，到《暗算》叙事范式对"杀人游戏"的深层植入，众多作品均表现出一种"无目的而合目的"的"审美游戏"的成分，以至文本审美境界中或江湖豪侠气息浓郁，或"公案"、"推理"色彩明显，受众由此获得的观赏快感不言而喻。但在审美意味的诡异和独特之中，一种人世的况味、人生的沧桑感，却也以诙谐而颇具游戏色彩的形态表现出来。而且，恰恰在插科打诨式的对话和放荡不羁的行为中，《亮剑》、《狼毒花》对于红色文化内涵的丰富性，揭示得更为鲜明突出；正是由"密室审案"的险恶氛围，《暗算》反而映衬出主人公信仰的坚定和人格的强度。红色记忆娱乐化叙事"从众所欲而不逾矩"的特征，于此可见一斑。

作为一种对政治文化资源的艺术开掘，红色记忆审美必然既带有国家文化的"载道"意识，又包含历史审视的人文意味，但在文化产业化、市场化的时代环境中，实现这种目标的路径却只能存在于"票房"和"收视率"之中。于是，以激发观众的审美兴趣、发掘观众的心理积淀为基础和核心，不拘一格地调动各种审美元素，就成为红色影视剧理所当然的审美思维路线。

　　最后，21世纪的红色影视剧表现出一种将代言和立言的优势有机融合、使审美智慧和文化责任相得益彰的主体精神姿态。红色影视剧融合多样文化的优势来建构叙事境界，"从众所欲而不逾矩"地发挥审美智慧，无形中淡化了文化转型时期曾壁垒森严的代言和立言型审美人格姿态，呈现出二者融合的趋势。实际上，真正深厚、博大的红色记忆审美，就应当既超越特定时代语境导致的集体性认知的局限，也摆脱单纯个体性感悟的拘囿，而着力于在时代文化的整体视野中、在多元文化优势整合的基础上重新寻找，以真正准确地发现具有巨大文化创造潜力的审美方向，使得我们民族的现代历史认知及其审美创造，雄健地步入与时代文化精神和审美可能性相匹配的崇高境界。代言和立言融合姿态的文化启迪意义，即存在于此。

　　从红色记忆审美未来发展的高度看，多元文化语境的红色影视剧仍然存在着不少需要深入探讨和切实解决的问题。比如，到底应选择怎样的艺术道路，才能使红色记忆审美最大限度地实现"较大的思想深度和意识到的历史内容，同莎士比亚剧作的情节的生动性和丰富性的完美的融合"①？到底应遵循怎样的价值原则，才能使红色记忆叙事既珍重民族现代历史的苦难和牺牲，又在更高的精神文化层面构成与世界文化高峰、人类命运境界的有效的深层对话？到底应怎样发挥审美灵性与思想智慧，才能真正使审美适应性孕育于历史具体性之中、精神共鸣度建立在高位价值伦理的基础之上？……但总的看来，21世纪的红色影视剧确实充分拓展了红色记忆的审美适应性，又在探索观赏性、艺术性和思想性并具的审美可能性方面迈出了新的步伐，从而进入了一个前所未有而前景远大的红色记忆审美新境界。

---

　　① ［德］恩格斯：《致斐·拉萨尔》，载《马克思恩格斯列宁斯大林论文艺》，人民文学出版社1980年版，第98页。

第四章　革命往事追溯的艺术境界

红色记忆审美中的革命往事追溯贯穿了共和国 60 多年的历史进程，其审美功能经历了一个从参与现实政治文化建构到作为大众文化消费资源的演变过程。在这一题材领域，我们选择了两个代表性文本和一个热点创作现象进行讨论。开国时期的文学创作中，《红旗谱》无疑是将个体人生记忆转化为革命历史宏大叙事的杰出艺术范本，"中国农民革命斗争史诗"的普遍赞誉正是这部作品诗性转换取得成功的鲜明例证。在 20 世纪八九十年代的社会文化转型时期，红色记忆中的"革命历史"部分同样是文学创作中活跃的审美资源，并形成了红色文化本位和多元文化本位两类不同视角和立场的创作。《历史的天空》则是一部既代表了红色文化历史认知水平、又体现了时代新变的长篇小说力作。在 21 世纪的多元文化语境中，有关中国革命和战争历史的红色记忆与其说是审美探索、历史认知的对象，不如说更多地成为了体现"正能量"的大众文化消费资源。"草根抗战剧"就成功地兼顾了红色文化立场和大众审美趣味，又对民间生存空间的复杂内涵进行了有力的开掘，因而在各类相关审美形态中显出更为深长的艺术意味。

第一节　《红旗谱》的底线伦理与生活本位逻辑

开国时期的红色题材创作具有为红色记忆审美进行艺术奠基的历史意义，但在革命文化"时过境迁"的文化多元化时代语境中，这类红色经典是否具有审美的普遍适应性，却成为一个需要重新讨论的问题。理解和评判一个时代的文学创作，最需要的其实是以文本为中心进行具体问题具体分析，一概而论往往会失之偏颇，重新认识开国时期的红色记忆审美也是这样。梁斌的《红旗谱》于 1957 年由中国青年出版社出版后，立即获得了高度的赞赏，位列十七年时期红色经典作品群"三红一创"、"青山保林"之中。但在新的时代文化语境中，这部作品同样面对着挑剔、贬低与质疑。所以，探讨《红旗谱》的审美普适性以及这种普适性与革命文化之间的关系，对于重新理解《红旗谱》和重新评价十七年时期的红色经典作品，均具重要的学术意义。

一

十七年时期的文学评论界对《红旗谱》存在两个基本看法，一是推崇其展开了"壮阔的农民革命的历史画卷"①，赞赏作品主人公朱老忠的形象"是我们十年来文学创作中第一颗光芒最耀眼的新星，第一只羽毛最丰满的燕子"②；二是认为作品描述的"火辣辣的阶级斗争，以及内含着阶级矛盾的民族斗争"，"是在一系列'柴门临水稻花香'的乡土风物的图卷之中，尤其是在继承了'燕赵多慷慨悲歌之士'的民族传统精神下所表现出来的新时代田野英雄的性格"③。这种判断和赞誉，总的看来与作者本人对《红旗谱》审美建构的表述是一致的。梁斌曾经谈到，他创作《红旗谱》既追求写"阶级斗争，主题思想是站得住脚的"，又"要让读者从头到尾读下去，就得加强生活的部分，……扩充了生活内容"④。换言之，他对《红旗谱》情节内容和审美意蕴的建构，确实是既有"阶级斗争"部分、又有"生活内容"部分，存在着基于两套价值话语的双重审美重心。

在新的时代文化语境中，《红旗谱》遇到了价值立场和学术视角各不相同的"重读"、"重评"。批评者往往着眼于作品的阶级斗争主题和革命文化立场，认为作品中存在因观念主宰艺术而导致内容虚假、偏颇的现象；持肯定态度的则大多认为，"乡村风俗、传统文本的加入，……使某些可能被遮蔽、删除的因素，比如人的欲望，日常生活细节，乡村风俗、仪式等，得到有限程度的表现"⑤，从而形成某些"艺术的意味"。但无论

①　方明：《壮阔的农民革命的历史画卷——读小说〈红旗谱〉》，《文艺报》1958 年第 5 期。

②　冯牧、黄昭彦：《新时代生活的画卷——略谈十年来长篇小说的收获》，《文艺报》1959年第 19 期。

③　胡苏：《革命英雄的谱系——〈红旗谱〉读后记》，《文艺报》1958 年第 9 期。

④　梁斌：《漫谈〈红旗谱〉的创作》，载牛运清主编《中国当代文学研究资料·长篇小说研究专集》（中），山东大学出版社 1990 年版，第 95 页。

⑤　洪子诚：《中国当代文学史》（修订本），北京大学出版社 2007 年版，第 99 页。

是认为《红旗谱》在"寻找着阶级斗争观念、主题和乡村风俗、传统文本的联结"①，还是认为文本审美境界存在着"本原历史和阶级话语的龃龉"②；无论是发现"稀松平常的乡村生活戏剧部分消解了矛盾冲突的阶级性"③，还是"从民间角度"肯定"小说在描写北方民间生活场景和农民形象方面还是相当精彩的"④，其中所显示的，都是将文本意蕴建构分为"阶级斗争"和"生活内容"两套话语的阐释思路。

如此看来，将《红旗谱》的审美建构拆解为"阶级斗争"和"生活内容"两套话语，显然是具有相当合理性的。于是，一个需要进一步探讨的内在问题就表现出来：一部作品存在两套话语，看起来却又浑然一体，其内在的价值中介和思维逻辑到底是什么呢？不解决好这个问题，《红旗谱》审美内涵的革命性与民间性、时代性和民族性之间的具体关系，就难以得到深入的阐发；作品成功兼容革命文化宣传与审美普适性双重艺术功能的根源，也难以得到真正深入的揭示。但这样一个事关《红旗谱》审美机制与意义基点的关键问题，却为历来的研究者所忽略。

如何认识和评价《红旗谱》审美建构的双重话语，实际上涉及一个如何理解文学作品中观念与形象之间复杂关系的问题。人类历史是客观实在的，人们对历史的认知观念则是主观的、随时间与条件而必将有所变化的。因此，在文学作品的生活内容和认知观念之间，认知观念在历时性的层面几乎不可避免地都会逐渐表现出内在的欠缺。古往今来的众多经典名著，都存在着这种从历时性视角看就显露出来的思想观念的局限。《红楼梦》的"色空"观、《三国演义》的"忠义"观、《水浒传》的"义气"观，用今人的眼光来看局限性都是显而易见的。但是，决定《红楼梦》、《三国演义》、《水浒传》审美价值的核心因素，并不是作品的思想观念，而是作品所表现的历史生活的内在底蕴和审美意味，以及作者对这种底蕴与意味的开掘程度。所以，只要审美主体将历史记忆的实际情形、现实生活的客观逻辑而不是观念的思维框架、主观的价值立场置于审美建构的首

---

① 洪子诚：《中国当代文学史》（修订本），北京大学出版社 2007 年版，第 99 页。

② 罗执廷、朱寿桐：《〈红旗谱〉：本原历史与阶级话语的龃龉》，《中国文学研究》2011年第 3 期。

③ 雷达、赵学勇、程金城主编：《中国现当代文学通史》，甘肃人民出版社 2006 年版，第610 页。

④ 陈思和主编：《中国当代文学史教程》，复旦大学出版社 1999 年版，第 79 页。

位，作品就奠定了艺术品质和审美价值的总体基础。即使思想观念存在某种局限，作品中由情节内容和人物形象所构成的审美蕴含也往往能撑破观念的框架，显示出充分的艺术光彩来。恩格斯的名言"现实主义甚至可以违背作者的见解而表露出来"① 所揭示的，正是这种以生活的客观逻辑为基础和本位而形成独特审美优势的现象。所以，在作品价值内涵的艺术生成过程中，审美主体的思维逻辑和意蕴建构的意义基点起着至关重要的作用。

《红旗谱》作为对革命往事的追溯，就是一种审美主体对历史记忆及其内在意味的审美发掘和艺术诠释。所以，《红旗谱》的意蕴建构是否具有审美普适性，关键在于文本审美境界的建构是否遵循了生活本位、而非观念本位的叙事逻辑。而作品的内在价值含量，既取决于作者开掘历史底蕴的深广程度，也取决于作品联结历史底蕴和观念体系的价值中介，取决于这一价值中介是否具有宽广的文化背景和意义的普适性、能否有效地搭建起观念与生活之间的精神桥梁。

细读文本可以发现，《红旗谱》虽然设计了一个"阶级斗争"的总体阐释框架，但阶级斗争的观念逻辑不过是文本审美境界的宏观价值指向和根本意义旨归；作品中的许多情节内容，实际上是遵循着生活本位的逻辑和社会文化层面的底线伦理来展开的。

"底线伦理"是 20 世纪 90 年代才开始在中国形成和发展的一种伦理学理论。所谓"底线伦理"，是指"维护一个社会正常秩序所必需的、社会所有成员不论何种身份地位都必须遵守的行为规范"②，确立底线伦理的目的，在于以"某些基本义务的普遍约束"，来构筑人们"共有的生活基本平台和社会生活的道义基础"③。底线伦理的基本属性包括三个方面：一是主张行为或行为准则"正当与否的最终根据不在行为后果而在行为或行为准则本身"；二是强调这种伦理规范是"普遍主义的……普遍地适用于所有人的"；三是强调一种"基本义务"，即所有成员都必须遵守这种"很基本"、"最重要"④ 的规范和准则。如此看来，如果豪强霸道者

---

① ［德］恩格斯：《致玛·哈克奈斯》，载《马克思恩格斯列宁斯大林论文艺》，人民文学出版社 1980 年版，第 136 页。

② 尹振球：《何怀宏"底线伦理"思想刍议》，《道德与文明》2010 年第 2 期。

③ 何怀宏：《底线伦理的概念、含义与方法》，《道德与文明》2010 年第 1 期。

④ 同上。

触犯了用以维持社会秩序的最低限度的伦理规范，弱势群体的反抗和斗争就属于正义之举。尤其是当豪强霸道们的破坏威胁到了弱势群体最起码的生存条件与权利时，弱势的灾难承受者即使采用某种超常规的、甚至暴力的手段来反抗，也具有以底线伦理为基础的抗"恶"和维护"社会正义"的根本价值合理性。

《红旗谱》的主要情节内容和基本矛盾冲突，正体现出这样一种基于底线伦理的价值逻辑和思维基点。作品所描写的历史生活，并没有始终绷紧了弦、达到剑拔弩张的地步，只是在"欺侮了咱们几辈子"的"土豪霸道们"① 破坏最基本的社会秩序规范、威胁到穷人最起码的生存条件与权利时，"有胆量的人"才"看不平了就上手"②，来展开反抗与斗争。这与中国古代"逼上梁山"的反抗，存在着心理和价值逻辑的高度一致性。《红旗谱》价值底蕴的深广度和审美意义的普适性，根本基础即存在于此。

二

《红旗谱》正面描写了四个农民反抗与斗争的故事，即卷1的"朱老巩大闹柳树林"和"脯红鸟事件"、卷2的"反割头税"和卷3的"保定二师学潮"，此外，作品中还有一个采用穿插、补叙方式侧面描写的"朱老明打官司"的故事。作者据以展开这些故事情节的价值基点，均表现出深厚的底线伦理倾向；而具体的描述过程，则是以乡土生活的日常性逻辑和"他们的喜怒哀乐的基本感情"③ 为本位来展开的。

首先，在对斗争缘起的揭示方面，《红旗谱》着重表现了统治者、压迫者对于社会底线伦理的触犯和反抗者对于基本的社会正义原则的坚持。

冯老兰"砸钟灭口，存心霸占河神庙前后四十八亩官地"④，显然触犯了公共财产不容强权者侵吞的社会伦理底线。冯老兰率领民团打逃兵是为了自己发洋财，失败后却将赔偿款全部摊派到"下排户"的头上，其实是触犯了"一人做事一人当"、不能嫁祸于人这条最起码的社会公道的

---

① 梁斌：《红旗谱》，中国青年出版社1957年版，第2页。

② 同上书，第8页。

③ 许之乔：《〈红旗谱〉中人民大众的人性美和人情美》，载冯牧主编《中国新文学大系（1949—1976）第1集·文学理论卷》，上海文艺出版社1997年版，第795页。

④ 梁斌：《红旗谱》，中国青年出版社1957年版，第3页。

伦理底线。"脯红鸟事件"形成斗争的关键，在于冯老兰图谋强买、强占，违背了买卖自由、人格自由的底线原则。这三个抗争事件的起因，都是乡土社会的"土豪霸道们"违背了社会的底线伦理原则。更为意味深长之处在于，在"锁井镇上三大家"之中，人们似乎只对"土豪霸道"冯老兰充满阶级的仇恨和义愤，从其他两家与农民乃至长工的关系中，我们实际上看不到什么严重欺压的情形；而朱老忠等锁井镇百姓与冯老兰之间，也是长期相安无事，只在冯老兰违背了某种底线伦理时，朱老忠等人的仇恨才借以宣泄和表达出来。所以，从农民与土豪霸道们的关系到朱老忠他们的"斗争精神"和抗争行为，都表现出一种限度，这种限度的价值基点则是乡土社会的底线伦理。

"反割头税"和"保定二师学潮"似乎与此有所不同，因为其中存在着"政权这个专政的武器"①。但总的看来，"大闹柳树林"、"朱老明告状"、"反割头税"所涉及的，都属于经济矛盾、民生问题。在"反割头税"事件中，按照"自古以来，就是这个惯例"②，百姓完粮纳税似乎是理所当然的；但统治者颁布的"割头税"等都属于"苛捐杂税"，几乎"要把农民最后的一点生活资料夺去，农民再也没有法子过下去了"③，这就从制度层面危及了贫苦百姓基本生存的底线，"维护一个社会正常秩序所必需的"条件，自然就不存在了，反抗也就是势所必然。在《红旗谱》所描写的几个故事情节中，"保定二师学潮"才开始具有正宗的时代政治色彩，这一事件的起因是政府对日寇"采取不抵抗政策"，放弃了保卫民族独立、让百姓不做"亡国奴"这一作为政府应该履行的"基本义务"，所以，学生们的抗争实际上也是因为政府对一种社会底线伦理的违反。而且，学生们的护校斗争还带有维护学校不被解散、自己的学生身份不被剥夺的性质，这显然是一种更为基本的底线伦理。正因为如此，反抗者的勇敢斗争就表现出鲜明的遵循社会底线伦理、坚守社会正义原则的倾向。

在对斗争方式的表现方面，《红旗谱》如实地展现了农民的各种反抗道路及其观念和心理基础，真实地揭示了这种种反抗行为与政治革命、阶级斗争之间的距离。

---

① 梁斌：《红旗谱》，中国青年出版社1957年版，第256页。
② 同上书，第268页。
③ 同上书，第256页。

朱老巩"大闹柳树林"、舍命护钟，属于单枪匹马地逞血性之勇，实际上就是一种个人反抗，带有"不平则鸣"、"慷慨侠义"的燕赵民风的特征。朱老明等人联合起来打官司，也就是一种法律范围内的"集体上访"，明显地表现出遵循法律和"只反贪官、不反皇帝"的特点。丰富的生活阅历使朱老忠明白，像父亲那样单枪匹马地硬拼不行，像朱老明那样只靠打官司也不行，于是他确定了"不服他这个，走着瞧，出水才看两腿泥"① 的方针，并设计了一个"一文一武"的未来规划。但他因为大贵被抓壮丁，才想出干脆要借此培养一个"挎枪杆子"的，这实为祸从天降、被土豪霸道压得"一辈子抬不起头来"② 时的无奈之想；运涛坐上"革命的官儿"，众人欢欣于"起了祖了"，"打倒冯老兰，报砸钟、连败三状之仇，咱门里就算翻过身来了！"③ 其中所体现的，也不过是一种底层百姓望子成龙以报仇雪恨的朴素心理。

"反割头税"事件中，农民与政府之间还存在着"割头税包商"这个中间环节；县长因为冯贵堂"空着手儿来"、又"很火饿"④，居然就没有和他这"包商"站在一边，明显地缺乏"阶级队伍"的意识；冯贵堂后来将事件上升到"共产党煽惑民众，抗纳税款"⑤ 的高度，才使问题变得严重起来，但这恰恰说明，"反割头税"事件原本并没有被政府看作阶级革命和阶级斗争；而且，这件事从根本上说，也确实如老驴头关于杀猪、避税所盘算和追求的那样，只是一种基于经济利益的抗争行为。"保定二师学潮"除了反对"不抵抗"政策外，还包含着"知识者走向乡村"这一有关革命道路和方式的主题，倒是具有鲜明的阶级斗争和民族斗争的色彩，但朱老忠在这场学潮中所扮演的，不过是一个心怀同情、源于基本的社会正义进行"场外救助"的角色。由此可见，作品所展示的生活内容与阶级斗争之间的距离，在这些方面都有着具体而确切的客观呈现。

在对斗争具体情形的描写方面，《红旗谱》则以高度的艺术分寸感，保持和坚守着一种基于生活常态逻辑和乡土文化惯例的叙事客观性。

"大闹柳树林"事件中，朱老巩虽然连夜磨刀霍霍，实际上却并没有

---

① 梁斌：《红旗谱》，中国青年出版社 1957 年版，第 127 页。
② 同上书，第 124 页。
③ 同上书，第 167 页。
④ 同上书，第 355 页。
⑤ 同上书，第 390 页。

真想去杀人。第一次上堤时，他根本就没带铡刀或大斧子，而是"裂起嘴唇用拇指试了试刀锋，放在一边……拿起脚走上大堤去"①；在"铜钟碎了"之后，朱老巩也没有一跃而起冲出去与"阶级敌人"拼命，而是"吐了两口鲜血倒在地上"②。与抗争姿态的慷慨、豪气相比较，这些具体行为甚至显得不无窝囊与笨拙，但这恰恰体现了一个淳朴农民而非杀人魔王的本色。同样，冯兰池玩弄一连串阴谋，用意也只在于砸钟而不是害人。因为作品中存在这种种基于生活常态的描写，作者虽然在叙述语言中不断强化着剑拔弩张的阶级愤怒，似乎双方即将你死我活，具体描写出来的实际情形却并未丧失乡土争斗的本来面目。

"反割头税"事件中，朱老忠在家门前架锅杀猪；刘二卯骂街式地"压迫"反割头税的人们，结果反而被一群妇女"扯"、"撕"、"打"，"闹得不可开交"③；老驴头则在自己家里偷偷地用菜刀宰起猪来。这种种不无闹剧色彩的行为，与其说是严峻的阶级斗争，不如说更像是乡村社会围绕经济利益、民生问题的群体性对抗行为。而且，作者一方面紧锣密鼓地描写"反割头税"事件，另一方面却兴致盎然地铺叙了大贵在雪夜帮春兰家找猪的情节，严峻的斗争过程由此平添了一种轻喜剧色彩。在"反割头税"大会上，江涛激情洋溢地发表着演讲，严萍想到的是"眼前的青年人，兴许是一个未来了不起的大人物"④，朱老忠与严志和议论的是"咱这孩子行了"、"坟地里长大树"⑤了。他们更像是因为这人情的激荡，才随着高呼起了阶级斗争色彩鲜明的口号。反割头税大会结束后，张嘉庆逃避追捕的方式居然是"考学"到保定去，其中也充分显示出一种建立在当时革命者活动实际情形基础上的生活内容的独特性。

即使在"二师学潮"时军警与学生的直接对抗中，张嘉庆率队出去抢购粮食，高喊一句："是抗日的朋友走开吧！"就能使众多军警"向回卷作一团"⑥，这显然也是突破阶级阵线、从军警队伍实际状况出发的客观描写。《红旗谱》中还有众多这样极具艺术分寸感的描写，朱老明告状

---

① 梁斌：《红旗谱》，中国青年出版社 1957 年版，第 7 页。
② 同上书，第 13 页。
③ 同上。
④ 同上书，第 370 页。
⑤ 同上。
⑥ 同上书，第 457、458 页。

三年，是自己急火攻心而不是外在的原因导致了眼瞎；保定第二师范曾经闹过多次并未遭到镇压的学潮，甚至还有驱逐校长的成功。众多诸如此类的故事情节表明，作者在用叙述语言强化"阶级仇恨"的同时，具体描写却是严谨地以特定历史环境中的生活真实为本位来展开的。

所以，《红旗谱》中农民们的反抗斗争，按照作者在作品中的理性归纳应属不同阶级之间的矛盾与斗争，斗争的实际情形却更像是贫苦、弱势群体与"土豪霸道们"为公道和利益的对抗。但作品确实又深刻而有力地揭示出，在社会的底线伦理无法维持时，受压迫者官逼民反、逼上梁山就是生活中的必然存在，这样，贫苦农民走上阶级革命的道路也就具备了历史的可能性。所以，《红旗谱》主题逻辑得以成立的基点，在于作者确立了底线伦理这一"阶级斗争"和"生活内容"之间的价值中介，并在具体描述的过程中坚守着一种不为观念所拘囿、而以生活为本位的审美立场。

三

《红旗谱》"根据家乡一带的人民生活、民俗和人民的精神面貌来写《红旗谱》"[1]，作品所着重刻画的自然是农民们的斗争精神，但作者的审美视野并没有仅仅聚焦于阶级压迫与反抗的内容，而是"把人物放在一定的环境中，通过生活的烘托和故事的纠葛"[2]，来表现和突出其性格的特征。从而以"生活内容"的丰富性，将"阶级斗争"的观念化主题充分地落到了历史的实处。

首先，《红旗谱》从生活全局性的视野，真实地揭示了革命者人生选择的乡土观念逻辑和斗争历程中的日常生存状态。

作品对运涛、江涛兄弟人生道路的描写就是如此。运涛出走和参加南方革命军，并不仅仅是因为他与贾老师接触、思想革命化了，更重要的原因是在于他与春兰原本正常、美好的爱情，被意外地扭曲为"招了汉子"和"欺侮"[3]，甚至由春兰的父亲老驴头闹成了几乎出人命的严重事件，"一个男人，在乡村里有了这种名声，就再也没有姑娘小伙子们跟他在一

---

① 梁斌：《漫谈〈红旗谱〉的创作》，载牛运清主编《中国当代文学研究资料·长篇小说研究专集》（中），山东大学出版社 1990 年版，第 111 页。

② 同上书，第 99 页。

③ 梁斌：《红旗谱》，中国青年出版社 1957 年版，第 149 页。

块玩"① 了。江涛考上保定第二师范，是决定作品主线发展的一个关键性情节。但江涛从考学成功、到因为家贫不想入学、再到因为运涛入狱打算退学等相关情节，包括朱老忠送江涛时对他"不能忘了咱这家乡、土地，不能忘了本！一旦升发了……"② 的叮嘱和预想，相当典型地体现出来的，却不是一个乡村青年的革命历程，而是一种穷苦人家子弟奋斗向上的追求及其艰难、曲折的步履。

对于贾老师的日常生活，《红旗谱》也从他所从事的小学教师这一职业的角度进行了趣味与意味兼具的描写。"明天是礼拜六，又该上作文课了"，贾老师却忙碌得连学生的作业"还没有改出来"③；两个学生开门进来，"粗了脖子红了脸地进行争论"，请他评判课堂上讲授的问题，并对他的解释表示不满和质疑，"工作夹着我的手"的贾老师只好不无烦躁地"伸开两只手把他们推出门去"④；校役前来清算和唠叨伙食钱，并指出他"下月薪金早借光了"，贾老师只好强打"哈哈"、用"你们是工农兄弟，别跟我打吵子"⑤ 来掩饰自己经济的困窘；就连老爷爷跟邻家胡二奶奶吵架，他也要半哄半劝地调解。这种种从日常生活角度展开的描写，有力地拓展和充实了一个革命者的日常人生景观。

其次，《红旗谱》从时代与环境条件的角度，如实地揭示了反面人物的性格层次与行为逻辑。

"脯红鸟事件"中，冯老兰虽然有过庄稼人"养这么好的鸟儿，不是糟蹋？"⑥ 的挖苦，在集市上却也有过愿意高价买卖的时刻，只是在大贵不愿将鸟卖给仇人让其开心之后，事件的发展才转变方向，冯老兰的霸道也才显示出来。对于玩弄老驴头的女儿春兰，冯老兰按照"是人没有不爱财"的逻辑，觉得"豁出去了，给他一顷地，一挂大车……这就够他一辈子吃穿了，也算咱对得起她"⑦。作者不仅写出了冯老兰建立在"有财有势"基础上的恣意、霸道逻辑，还写出了他在霸道逻辑不能得逞时的阴险报复行为和落寞、委屈心理。脯红鸟风波过后，抓壮丁"出兵"

---

① 梁斌：《红旗谱》，中国青年出版社 1957 年版，第 153 页。
② 同上书，第 191 页。
③ 同上书，第 271 页。
④ 同上书，第 272—273 页。
⑤ 同上书，第 274 页。
⑥ 同上书，第 104 页。
⑦ 同上书，第 152 页。

的事就由村长冯老兰安到了大贵头上，冯老兰强烈的报复态度鲜明地表现出来；得不到春兰后提起这事，冯老兰"想了老半天，懒洋洋地说：'那妞子，她硬僵筋！'"① 落寞、自解之意溢于言表。在作者看来，"地主有地主的生活"②，这种种描写就是由这种认识出发而形成的精彩的艺术表现。正是这种种描写，充分展现出了生活自身的逻辑，表明不管从阶级敌人还是从农村坏人、土豪霸道的角度看，"下排户"与冯老兰斗争是必然的，相安于同一生存环境却也是可能的。

在两个主要反面人物中，冯老兰属于传统的守财奴，是"从封建的生产基础上生长起来"的、"封建思想的代表人物"③，冯贵堂则是沾染了新时代气息的"改良主义者"，他们之间也存在深刻的矛盾。冯贵堂不满于父亲的古板守旧，坚持改良生产工具和发展工商业，对农民也注意把握剥削的分寸，时常施以小恩小惠，甚至要创办贫民学校，颇有适应时代经济趋势和进行社会改良的观念。但他们的这种矛盾只不过是"思想方式的不同、剥削方式的不同"④ 而已。对此，作者从"脯红鸟事件"中冯贵堂"一个钱不花，白擒过他的来"⑤ 的态度，到"反割头税"事件中冯贵堂"笑里藏刀"，口说不要税钱、实际上却"到省政府告了咱们一状，连县长都告上"⑥ 的手段，通过人物的言行展开了丰富、深刻的描写。这种种描写显然更具体而确切地表现出了冯氏父子性格与观念的多面性。

最后，《红旗谱》还有力地揭示了乡土社会种种"深刻的正统观念"⑦，并通过革命观念与这种"正统观念"之间的对比和映衬，深刻地表现出特定历史环境中农民斗争形态的独特性。

江涛"根据人愈穷，受的压迫愈大，革命性愈强的规律"⑧，首先到"扛了一辈子长工"的老套子那里宣传反割头税。看着老套子土坯小屋的

---

① 梁斌：《红旗谱》，中国青年出版社 1957 年版，第 343 页。
② 梁斌：《漫谈〈红旗谱〉的创作》，载牛运清主编《中国当代文学研究资料·长篇小说研究专集》（中），山东大学出版社 1990 年版，第 109 页。
③ 同上。
④ 同上。
⑤ 梁斌：《红旗谱》，中国青年出版社 1957 年版，第 109 页。
⑥ 同上书，第 389 页。
⑦ 同上书，第 268 页。
⑧ 同上书，第 267 页。

摆设和身上的穿着，江涛"觉得这位老人的一生太苦了"①，哪知老套子倒认为"扛长工，就是卖个穷身子骨儿，卖把子穷力气"②，觉得这属于理所当然；江涛觉得老套子"扛了一辈子长工，还没有自己的土地家屋"③，实在值得同情，老套子却认为自己住在"当家的院里"，"这一辈子，净吃现成饭了"④。对于"抗捐抗税，抗租抗债"，"老套子一听，就不同意"⑤，认为交粮纳税"自古以来，就是这个惯例"，还用他振振有词的"完税理论"训诫江涛"要学明情察理，别学那个拐棒子脾气"⑥。江涛"这时才明白，农民在封建势力的压迫下，几千年来的传统观念，不是一下子能撼动了的"⑦，只好败下阵来。实际上，严志和"过个庄稼日子，什么也别扑摸了"⑧的慨叹，江涛娘"可不能再去跑那个'革命'"的叮嘱，都是建立在服从"自古以来"的"惯例"的基础之上。正因为存在这种种观念和心理，"反割头税"的过程中才有老驴头和老套子私下宰猪的情节，也才有朱老忠与严志和相比较而显出的慷慨大气。

由此可见，《红旗谱》中阶级斗争的情节主线和英雄人物斗争精神的主导性格，是建立在生活全部丰富性的基础之上的。正因为有了对于"生活内容"的广泛而深刻的描写，作为"生活内容"和"阶级斗争"之间价值中介的底线伦理才没有淹没在阶级斗争的观念性思维中，而显示出深厚的历史文化底蕴和审美文化光彩，农民们的反抗斗争行为，也相应地在更为深广的历史与文化背景上得到了准确的定位。

四

《红旗谱》遵循底线伦理建构斗争事件的价值逻辑，以生活为本位建构斗争事件的演变进程，并不是"现实主义……违背作者的见解而表露出来"的，而是有着深厚的历史理解和清醒的理性思考来作为审美主体的思想基础。

---

① 梁斌：《红旗谱》，中国青年出版社 1957 年版，第 266 页。
② 同上书，第 267 页。
③ 同上书，第 265 页。
④ 同上书，第 266 页。
⑤ 同上书，第 267 页。
⑥ 同上书，第 268 页。
⑦ 同上书，第 267 页。
⑧ 同上书，第 281 页。

谈到《红旗谱》主题思想的确立，作者曾经意味深长地表示："阶级斗争的主题是最富于党性、阶级性和人民性的。"① 这也就是说，他在关注作品主题的"党性、阶级性"的同时，也始终关注着其中所包含的"人民性"，而没有将"人民性"淹没在"党性、阶级性"之中。在介绍如何塑造作品中的英雄人物时，作者又这样表示："我想把朱老忠和严志和一生的思想发展，写成是中国农民英雄从旧人道主义提高到新人道主义（共产主义思想）的典型。"② 这句话的耐人寻味之处在于，作者既认为"新人道主义"和"共产主义思想"在根本精神上是一致的，却又没有从中任选一种，而是将二者同时列举了出来。很显然，作者在关注阶级斗争的"党性"、"阶级性"特征的同时，又对其中所包含的"人民性"倾向给予了关注和理解；在展现英雄人物的"共产主义思想"时，又充分注意到了这种思想特征与"人道主义"的内在关联性。这种表达包括两方面的含义。其一，这实际上是作者在对历史生活进行以"阶级斗争"为主线的艺术概括的同时，也对"阶级斗争"和"革命"本身进行了别具视野和角度的理解。而联结"人民性"、"新人道主义"和"阶级斗争"的桥梁，在笔者看来，就是以底层百姓的生存为关注中心、以其基本生存条件和精神尊严为不可逾越的行为准则的社会"底线伦理"。其二，作者又认为"人民性"、"新人道主义"与"党性"、"阶级性"和"共产主义思想"在精神实质上是一致的。作品中之所以表现出一种从底层伦理出发认同和弘扬革命精神、在民俗氛围和生活全景中表现阶级斗争的叙事原则，审美主体的思想根基即在于此。而且，正因为作者对"党性"、"阶级性"和"人民性"，"共产主义思想"和"新人道主义"之间的关系，具有极富历史与文化内涵的艺术理解，底线伦理与革命意识在价值倾向、地域文化精神与行为方式上的差异和联系，才在文本审美境界中得到了极具艺术精准度的阐发。

这种历史认知思路的审美优势在于，《红旗谱》既广泛地表现了特定历史环境中的各种斗争道路及其精神逻辑，又深入地揭示出这种种精神逻辑与阶级斗争观念、革命文化倾向之间的意义趋同性，这就将阶级革命的

---

① 梁斌：《漫谈〈红旗谱〉的创作》，载牛运清主编《中国当代文学研究资料·长篇小说研究专集》（中），山东大学出版社 1990 年版，第 110 页。

② 同上书，第 104 页。

必然性、必要性和这种革命在历史与文化逻辑层面的普适性两个侧面，都艺术地呈现了出来。于是，作者既可以将意识形态话语放到一种具有价值普适性的意义平台上来解说，内在地化解意识形态话语的文化特殊性；又可以在意识形态话语的观念逻辑与现实世界的生活日常性逻辑不相吻合时，依托生活的深厚基础，遵循生活本位的叙事原则，有效地避免观念化叙事的审美弊端。

这种历史认识思路更重要的审美优势则在于，它其实正是一种具有经典性地建构史诗的艺术范式和审美路径。哲学老人黑格尔曾经这样阐述史诗的基本审美规范："史诗……必须用一件动作（情节）的过程为对象，而这一动作在它的情境和广泛联系上，必须使人认识到它是一件于一个民族和一个时代的本身完整的世界密切相关的意义深远的事迹。"① 《红旗谱》恰恰是既以农民的反抗斗争这"一件动作（情节）的过程为对象"，又在"情境"和"广泛联系"两方面，都能让人们感受到这个"动作"背后"本身完整的世界"，底线伦理则是这个"动作"和"本身完整的世界"之间"密切相关"的精神联系点。因为寻找到了这个精神联系点，《红旗谱》的反抗斗争故事才不仅是建构"史诗"所必要的"动作"，而且是历史与文化底蕴深广的、"意义深远的事迹"。底线伦理的审美功能和《红旗谱》深厚的史诗品格，即由此充分体现出来。

第二节　《历史的天空》的审美传承与话语转型

在中国社会文化转型期的红色记忆审美中，徐贵祥的长篇小说《历史的天空》颇具审美文化的代表性。这部作品于 2000 年由人民文学出版社出版，既获得了第 6 届"茅盾文学奖"这一文学体制内的最高奖项，又是图书市场军事小说类的品牌畅销书。根据小说改编的同名电视剧，也是既有极高的收视率，又获得了第 25 届"飞天奖"、第 23 届"金鹰奖"中的"优秀电视剧奖"。但《历史的天空》虽然获得了如此极具社会文化广度与高度的认同和赞赏，却并没有重要的研究者将其看作我们时代文学具有典范性的、里程碑式的作品。社会认同度和基本审美评价之间的这种反差，显然是耐人寻味的。那么，《历史的天空》出现这种不同审美效应

---

① ［德］黑格尔：《美学》第 3 卷下册，朱光潜译，商务印书馆 1981 年版，第 107 页。

的基础与根源到底是什么？其中隐含着怎样的精神文化意味呢？这些问题都值得我们给予深入的思考。

一

《历史的天空》是一部以革命历史进程中的英雄形象为主人公的长篇小说，在共和国红色记忆审美的意义格局中，这部作品在对社会历史解读的独特性与创新性方面，具有一定程度的阶段性标志意义。

在新中国成立后的60多年里，对红色记忆这种历史文化资源的审美发掘，经历了从开国时期进行讴歌型审美建构到21世纪展开认同性审美重构的历史进程。开国时期，众多作家以讴歌为情感基调，来对共产党领导民众展开革命与战争的红色记忆进行审美建构。这类创作理性主题相对单一和意识形态化，文本叙事路径却内含着审美的丰富性。新时期以来，红色记忆审美从题材范围、主题形态到文体特征等方面都变得日益丰富和复杂，立意承续革命历史文学价值传统、发掘和弘扬红色文化正面意义的文艺创作，始终强势地存在着。在21世纪的中国文坛，广大作家与新型的时代语境相呼应，力求融汇多元文化的思想意识，来重新阐述红色文化的价值内涵与时代意义，并以众多在文学和影视等传播媒介中均具广泛影响的作品，把对红色记忆的资源发掘与审美重构推向了崭新的艺术境界。

《历史的天空》正体现出一种有机融合革命历史文学的叙事路径和审美优势，来进行红色英雄重塑、革命认同重建的创作思路。作者将小说叙事的历史时空跨度，从战争年代一直延伸到了改革开放时代，力求在对现代中国战争与革命的内在特征进行整体性认知的基础上，深入揭示主人公由蒙昧、粗鄙的一介草莽"姜大牙"成长为坚定、睿智的共和国高级将领"姜必达"的人生轨迹及其历史奥秘。在开国时期的红色经典作品中，《保卫延安》、《红日》等作品，形成了一种立足全局而以点带面地展开叙述的审美格局；《红旗谱》等作品，则存在着一种将主人公置于"革命的熔炉"里不断"锤炼"、按照革命发展规律升华其人生境界的"人格成长"视角，而在表现主人公来自民间又超越民间、进入革命文化规范之时，还对民间草莽文化与革命文化相融合的精神基点进行了艺术的探索。《历史的天空》与这些红色记忆审美传统之间，都存在着一脉相承之处。而且，小说展现凹凸山根据地"纯洁运动"和李文彬被捕、处死等历史问题长期若隐若现、似悬似决的内幕，发掘姜必达经受一次次挨整、东方闻音之死和"文革"下放等逆境与痛苦之后品格情操反而得到锤炼的心路历程,既明显可见《皖南事变》那直面历史悬案、内幕的问题意识和层层剥离人物心理动因的理性思辨色彩,也可见《第二个太阳》以严峻的考验来显现主人公情操升华状态的艺术策略。

在总体认同革命历史文学价值倾向和创作思路的基础上,《历史的天空》的具体审美内涵,又鲜明地体现出价值基点位移、历史认知深化和思想观念更新的特征。

首先,《历史的天空》显示出一种以个人功业替换集体事业、以个体本位的功名话语替换集体本位的革命话语的审美眼光。

现代中国的革命与战争从根本上说是一种集体性的事业,集体主义的价值观成为置身其中者无可逃避的行为规范,每个人的人生道路和生命意义都只能融汇在集体的事业之中。正因为如此,个体的功名利禄乃至生死存亡,在革命历史叙事中往往处于被遮蔽的状态。在《青春之歌》、《红旗谱》等作品中,主人公人生辉煌的终端,就是成为一名自觉地献身于革命事业的共产党员,而在他们成为共产党人之后,甚至连个人的性格特色,在作家笔下都变得模糊起来。

《历史的天空》明显地有别于此。作者把审美关注和艺术探寻的焦点,集中在姜大牙个人的命运遭际、功名事业及其利害得失等方面。在作品的描述中,姜大牙实际上是一个从人生状态和人格境界的最底层起步、在命运的偶然与困境中崛起的战争强人。战争的功利需求给了他展现生命闪光点的舞台,成就了他人生功名的辉煌;革命文化规范从正反两方面的锤打与锻造,使他从道德与精神的蒙昧状态中蜕变,思想性格和人格境界获得了"涅槃"式的改变与升华。姜大牙的功名事业和人格品质,恰是他的个体生命强力在体制理性中腾挪奔突、终成"正果"的结晶。而且,在《历史的天空》对于姜大牙革命历程的描述中,从他欲投国军却阴差阳错地投到了共产党游击队的怀抱,到杨庭辉对他另眼相看的青睐与器重;从东方闻音对他似乎缘分注定般地不断接近、逐步改变看法,到他诸多"出格"行为或难求实据、或属组织规范的"擦边球",因而在"纯洁运动"中侥幸地大难不死;从他不断地遭受歧视和打压,到一次次出乎意料地升迁而最后成为 D 军司令员,作者不断地渲染着他人生命运一次次戏剧性的改变,特别是其中因偶然而带来的机遇和幸运。恰恰是这一次次的偶然、机遇以及由此形成的"利好"状态,带来了姜大牙人生一步步的成功，并相应地激发了他主观世界的蜕变，提升了他的人格品质。对于姜大牙人生机遇和偶然的强化性描写，显然源于作者对个体人生利害得失的热切关注和细致体察。换句话说，《历史的天空》的英雄起源神话，实际上是基于一种以个体生命意义为本位的思想逻辑建构起来的。

其次，《历史的天空》显示出一种以战争功利超越观念争辩、以历史大势和个体人格解读政治纠葛的认知思路。在对党史、军史问题认知的历史文化层面，《历史的天空》一方面将叙事重心放在抗战大背景下的"内战"方面，并以纪实性的笔调浓墨重彩地加以描述，深入地揭示历史内在的复杂性和局限性；另一方面又不再纠缠于具体观念原则和功利集团的理论正误、政治是非，只力求充分展开各种思想路径和行为抉择的内在情理。在此基础之上，作者往往从历史整体前行的高度，以求同存异、殊途同归来作为清理各类历史是非内在责任之后的根本价值判断，对姜大牙与陈默涵不同政治人生道路的尊重态度，就体现出这种特征。同时，作者有意在某些重要的历史关节点上，设计史实和人物心理逻辑的不确定特征，来淡化各种历史错误所包含的文化沉重感与个体责任感，有关窦玉泉在是否杀姜大牙问题上种种言行的描写，堪称这方面的典型例证。作者还常常从个性特点的角度，来宽容历史人物包含着人格品质缺陷的政治和人生行为，在揭示张普景屡屡对姜大牙展开无情斗争的动机方面，作者就体现出这种思维逻辑。这种历史认知思路，既能对具体历史纠葛给予具有充分"同情心"的解读，又能以富有现代意识的思想理性，超越传统红色文学创作单纯的阶级分析眼光和觉悟本位意识，其中显然包含着创作主体在历史认知视野和评判观念方面的巨大突破。

最后，《历史的天空》贯穿着一种具有"成功学"实用理性意味的价值立场。姜大牙的人生轨迹中，明显地隐含着"丑小鸭变成白天鹅"的叙事母题，其中寄寓了创作主体对于强悍个体在自身和环境局限中如何捕捉良机、打拼人生成功之路的大胆揣测与完美想象，实质上是在阐述一种以生命强力和人性本能为基点的战争成功学。作者在姜大牙这一人物形象身上着力表现的，并不是他具备辉煌的战绩或崇高的节操这一类传统革命英雄人物的形象要素，而是他之所以能从一个人人不待见的"丑小鸭"式人物成为众人钦羡的非凡人物的必备构件，包括他粗豪鲁莽中内含侠义率性的个性风采，不断战胜困境、超越自我的精神和眼界，还包括他明明未曾具备足够的自身条件和素质，却能既获权与位又抱美人归的佳运与良缘。总之，作者以姜大牙从草莽生存状态到革命功德圆满的人生历程为叙事线索，不无炫耀地探索着、揭示着的，是他如何在战争的海洋和革命的风浪中如鱼得水并满载而归的种种奥秘。作者甚至还通过揭示战争环境中"丛林法则"的功利合理性和自然人性的世俗情味，来为姜大牙个人品质的负值，提供可予宽宥和一笑了之的文化基础，并借助对这种种不良品质的调笑式渲染，反过来使姜大牙的辉煌成功之路变得更为可亲、可信。

总体看来，《历史的天空》超越了红色记忆审美以讴歌和倡扬革命文化本身为宗旨的政治文化境界，而将文本意义的重心转移到了呈现个人在历史中的命运的社会文化层面。与此同时，这部作品又保存了传统红色文学遵循主流意识形态规范、推崇价值正能量和品格崇高性的精神特征，在"通过这种人类特殊的行为来认识人、解剖人，并且按照文以载道的思想来感染人、教育人"① 的审美价值目标层面，与红色文学的精神传统保持了文化的一致性。因此，《历史的天空》较为充分地显示出一种在新的文化语境中承前启后、继往开来的精神文化特征。这部作品与同时期出现的《我是太阳》、《英雄无语》、《亮剑》等优秀长篇小说一道，在对传统进行"创造性转换"的红色记忆审美重构中，体现出某种思潮性的文化代表和审美启发意义。因为红色记忆审美在当代中国审美背景和接受心理积淀的深广，《历史的天空》产生强烈的社会反响实在是一件自然而然的事情。

二

文学既是一种"社会现象"，也是一种"文化现象"和"生命现象"，是人类在"以自己的独特的文化方式"② 来表达对社会和人生的感知与态度，获得一种对生命中"积极的痛苦"的"表现"和"虚拟的实现"，因此，一部文学作品蕴含了怎样的"文化要求"、适应了何种"生命的需要"③，也是考量作品价值的重要方面。这就需要我们在理解文本的思想意蕴及其社会历史底蕴的基础上，从时代文化的全局出发，对隐含于其中的精神倾向和文化特征，给予更为深入的考察与探讨。理解和评价

---

① 王雪瑛：《徐贵祥〈马上天下〉：为了人类心底的愿望》，《新闻晚报》2010 年 1 月 20 日。

② 王蒙：《文学三元》，《文学评论》1987 年第 1 期。

③ 同上。

《历史的天空》同样应当如此。

改革开放以来的中国社会，逐渐形成了文化多元化的态势，其中大致可划分为主流文化、精英文化和大众文化三大板块。主流文化代表国家意识形态的意志和利益，精英文化主要体现知识分子的思想异质性、精神超越性和审美创造力，大众文化则按照市场规律批量生产着体现都市大众审美趣味的文化产品。这几类文化既并驾齐驱、相互碰撞和矛盾，又呈现出越来越明显的相互渗透、融合的趋势。在这样的文化语境中，中华民族文化的更大发展与境界升华，显然应当以有机地融合各类文化的优势为基础。多元文化语境中的大量文学创作，也都显示出不为一类文化要求、一种文化境界所拘囿，竭力兼容各类文化的审美特征。《历史的天空》作为对红色记忆这一体制性历史文化资源的审美重构，同样呈现出主流文化所不能涵盖的意义与特征。作品以个体功名话语作为意义基点本身，就体现出对革命文化集体主义价值观的超越和向中国传统文化功名价值观的回归，从而构成了文本审美建构的重大突破。

《历史的天空》具有鲜明的审美融合倾向，这种倾向的根本特征是向娱乐性的大众文化而不是探索性的精英文化靠拢。

《历史的天空》的审美格局中，最为关键的内容要素存在于三个方面，即主人公形象的智勇双全特征和草莽文化属性、英雄主人公和政治指导者的思想性格关系、英雄男主人公与美人女主人公的人情意味关系。这种格局在开国时期的"红色通俗文艺"作品中实际上也或明或暗地存在。《烈火金刚》有孤胆英雄史更新、侦察英雄肖飞、骑兵战士丁尚武的英雄形象系列；《林海雪原》有杨子荣、刘勋苍、孙达得等英雄系列形象和"天才"指导者少剑波的形象，以及少剑波与白茹纯洁的爱恋；《铁道游击队》有刘洪、王强、鲁汉等英雄系列形象和政治指导者贾正的形象，以及刘洪与芳林嫂含蓄的情感。虽然这些人物形象的特征和相互关系的具体内容存在差别，基本格局却具有内在的相似性。《历史的天空》与这些作品在基本审美格局方面，内在一致性是显而易见的。

值得称道之处在于，《历史的天空》既与"红色通俗文艺"保持了深厚的渊源关系，又表现出审美内涵的大大深化与有力超越。首先，作者审视人物形象和人物关系的艺术着眼点，从英雄人物的战斗事迹和战术智慧的层面，转到了英雄人物的整个人生轨迹和革命斗争的全局战略层面，从这样的高度和广度来审视富于传奇色彩的战斗英雄形象及其周围人物的关系，从而登高望远、笔力纵横地展示了姜大牙血战疆场、历经劫波却一次次有惊无险的人生历程。其次，在对于英雄主人公与政治指导者关系的展示中，作者通过描述张普景、窦玉泉、江古碑以及代表革命组织最终必将正确和英明的杨庭辉等人物形象，从不同侧面展开了对于革命文化内在局限与运作机制缺陷的深刻揭露；在对英雄男主人公姜大牙和美人女主人公东方闻音的描绘中，作者则以人情感召和人性熏陶的方式，强化了革命文化的亲和力与感召力。最后，在具体的叙述过程中，作者既着力渲染了作品人物在战争环境中命运的波谲云诡、大起大落，又着力表现了人物之间甚至达到你死我活程度的思想态度碰撞、人格境界矛盾，还以相互对比和映衬的方式，强化了从革命队伍内部到国共两大集团之间、从重要人物之间到某个人物自身性格的不同侧面所存在的巨大反差。因为这种种艺术努力，《历史的天空》就显示出一种雅俗兼容的审美文化特征，在精英文化的历史内涵认知和大众文化的以传奇求娱乐之间，构成了一种审美的张力，既"充满了人们喜闻乐见的传奇性，也蕴含了让人们默契于心，反思及己的形而上的启悟性"①。

　　对于这种审美文化的雅俗共赏特征，作者本人也具有相当明确的理性自觉，他曾多次谈到，《烈火金刚》"这部章回体传统小说非常好看，人物形象鲜明，我从小非常喜爱。至今我仍认为是部很了不起的作品"，"它对我的影响很大"②。《历史的天空》正是在富有深度地认知历史与文化的基础上，又回归到了"人物形象鲜明"和故事"非常好看"的审美境界，作品在纵横勾勒、流畅自如中显得兴致盎然的叙述笔调，就是作者具备充分审美自信的一种具体表现情态。

三

　　这种雅俗共赏的审美文化选择，确实使《历史的天空》获得了良好的图书市场效应和改编为电视剧后的良好收视率，并反过来增强了体制文化的关注与赞誉度，但同时也导致了某些影响文本意蕴深广度和精神文化层次性的重要局限与不足。

　　① 曾镇南：《描绘生活长河的宏伟画卷——第六届茅盾文学奖获奖作品巡礼》，《当代文坛》2005年第4期。

　　② 月明：《徐贵祥：写好抗战作品正逢其时》，《北京日报》2005年7月1日。

在文本意蕴建构层面，《历史的天空》的雅俗共赏追求体现为审美聚焦点的转移，但其中隐含着一种不经意地淡化和刻意回避正面剖析历史内在真相与深层次矛盾的精神倾向。《历史的天空》在党史、军史认知的整体格局中，将审美焦点转移到了对于独特而鲜明的人物形象的塑造上。因为这种艺术聚焦点的转移，作品揭示革命队伍内部思想矛盾和派系斗争的大胆笔触，就转化成了对人物内心功利与道德矛盾状态的揣测，本可严峻、剀切的政治文化剖析，也随之时常蜕变为对于历史真相与内幕带有猎奇色彩的窥视。作者还往往用相关人物个体人格的境界与品质，来阐释政治路线和思想观念斗争的残酷性与荒谬性，这虽然在某种程度上有助于挽回相关描述对英雄个体和革命队伍形象的损毁，却无形中淡化了作品的政治文化批判力度。作品反复描述窦玉泉、江古碑和张普景有关凹凸山权力格局的种种思虑和算计，就显示出这种正负两方面兼而有之的审美效应。结果，《历史的天空》的叙事策略貌似强化了历史具体性，实则隐含着一种着意拟构个体传奇命运、疏淡乃至回避历史全局认知的精神倾向，以至文本审美境界"于时代氛围的烘托，则稍有未逮"①，历史文化内蕴本可更为沉实、厚重的艺术机会，也就因此而丧失了。

在审美境界营造层面，《历史的天空》的雅俗共赏追求体现为对内容"非常好看"的重视，但其中又隐含着一种忽略精神探索性的倾向，由此导致了作品形而上层面的生命和历史哲学启迪意味的淡薄。《历史的天空》在"个体本位"的意义内涵选择方面，实际上只是在集体与个体的矛盾共存关系中进行一种价值重心的改变，目的是通过展现某种独特的个体生命状态，更出奇制胜地展现集体事业的美好、崇高性，并不带有"另起炉灶"进行根本性意义自我建构的意味。事实上，《历史的天空》这种革命事业把一个粗鄙、莽撞的乡野汉子改造为睿智、明达的共和国高级将领的审美思路，与红色经典《白毛女》"旧社会把人变成鬼，新社会把鬼变成人"的意义逻辑，根本性质是完全一致的，并不具备历史本质体察与评判层面的创新特征。而且，作者的审美注意力高度集中于故事情节的连贯性和吸引力，对姜大牙在革命队伍里"情理之中"地遭受约束和打击、又"意料之外"地获得解脱和重用等内容，给予了过多的关注

① 曾镇南：《描绘生活长河的宏伟画卷——第六届茅盾文学奖获奖作品巡礼》，《当代文坛》2005年第4期。

和渲染；而对姜大牙形象的草莽文化特性及其与革命文化的矛盾对立性，却未能进行本可更大幅度地展开的审美发掘，结果明显地导致了作品这方面意蕴含量的欠缺。在具体描述过程中，《历史的天空》虽然揭示了众多姜大牙人生际遇的偶然性，但基本上停留于渲染姜大牙"命好"、"奇特"的世俗性感慨层次，形而上精神感悟和生命慨叹的意味，实际上是相当欠缺的。如果按照冯友兰将生命境界分为"自然境界、功利境界、道德境界和天地境界"① 的观念来理解，《历史的天空》所表现的，实质上是功利与道德境界层面的审美内涵，而超越具体社会内容、进行历史文化与人类生存形而上感悟的"天地境界"的意味，在作品中却是并不充实的。

《历史的天空》的作者在谈到"战争文学"创作时，曾经表示："我不是政治家，无须对战争的政治和社会意义说三道四；也不是伦理学家，无须对战争的是非和道义评头论足。我只是个写小说的人，充其量不过是一个热衷于战争文学、而不能算热衷于战争的小说作者。我只关注战争中的人，他们的情感、意志和命运。"② 但实际上，真正的大作家往往同时也是视点高远、思虑深切的政治家和忧愤深广、悲天悯人的伦理学家，是否具备这种政治家和伦理学家的眼光与情怀，对于一个文学创作者能否进入大作家的境界，其实是至关重要的。惜乎《历史的天空》的作者热衷并满足于由主流文化和大众文化的"文化要求"融合而成的"雅俗共赏"境界，对于精英文化的思想异质性和精神超越性等"文化要求"则缺乏充分的实践激情，结果，《历史的天空》就处于一种对时代思潮性共识进行审美言说的俗常文化境界，融合多元文化的全部优势、在时代思想的制高点上进行精神探索的审美素质，在作品中却表现得甚为稀薄。不能不说，在《历史的天空》的融合创新倾向中，确实隐含着一种属于红色记忆审美"瓶颈"的精神局限。

第三节　草根抗战剧的审美优势与思想误区

抗战题材无疑是红色记忆审美的一个重要领域。在 21 世纪的多元文化语境中，因为阶级革命和国内战争题材的创作存在着由政治难题所导致

---

① 冯友兰：《中国哲学简史》，商务印书馆 2009 年版，第 491—495 页。
② 宋晖：《徐贵祥：文字触摸抗战历史》，《海峡都市报》2005 年 8 月 30 日。

的观念尴尬和难以突破之处，也因为民族心理的定式和中日两国关系的现实需要，还因为战争题材叙事确实能有效地达成刺激性和娱乐性兼具的审美消费功能，抗战题材剧就成了影视剧领域最为热点的审美现象，也产生了大量的优秀作品。其中表现底层小人物自发抗争和精神成长的草根抗战题材影视剧，因为牵涉20世纪中国复杂的文化关系，尤其具有深入探讨的价值。

草根抗战剧存在着丰富多彩的审美形态。《血色湘西》、《生死线》、《中国地》、《零炮楼》等作品，聚焦日寇铁蹄抵达某一民风、民俗独特的闭塞地域时，蒙昧百姓在备受摧残甚至面临灭顶之灾的境遇中逐渐觉醒、奋起抗争的过程；《我的团长我的团》、《川军团血战到底》、《永不磨灭的番号》、《中国兄弟连》等，着力展现中国地方、杂牌部队和底层军人在近乎自生自灭的命运中所进行的惨烈抗战，以及由此体现的中国军人的男儿血性与牺牲精神；《上阵父子兵》、《火线三兄弟》、《乱世三义》等，集中表现乱世民间由血缘伦理和江湖道义激发而形成的抗战局面；《桥隆飙》、《民兵葛二蛋》、《一个鬼子都不留》、《王大花的革命生涯》集中揭示主人公基于个体人生遭遇和价值观底线的抗战，带有草根个体人格成长叙事的性质；《我的兄弟叫顺溜》、《地道英雄》、《水上游击队》等作品则以某一产生于民间的独特作战方法和战术绝技为中心，来展开故事情节和人物命运。

这些草根抗战剧在审视乱世底层生态和发掘本土民间文化等方面，都存在着值得重视和探讨之处。

一

在对战乱时势中底层社会复杂生态的考察方面，草根抗战剧的审美认知显得深刻而又独特。

首先，草根抗战剧以极富原生态色彩的艺术画卷，表现出对乱世民间生态和民众命运的深切关注，作品中的乱世生态图景具有浓郁的民俗气息、地方色彩与生活实感。在《生死线》之中，沪宁古城那白墙黑瓦的房子里住着颇有古风的人们，大家各自为政，生活平静安稳。日寇来袭，水墨画般的小城才变为了硝烟四起的人间炼狱。《血色湘西》中的乡民诗意浓郁地演绎着颇具区域民俗色彩的恩怨情仇，鬼子的炮火才击碎了他们渊源久远的生活形态。《火线三兄弟》等作品则从行业氛围和专业精神的角度，体现出对民间生态及其精神气息的关注和了解。草根抗战剧对中国草民百姓遭逢敌寇入侵时的日常生态图景的这种种描绘，包含着相当丰富的历史与文化信息，既充分满足了受众的世态认知欲和审美好奇心，又有力地拓展和深化了中国当代文艺对于乱世民间独特的生态与习性的审美发掘。

其次，草根抗战剧通过对英雄主人公形象的刻画，有力地揭示了底层民众弱势卑微、蒙昧野性且备受摧残，却如小草般生生不息的顽强生命力和崇高牺牲精神。在那战乱的年代，底层百姓大都出现过如《血色湘西》、《生死线》、《零炮楼》所描述的因为蒙昧无知而对日寇入侵"不设防"的状态，但《生死线》、《民兵葛二蛋》和《一个鬼子都不留》等众多作品纷纷呈现的日寇烧杀掳掠乃至屠村的暴行，以血的教训一下子改变了幸存者命运的轨迹和人生的方向。创作者以对于世态万象的丰富了解、世事沧桑的深刻认知和自由不羁的审美想象力，通过一个个真实、鲜活而独特的故事情节和人物形象，多层次、多侧面地揭示了芸芸众生在遭逢乱世、生死攸关时的复杂抗争生态。《生死线》从"沪宁的不设防"到欧阳、四道风等英雄自发形成的抗战，就透过各类人物价值取向芜杂的日常行为表象，揭示出了"布衣抗战"的乱世民间生态景观，满怀激情地讴歌了沪宁民众在残酷战争中逐渐激发出来的人性光辉。草根抗战剧所展现的这种种集体性的历史命运与人生选择，与中华民族因淳朴厚道而历经磨难、虽备受摧残却自强不息的民族精神，存在着深层的相通之处。正因为如此，它们的基本审美品质，才获得了观众广泛的精神认同和心理亲近感。

最后，草根抗战剧还精彩而深刻地揭示了人物形象身上思想性格不成熟的侧面，并以之丰富其性格内涵、反衬其精神品质的崇高性。中国城乡底层的百姓们，也许如《一个鬼子都不留》的杀猪匠庄继宗一样谋略贫乏、手段拙劣，也许如《零炮楼》的维持会长贾文清、张亿仓一样历尽磨难、备受委屈，也许如《川军团血战到底》的兵油子一样野性难驯甚至品质恶劣，也许有过《我的团长我的团》中的败兵一般的畏怯与退缩、《上阵父子兵》的父亲那样的自保与逃避。但随着战斗历程中个人命运遭遇和整体抗战形势的巨大变化，这些底层草民的崇高人格，逐渐地与他们的反抗意志、牺牲精神和不断增长的战斗本领一道，越来越鲜明地展现在观众的面前。那毛茸茸的甚至略显粗糙的原生态历史生活景观所表现的，正是中国底层民众的生存逻辑、价值准则、心理情感和文化品质，以及他们在承受悲苦、抗敌御侮的人生与民族大节面前的本真状态，英雄人物崇高人格的精神厚度由此得到了有力的增强。

草根抗战剧所表现的这种集体历史命运式的审美内容，与中华民族历经磨难和曲折而自强不息的优秀民族精神存在着深层的相通之处。因为存在社会历史审视的意蕴独特性，而且普遍表现出情节惊险、人物鲜活、场景刺激、风格粗犷豪壮的艺术优长，所以，草根抗战剧不仅具有良好的收视率，审美品质也获得了受众广泛的认同。

二

在对中国底层社会所蕴藏的民间文化的审美发掘方面，草根抗战剧也有独具分量的艺术贡献。

探究革命进程中的民众生态及其所依托的中国民间资源，实际上是对红色文化生长土壤的一种审美考察。这一创作思路在当代红色记忆题材的创作中，始终受到高度的重视。十七年时期的《红旗谱》、《苦菜花》、《风云初记》等作品着重表现民众走向革命的历史必然性，有力地揭示了民间诉求与红色文化的精神方向同一性。转型期的《白鹿原》等"百年反思"题材作品，则多层次、多侧面地剖析了民间生态与革命风暴的矛盾性特征。21世纪以来的红色记忆叙事，大都注重对生活日常性及其民间意味的艺术表现。"红色草莽英雄剧"就相当注重揭示英雄人物性格内涵的民间文化特性。《历史的天空》、《亮剑》、《狼毒花》等作品，或者从民间生存空间展开作品主人公成为主流英雄之前的人生历程，以期深入开掘人物性格的生成土壤；或者揭示"铁血英雄"身上的民间习性遗存，以期表现人物形象的草莽豪侠气息、农民文化品质及其与红色文化价值规范相交融的独特精神品质。这种种艺术努力，有力地拓展和深化了英雄人物形象的文化底蕴。甚至许多"红色史传剧"，都着意渲染领袖人物生活中的"人间烟火"气与民间风情气息。从改编剧《保卫延安》的李老汉形象到原创剧《八路军》的五个普通战士形象，都表现出这种特征。"红色史传剧"的特色本在于以"正史"文献为基础，遵照国家文化的阐释逻辑和建构原则，来展开革命历史进程、铺陈领袖将帅业绩。但创作者自觉地表现人物形象身上的"人间烟火"气和生活日常性内容，则使作品平添了许多艺术亲和力。

　　相对于这类描写，草根抗战剧在民间资源的审美开掘方面更为丰富和深入，而且具备独到的艺术眼光。其中最为重要的艺术贡献，则在于建构起了一种民间文化与红色文化、民间良俗与革命伦理之间良性互动的主题精神走向。

　　《血色湘西》、《生死线》、《中国地》、《零炮楼》、《上阵父子兵》等作品，都是在革命队伍和民间百姓生活的交叉地带展开故事情节，主体艺术场景都是民间文化主导、地域民俗气息浓郁的百姓生活与斗争，但这些作品都设计了一条中共地下党或八路军、新四军的情节线索。创作者的艺术匠心，就是要从中显现民间规范与革命伦理的历史与逻辑统一性，并以之为基础达成对民间生活流向和文本主题方向的牵引功能。《沂蒙》从老根据地民众对"八路"舍生忘死、牺牲巨大的支持中，围绕革命与正义为何能变成全民的行动、民众为何能达成高度的革命认同和"红色文化"认同这一问题，既有力地显示出民间良俗对于革命历史向前发展的巨大支撑力量，也深刻地揭示了革命正义成为民众精神认同与行为方向的根源所在。《火线三兄弟》、《乱世三义》、《一个鬼子都不留》等作品表现英雄人物形象时，也总是在充分展现了他们身上的草莽豪侠气息、农民文化品质之后，还进一步揭示出这种草根英雄人格在红色文化价值规范的引导下修炼和蜕变的过程，并将各路英雄好汉的最终结局，设计为或者以草莽英雄的姿态与敌人同归于尽，或者投身到中共革命队伍之中。由此，草根抗战剧的意蕴建构，就既立足于广袤的民间话语空间，又与时代的主流精神高度契合，显示出将两种历史文化话语进行艺术融合的审美特征。

　　草根抗战剧对于民间良俗与革命伦理良性互动的艺术表现，充分利用了20世纪中国复杂的文化关系和深厚的文化底蕴，有力地体现了21世纪的红色记忆审美力求融合多元文化优势的精神趋势，因而显示出广阔的艺术前景。

三

　　由于草根文化的价值两面性和时尚文化的误导，草根抗战剧也存在着诸多审美与精神的迷误之处。

　　其一，草根抗战剧存在着将草根文化负值当作民间生态规律和精神习性来看待的审美认知现象。某些作品的艺术意图也许是探索乱世人性和草莽豪杰的人格内涵复杂性，但在实际的审美建构中，创作者往往未能坚守正大的艺术气象，而以一种猎奇的审美眼光，不加分析地将江湖匪性、民间陋俗、家族权谋与种种野性而畸形的男女风情，一概作为乱世民风、区域民俗的常态和草莽英雄的独特才干与魅力，从正面大肆地铺陈和渲染。对于这种铺陈与渲染的精神偏失，只要我们将中国民间普遍存在的忠厚品质、淳朴生活与草根抗战剧中粗俗、暧昧情调的大量存在略作比较，即可获得鲜明的印象。

其二，草根抗战剧往往主观地强化江湖品格和原始的价值观念、战术手段对于乱世人生和民间世态的支配功能。某些作品未能恰当地把握好艺术的分寸，存在过度阐释现象，刻意强化民间生态的自足自为特征和剧中人物驾驭乱世人生的豪强举措，过度强调"孝"、"义"等传统文化色彩鲜明的民俗观念和"强悍"、"野性"、"一根筋"等江湖文化气息强烈的个性特征对人物行为抉择的支配意义，结果在文本审美境界形成了一种喧宾夺主的精神氛围，似乎现代中国波澜壮阔的社会历史进程和科技、文化、思想观念的种种更新对其都毫无影响，这实际上淡化了革命文化、现代意识的历史与道德力量。正因为如此，不少作品即使刻意增添了中共地下党或八路军、新四军等情节线索，在文本的整体意蕴建构中也显得突兀、生硬和牵强。这种价值倾向及相应的审美描述，还导致了人物形象塑造"恶劣的个性化"[①]的倾向。种种强化就这样事与愿违，反而损害了文本价值视野的深厚、宽广程度。

其三，草根抗战剧存在以文化娱乐功能取代历史认知功能、滥用各种通俗文艺和时尚文化俗套进行胡编乱造的现象。草根抗战剧本是一种立足于现代中国民间生活实景的传奇性审美建构，某些创作者却热衷于"剑走偏锋"，将其与古代英雄传奇和现代武侠、言情文学的叙事境界进行审美嫁接，或者过度化用都市娱乐文化的夸张、调笑、戏拟等调动观众的手法，以博得更好的"眼球效应"。对于草根抗战剧这种为娱乐而失真的现象，媒体评论以"抗战雷剧"、"抗战神剧"的提法，给予了戏谑性十足的概括与批评。通过这种叙事路径形成的审美境界，确实既缺乏生活的基础，也缺乏历史认知的庄严感和历史伦理的敬畏心，由此体现的创作主体精神的浅薄、庸俗与投机性，实际上已经损伤了草根抗战剧基本的精神品

---

① ［德］恩格斯：《致斐·拉萨尔》，载《马克思恩格斯列宁斯大林论文艺》，人民文学出版社 1980 年版，第 98 页。

格与审美声誉。

　　总的看来，草根抗战剧的根本审美优势，在于既拥有现代中国民间战乱史的生活基础，又通过开掘中国民间文化的审美资源，承接了中国古代草莽英雄传奇的审美传统。种种创作迷误之处的出现，则源于创作者放弃或误读了这种审美优势，转而去追求一种叙事的猎奇性和审美的娱乐化。这其实是一种舍本逐末的创作选择，隐含着创作主体艺术分寸感和审美判断能力的欠缺，也暴露出创作者精神境界和文化品质的局限。所以，草根抗战剧实现审美突破、质量提升的根本途径，在于创作者审美辨析能力的增强和精神文化境界的提高。

第五章　建设道路讴歌的价值底蕴

新中国的社会主义建设是一个牵涉面广泛而复杂的历史进程，其中最为关键的，是"举什么旗、走什么路"的问题。在走上改革开放道路之前，中国社会对于建设道路的探索和选择积累了丰富的经验教训，也使广大人民群众的日常生活与人生状态都受到了巨大的影响。开国时期的文学创作对于社会生活中的建设道路探索，始终采取讴歌的艺术态度，由此导致了作品中基本价值认知的局限。但即使如此，审美主体精神态度的真诚往往毋庸置疑，作品中的生活景观"片面的真实"也是一种客观存在。如何认识开国时期讴歌社会主义建设道路的创作，如何从理论上理解和在文本具体分析时评价这种局限与真诚、真实与遮蔽并存的审美境界，就成为研究当代红色记忆审美所无法回避的一个重要问题。

在中国刚刚开始社会主义集体化道路的尝试时，文学创作就满怀热情地进行了艺术表现，创作出大量影响广泛的作品。从赵树理的《三里湾》到柳青的《创业史》，从周立波的《山乡巨变》到孙犁的《铁木前传》，从陈登科的《风雷》到浩然的《艳阳天》，直至浩然的《金光大道》，农业集体化题材的文学创作几乎支撑起了开国时期红色记忆审美的半壁江山。农业集体化道路已经被历史证明是一种改变生产关系的失败尝试，那么，这些集体化事业的艺术颂歌在新的时代语境中是否还具有存在的价值和艺术的魅力？如果仍然具有这种魅力与价值，它们又是以何种方式和路径存在、建立在何种基础与背景之上的？这就是我们不能不深入探究的问题。在此，我们的研究拟围绕合作化题材的代表性作品《山乡巨变》来展开，着重探究其"侧面反映"的叙事模式所体现的审美机制和独特艺术优势。

在开国时期的建设道路讴歌类作品似乎已仅仅具有文学史意义的21世纪，王蒙同类价值取向的长篇小说《这边风景》却引起了广泛的关注。

这部表现边疆农村人民公社生活的作品主要创作于"文革"时期,在20世纪80年代初观念变革、思想解放的年代,因为"不合时宜"而被作者自我搁置、未曾出版,到了21世纪,王蒙基本维持原貌由花城出版社推出,结果反而获得了高度的评价,甚至在2015年获得第九届"茅盾文学奖"。笔者认为,这种审美文化现象,实际上启示着在21世纪的时代环境中探讨集体化题材文学创作的一种思想方向,很有给予关注和审视的必要;《这边风景》作为一部大规模正面表现人民公社生活的长篇小说,在时隔40年之后面反而被看作是一部优秀作品,其审美魅力与艺术奥秘也值得我们在欣赏和玩味之余给予深入的理性探讨。

人们谈到中国的社会主义道路,往往着重关注农业集体化的问题,但实际上,中国社会主义建设道路的历史文化内涵,并不只是农业集体化这一个方面。知识青年上山下乡运动在开国时期的社会主义建设历程中就曾影响深远。知青上山下乡既是一件牵涉到中国千百万青年及其家庭的重大社会事件,也是一个在社会主义建设过程中如何"培养革命接班人"的重要政治实践,还是一个关系到城乡文化差异和整个中国文明发展方向的大问题。中国的社会主义道路与社会主义文化,在此体现出更为复杂的意味。为此,我们特地选择了"文革"时期发表和出版的知青题材长篇小说作为研究的对象,既对其建立在革命文化基础上的话语逻辑进行理性的剖析,也对其审美的症结和总体局限前提下隐含的艺术意味加以客观的审视,以期深入历史文化"现场",去探讨其内在的复杂意味。

总之,如何反映错误路线和方针、政策背景下的历史事件,是红色记忆审美研究中需要解决的一个重大问题。我们希望通过辨析、探讨《山乡巨变》、《这边风景》和"文革"时期知青小说的审美建构及其经验教训,对此提供一些有益的启示。

第一节　《山乡巨变》的双重话语建构与
文化融合底蕴

对于开国时期的文学创作,从20世纪五六十年代以同步研究初步确立其价值秩序的时期,到20世纪80年代中后期开始的"重写"、"重评"型研究,都存在着以政治性话语、红色文化内涵为重心进行价值褒贬的倾向,从而有意或无形中遮蔽了十七年文学的多元文化积淀及其意蕴建构功能。在多元文化语境中，学术界超越了"政治决定论"的整体阐释立场，但在理解和评价十七年文学时却体现出一种新型的思维逻辑局限，就是将作品的意识形态和非意识形态内涵割裂开来，并主观认定其中内含着一种矛盾、对立的紧张关系。研究者往往以此为基础，根据自我的价值立场站在矛盾的某一端，来排斥或遮蔽其他类型价值内涵的存在合理性。这种从自身立场出发的二元对立思维，实际上漠视了精神创造的有机性和内在统一性，显示出一种将审美实践仅仅作为主观意识的技术运作过程的特征。

实际上，十七年文学虽然由红色文化主导，但在不少经典名著中，其他文化的意蕴往往也占有重要的艺术位置；而且红色文化与多元文化之间所体现出的，还是相互和谐、融合的审美关系。因为中华人民共和国并不是凭空出现，而是在特定的历史条件下诞生的，正是现代中国既成的历史文化条件及相应的作家精神建构，决定了十七年文学中必然存在多元文化的积淀。这种双重话语并存、多元文化共生的审美优势，为十七年文学拓宽了价值基础、增添了审美活力。

周立波的长篇小说《山乡巨变》① 作为开国时期讴歌社会主义建设生活的经典作品，一直受到学术界的广泛关注，但相关研究中也不可避免地存在着局限。具体说来，就是将作品的艺术意蕴分割为政治文化话语和乡土生活话语两部分，进而从二者之间必然相互对立和否定的角度加以阐释。"文革"前的研究主要聚焦于合作化主题，认为作品"时代气息、时代精神也还不够鲜明突出"②；"文革"后的研究则赞赏作品"乡村田园日常生活中的诗意描绘，部分消解了合作化运动的内在紧张和紧迫感"③，其中所体现的实际上都是这样一种思路。这些研究对《山乡巨变》具体内涵的归纳，倒也大都持之有故。但一方面，如果《山乡巨变》审美意蕴的两大主要部分真是以相互矛盾乃至对立的形态存在的，那么，这就是一个内在"割裂"的文本，但实际的情形并非如此；另一方面，这部小说虽然也立意展示农村社会主义改造过程中丰富、尖锐的社会矛盾，作品

---

① 《山乡巨变》，周立波著，分为正篇和续篇，正篇由作家出版社 1958 年初版，续篇由作家出版社 1960 年初版。本书论述所依据的版本是《周立波选集（第三卷）·〈山乡巨变〉》，湖南人民出版社 1983 年出版，该版本将正、续篇改为上、下编。

② 黄秋耘：《〈山乡巨变〉琐谈》，《文艺报》1961 年第 2 期。

③ 余岱宗：《"红色创业史"与革命新人的形象特征——以二十世纪五六十年代中国农村题材小说为中心》，《文艺理论与批评》2002 年第 2 期。

的总体情感基调却并不存在抑郁、伤感或紧张、激昂之气，反而是"充满了人世的欢喜"①。所以，研究者们对《山乡巨变》各部分内涵的相互关系及其形成基础的判断，其实并不符合作品的叙事逻辑和作者的创作意图。

那么，《山乡巨变》意义建构的逻辑与路径到底是什么？作品各方面内涵有机整合的基础又在哪里？笔者拟以文本细读的方式来探讨这一问题，并由此出发，从多元文化积淀与价值话语生成的角度，获得一种理解和阐释开国时期红色记忆审美建构的新思路。

一

《山乡巨变》的理性意图，当然是表现"新与旧，集体主义和私有制的尖锐深刻、但不流血的矛盾"②。作者抓住发动群众建社和组织群众生产两个合作化运动的重大关节拟构故事框架，将小说划分为"正编"和"续编"两个部分；并且按照政治意识形态标准，将作品的人物格局设计为基层干部、青年积极分子、"中间人物"、"落后人物"和暗藏的阶级敌人几大部分。这一切都说明，作品的理性关注和价值导向，确实都在政治意识形态话语的范畴之内。但细读文本则可发现，《山乡巨变》的理性着眼点与审美兴奋区、价值导向与艺术重心之间，实际上存在着明显的差异。

首先，在作品的情节主线与围绕这种主线所展开的具体艺术场景之间，明显存在着审美兴奋区与艺术表现重心的偏离。

按照审美逻辑的常规最有可能紧贴"合作化进程"主线来展开的会议描写，可以相当典型地说明这个问题。邓秀梅入乡当夜的支部大会本是传达县委合作化会议的精神，作者却将会议休息期间的"打牌"过程描述得细致入微，几乎占了整个场景描写一半的篇幅。"争吵"一章的总体框架是描写群众动员会的场面，作者却首先插叙了刘雨生"婚变"的苦闷，然后又叙述了符癞子在会场"流流赖赖"地揭刘雨生"隐私"的争吵过程。在描写合作社"成立"大会时，作者也不厌其烦

---

① 周立波：《周立波选集（第三卷）·〈山乡巨变〉》，湖南人民出版社1983年版，第505页。

② 周立波：《关于〈山乡巨变〉答读者问》，《人民文学》1958年第7期。

地描写亭面糊"挑起一担丁块柴，走进乡政府""给大家烤火用"的细节。可以说，在《山乡巨变》中，这种针对理性主题的"闲笔"比比皆是。而"续编"最后一章的总体架构是合作社"欢庆"丰收，作者却干脆花了一多半笔墨，首先描写亭面糊为社里卖红薯、却用卖薯所得的公款到饭铺子喝了一顿"老镜面"的过程，然后又详细叙述了合作社的领导干部们离开会场、跑到刘雨生家喝喜酒这样的"私事"，而且还存在叙述小孩子议论、模仿戏台上表演内容的"闲笔"。在描述最具时代和政治色彩的会议的过程中，也存在众多的对于乡村社会"私事"的关注、出现了各种"闲笔"，这正是《山乡巨变》的审美重心产生了偏差与疏离的具体表现。

其次，在作品人物形象的角色定位和作者对于其个体性情刻画的侧重点之间，也同样存在着鲜明的反差。

小说中的合作化带头人形象描写，就是鲜明的例证。按照审美逻辑常规，邓秀梅、李月辉、刘雨生包括陈大春等合作化运动的带头人，根本性格特征自然是其先进性。但作者在具体的描写过程中，却不断渲染他们身上细微的能力缺陷与性格"瑕疵"，强化他们的日常性，以此与他们的主导性特征构成鲜明的反差。李月辉的"婆婆子"性格、刘雨生农田生产技术的薄弱、陈大春随时欲发作的急躁性格，都被作者反复地提及。对于县委下派干部邓秀梅的描写也是这样。在作为干部的性格侧面，作者既表现了邓秀梅"要全力以赴、顽强坚韧地工作一些年，把自己的精力充沛的青春献给党和社会主义的事业"[1] 的思想境界，也不断揭示她刚开始"当人暴众"地讲话时"两脚直打战"、"出了一身老麻汗"[2] 的不成熟，以及"由于算术不高明，她的汇报里的数目字、百分比，有时不见得十分精确"[3] 的能力薄弱之处。在作为女性的性格侧面，作者既描述了她随时都"没有忘怀妇女方面的利益"，对于做"旧式妇女"和别人"一脑壳的封建"保持着格外的敏感；又展现了她说到怀孩子也"脸有点红"、"其实也蛮喜欢小孩子"、一起开会九天将分别时"心里忽然有点舍不得

---

① 周立波：《周立波选集（第三卷）·〈山乡巨变〉》，湖南人民出版社 1983 年版，第 3 页。

② 同上书，第 5 页。

③ 同上。

大家"① 的小女儿情态。这种种小女儿情态和能力"瑕疵",自然与邓秀梅作为基层合作化运动指导者的主导特征,构成了强烈的反差。

诸多审美的偏离与艺术的反差表明,虽然《山乡巨变》的理性关注点是宏观的历史事件,价值导向也具有鲜明的意识形态话语色彩,但在具体的艺术描写过程中,这种宏观历史内涵却往往处于次要地位,作者的审美兴奋区实际上已经转移到了对于生活日常性和人物性格日常性的关注与揭示方面。于是,作品在叙事框架、观念形态层面,显示的是政治历史事件的进程,是一种以政治意识形态文化为主导的国家功利话语;文本中的艺术场景、生活形态所体现的,却是充满日常性和人情味的乡村生活图景,是一种以乡土文化为基础的民间生态话语。文本的审美建构在叙事框架和艺术场景、观念形态和生活形态之间的这种差异,就构成了《山乡巨变》审美境界的双重话语。

这种双重话语并置的审美建构及由此形成的对比与映衬,使得《山乡巨变》呈现出一种对社会矛盾双方的合理性与局限性同等对待,客观而全面地审视和批判的审美意味。

《山乡巨变》对于乡土文化话语与国家功利话语各自合理性的审美传达,可以从基层干部对于合作化的许诺和传统农民对于合作化的疑虑之中,得到对比鲜明的印象。在作品中,基层干部的许诺往往是将集体化当作一种手段,而对其可能形成的美好前景大肆渲染。具体说来,一是对集体劳动优势的美化,诸如"公众马,公众骑,订出的规则,大家遵守,都不会吃亏"②,"人多力量大,柴多火焰高"③ 之类的说法,就都表现出这一性质;二是对物质利益的允诺,区委书记朱明在丰收欢庆的大会上关于人均年口粮的承诺,即为最好的例证;三是对未来美景的畅想,陈大春与盛淑君的山里情话对于合作社未来生活景观的展望,当属这一类。但与此同时,传统农民的生产观念与生活哲学,在作品中也得到了客观甚至正面的展示。小说叙述了不同农民各自的家史故事,并以他们的人生阅历为基础,来申述他们几乎共同的生产观念和不愿意加入合作社的理由。陈先

---

① 周立波:《周立波选集(第三卷)·〈山乡巨变〉》,湖南人民出版社 1983 年版,第 4 页。

② 同上书,第 166 页。

③ 同上书,第 171 页。

晋认为："积古以来，作田都是各干各"①、"树大分叉，人大分家，亲兄嫡弟，也不能一生一世都在一口锅里吃茶饭"②、"龙多旱，人多乱"③。无独有偶，菊咬筋也认为："办社是个软场合"④、"一娘生九子，九子连娘十条心"⑤。乡民们有关"山要毫无代价地归公"⑥，"将来玉个火夹子，织个烘笼子，都要找乡政府批条子，问社里要竹子，麻烦死了"⑦ 之类很快成为现实的担心，在作品中也得到了如实的艺术传达。很显然，这些种田"老作家"的观念和认知，并不完全出自于他们个人的自私自利品性，更多地体现的是传统农耕文化的观念和他们对于人性的理解。而且以我们今天的眼光来看，实际上是这些传统农民的看法才更符合客观规律和中国"国情"。《山乡巨变》之所以能形成这种同时展现双方面合理性的审美效果，正是作者采用双重话语对比与映衬的叙事方式，客观而自然地达成的。

这种双重话语并置的审美建构，也使矛盾双方的局限性得到了更为充分而深刻、甚至往往是主观上意想不到的揭示。

小说从集体本位这一意识形态的视角，通过描写亭面糊、陈先晋、菊咬筋等"中间人物"、"落后人物"的形象，深刻揭示了小生产者私有观念的局限及其复杂的表现形态。这是《山乡巨变》获得十七年文学经典作品定位的重要依据，相关内涵在以往的研究中已经得到了较为充分的发掘和阐述，在此不再赘述。与此同时，作者也通过从生活与人情日常性角度的观察，对集体化体制的众多局限，比如组织上的"一言堂"、"一刀切"、"瞎指挥"和生产上的"大锅饭"、运动式生产状态等，进行了敏锐而深刻的揭示。关于这一点，笔者以"退坡"干部谢庆元形象的塑造为例来加以分析与说明。

谢庆元这一人物形象主要是在"续编"有关合作社生产如何组织和领导的描述中，作为刘雨生形象的对立面来刻画的。作者将其定位为

① 周立波：《周立波选集（第三卷）·〈山乡巨变〉》，湖南人民出版社 1983 年版，第 149 页。
② 同上。
③ 同上书，第 170 页。
④ 同上书，第 168 页。
⑤ 同上书，第 169 页。
⑥ 同上书，第 277 页。
⑦ 同上书，第 278 页。

"退坡"干部，并且从个人品行和领导行为两方面展开了描写。从个人品
行角度看，谢庆元存在"寒热病"、贪口腹、爱发牢骚等毛病，这从政治
意识形态角度看，自然是严重的"个人主义"思想。但是，作者又遵循
乡土民间生态话语的价值原则，客观地说明谢庆元之所以出现这种状况，
主要原因是他家经常处于无米下锅的"绝对贫困"状态。这样，他的所
谓"退坡"，就不是出现了比如追求"个人发家"之类的"政治"问题，
而只是物质生活情势与个人性格"瑕疵"相结合形成的一些"不规范"
行为而已。而性格的"瑕疵"，则是刘雨生、陈大春等其他基层干部身上
也同样存在的。在领导行为方面，作品通过对"分油"和"分秧"事件
的描写，详细地表现了谢庆元身上严重的本位主义倾向。尤其是"分秧"
事件中他接受了秋丝瓜腊肉"贿赂"的细节描写，更将其上升到了领导
行为夹杂着个人动机污点的层面。与此同时，作者又从农业生产实际上不
过是一种经济行为的日常话语角度，不断地强调谢庆元是一个连亭面糊、
陈先晋等"老作家"都相当佩服的种田"里手"，倒是刘雨生对育秧其实
不太"在行"，指挥不周而导致了烂秧。于是"分秧"事件中刘雨生乃至
整个组织的态度，就体现出一种以政治道德的权威和优势压倒技术优势，
甚至以个体品行的"瑕疵"来抹杀其全部辛劳和技术成果的意味。以此
为基础，作者浓墨重彩地描述了谢庆元"寻短见"的事件。在谢庆元实
际上已经化消极为积极、开始认真组织和领导生产的情况下，因为龚子元
堂客造谣而导致"私生活"方面的误会，夫妻二人才大打出手。又因为
龚子元暗害而出现了他家领养的耕牛受伤的事件，谢庆元不由得满怀委屈
地感到："工作压头，家庭搞不好，牛又在我手里出了问题"[1]，"人在世
上一台戏，我如今也心灰意冷了"[2]，进而"寻短见"吃了水莽藤。所以，
导致谢庆元公众形象损毁的关键事件，其实不在国家政治文化的范畴，而
是由两个实属误会乃至冤屈的事件形成的个人生活挫折，属于个体命运偶
然性所导致的悲剧。以此观之，谢庆元的实际人格状态与其"全输"的
政治人生境界之间，实际上并不存在必然的逻辑联系。通过这种种描述，
作品就构成了一种采用"曲笔"反思和批判极"左"政治生态的审美效

---

① 周立波：《周立波选集（第三卷）·〈山乡巨变〉》，湖南人民出版社 1983 年版，第 614
页。

② 同上书，第 491 页。

果。而这种审美效果的形成，与作者对于日常生活话语和乡土文化伦理的价值认同，显然具有密不可分的联系。

可以说，正是《山乡巨变》的双重话语建构及由此生成的审美批判意味，使得学术界现有的正面理解与评价成为了可能。

二

尽管《山乡巨变》广泛地揭露了社会生活中尖锐、深刻的矛盾及矛盾双方的复杂性，而且在具体的描述中，从刘雨生黯然神伤的婚变到陈先晋恋土的"痛哭"，再到秋丝瓜连老婆病倒也在所不惜的"竞赛"，直到谢庆元的吃水莽藤"寻短见"等，各类创伤性或悲剧性的事件也不断出现，但从审美境界的整体上看，这部作品却充满了故事情节的喜剧性和艺术场景的幽默感，显得情趣盎然、快乐横生。艺术情调的总体特征表明，作者在建构文本双重意蕴并揭示其中所包含的社会生活内容时，虽然也如实呈现了它们之间相互对立、排斥的矛盾性特征，但从更根本的层面看，作品所描述的矛盾双方实际上是和谐与融洽的，处于一种取长补短、优势融合发展的文化状态。笔者认为，这种克服和超越矛盾对立性的文化融合状态，以及由此体现的时代精神美和乡土人情美，才是作者所真正致力于表现的价值内涵，才是《山乡巨变》意义建构的基础和底蕴。为建构这种政治文化话语与日常生活话语、国家意识形态与乡土农耕文化之间优势融合的审美境界，《山乡巨变》在时代生活内容的处理和乡土文化元素的选择等方面，形成了诸多独具特色的处理方式与叙事策略。

在日常生活描述方面，《山乡巨变》显示出一种以社会政治话语和个体情感话语的和谐与融合为导向的叙事处理原则。

这种原则在小说的爱情故事叙述中体现得最为鲜明。盛淑君与陈大春、刘雨生与盛佳秀两对爱情关系就是这种特征的典型事例。在盛淑君与陈大春之间，入团与爱情紧紧相连；刘雨生与盛佳秀之间，则是入社与婚姻息息相关。盛淑君入团和恋爱遇到困境，曾经想"进工厂"，是爱情与合作化双方面的顺利发展，扭转了她的人生志向，让她在农村的天地里获得了幸福与前途；盛佳秀这个"苦命人"本来对参加合作社颇为犹疑，也是与刘雨生之间的情感关系，使得她的社会态度和个人生活同时摆脱了困惑而苦涩的境地。所以，美好的爱情将生活导向了"正确"的方向，生活的前进又影响、促进了爱情的成熟与收获，一种个人生活中革命与爱情齐头并进、和谐发展的优美画卷，就这样满带着浪漫和温馨的气息铺展开来。故事的具体情节展开过程也是如此。在盛淑君与陈大春的"山里情话"中，社会前景的诗意憧憬与爱情态度的甜蜜试探有机交融；盛佳秀"回心"和刘雨生"捉怪"的过程，也是同刘雨生对入社得失的精细剖析、盛佳秀心中疑虑的逐渐化解和他们相互之间情感关系的推进相辅相成的。所以，虽然盛淑君、陈大春和盛佳秀、刘雨生这两对爱情关系之间，存在青年情话和中年体贴的差异，但革命事业与个人爱情同步发展、相映生辉的审美话语建构路径，却是作品共同的叙事处理原则。

在社会矛盾揭示方面，《山乡巨变》对"中间人物"与"落后人物"的刻画，遵循着一条"人民内部矛盾"和农耕文化规律的价值评判底线。

《山乡巨变》刻画亭面糊、陈先晋等"中间人物"和菊咬筋、秋丝瓜等"落后人物"的形象，根本目的是要表现以私有制为基础的传统农耕文化和以合作化为方向的时代要求之间尖锐、深刻的矛盾。耐人寻味的是，这种矛盾虽然尖锐，最后却并没有走向真正的对立，而是得到了和谐的解决，连合作社与最靠近暗藏敌人龚子元的秋丝瓜之间，矛盾形成和发展的轨迹都是如此。小说的审美建构之所以呈现这样的思维走向，一方面可能因为当时客观的社会现实确实如此，但更重要的，则在于作者对这些人物形象进行理解和描绘时，恪守了"人民内部矛盾"的价值评判底线。而"人民内部矛盾"能够成为一种价值评判底线的基础，则是作者将意识形态话语体系中应予彻底否定的私有制观念，转化成了具有相对合理性的农耕文化规律及其相适应的生存方式来看待，并以此为基础来对社会现实展开阐释和评价。

我们不妨对此略加具体分析。陈先晋是个"发财老倌子"，又"墨守成规，不相信任何的改变，会得到好处"①。他参加合作社除了邓秀梅亲自登门，还有儿子、女儿、老伴和专程赶来的女婿用尽说辞的轮番和集体"攻势"，最后，陈先晋虽然在亲情伦理的逼迫下"勉强答应"入社，却还跑到自己的地里痛哭了一场。对于这样一个"顽固老倌子"，作者的描述中却充满了尊敬和体谅的情感，其中的根源在于，陈先晋在本质上是一个从小在地里"苦做"的种田里手，他的抵触和痛苦是基于长期农耕生

---

① 周立波：《周立波选集（第三卷）·〈山乡巨变〉》，湖南人民出版社1983年版，第148页。

活方式形成的见识与情感，实属情有可原，所以只能算是"人民内部矛盾"，只能苦口婆心地劝说而不能声色俱厉地斗争。亭面糊入社时，采用转述"婆婆开头有点想不开"① 这样洋溢着乡土特色的方式，表示了他基于传统农耕生活习性而产生的对合作化怀疑与矛盾的心态，但他只是担心生产方面"烂场合"，而不是在政治上反对新社会，所以这种抵触与怀疑，自然也是属于"人民内部矛盾"。以此为基础，又一个私有制与合作化之间的矛盾，就以洋溢着乡土情趣的形态得到了和谐的解决。对于"落后人物"，作者也充分地展现出他们身上作为农民固有的优点，由此构成人物观念转变、矛盾和谐解决的客观基础。秋丝瓜虽然"是个又尖又滑的赖皮子"②，"杀牛"之类的种种行为也确实"可恶"，作者却不忘如实地描述他喂猪是一把好手，并具体说明他在新中国成立初期并没有抱怨，只是因为家庭经济状况好转，出于私心才产生对合作化的抵触情绪与行为。而且，当邓秀梅和他就入社问题细细算账时，他也不是没有动心。所以，虽然长期"脚踩两只船"，这一人物与时代趋势之间，仍然没有构成敌对状态，仍然可归于"人民内部矛盾"的范畴。谢庆元在"寻短见"被解救之后，显然是因为李月辉、实质上也就是作者认定他存在作为"人民内部矛盾"的基础，所以一旦工作态度大大改观，他仍然能置身于李月辉、刘雨生等基层干部之列。如果按照区委书记朱明的评价逻辑来理解，谢庆元这一人物形象，就有可能被描述成蜕化变质、自绝于党和人民的典型。

　　总之，因为作者始终遵循一条"人民内部矛盾"的价值评判底线，"只要不是对抗性的，事情有坏必有好，人们是有短必有长"③，作品描绘体现和代表合作化对立面的"中间人物"和"落后人物"时，就呈现出一种针对观念而不针对人的叙事特征，矛盾的尖锐性也就通过这样的叙事路径得到了相当程度的缓和，文本审美境界中文化融合、社会和谐的意义内涵相应地得到了强化。

　　在文本意蕴建构层面，《山乡巨变》显示出一种以乡土文化为基础来淡化和消解各类矛盾负面特征的审美倾向。

---

① 周立波：《周立波选集（第三卷）·〈山乡巨变〉》，湖南人民出版社1983年版，第104页。

② 同上书，第238页。

③ 同上书，第434页。

　　作品描述菊咬筋一家与合作社集体之间挑塘泥的生产"竞争"，理性目标是要展现合作生产如何必然地能够战胜个体生产，但作者以"竞赛"这种带有明显游戏色彩的形式来表现，就在无形中淡化乃至消解了"竞争"中隐含的"敌情"观念和紧张感。谢庆元痛苦得手拿水莽藤要"寻短见"，亭面糊却语调里"充满了人世的欢喜"，来对他有关"背时"的疑问，进行充满一本正经的民俗逻辑、却令谢庆元啼笑皆非的探讨，两个人物伤感与欢喜、庄与谐的强烈对比，使文本形成了一种幽默、戏谑兼而有之的审美效果，谢庆元心情和行为所可能引起的对于当时社会环境的负面解读，也就明显地得到了淡化。甚至连龚子元夫妇被抓这样的"阶级斗争"事件，作者也有意穿插描写了盛淑君面对龚子元堂客的哭泣而一时"心软"和"犹犹移移"、亭面糊因再去龚家犯了忌讳而连呼"背时"之类的细节，从而以人情的温软和乡俗的俚趣，有效地淡化和分解了事件的严峻性。整部小说大量的乡土田园风光描写，更以浓郁的诗意淡化了全书的"斗争"格局所可能产生的、有关当时社会环境紧张感的审美认知。就这样，《山乡巨变》将乡土生活的文化特质转化为理解和叙述社会运动的资源，以乡土社会的价值逻辑阐释政治时势、以乡土诗意和民俗趣味来消解斗争氛围，从而淡化了各类矛盾的负面特征，有效地减弱了广大农民从传统农耕生活方式向合作化的生存方式"蜕变的痛苦"，大大强化了他们在新中国、新社会所感受到的"人世的欢喜"。

　　在文化元素选择层面，《山乡巨变》热衷于发掘各种乡土传统生活元素来建构审美境界，借此既丰富了时代气息的内涵，又弱化了矛盾冲突在文本审美境界中的重要性。

　　虽然以意识形态话语为叙事总体框架，《山乡巨变》在审美境界营构的具体过程中，却显示出一种广泛发掘乡土传统生活资源的特性。作者的所谓"翻古"①，正是他兴致盎然地致力于这种探寻乃至把玩的自况。在这部小说中，风俗民情描写几乎比比皆是。描绘合作社丰收的欢庆会，作者却附加上对刘雨生结婚酒席的叙述；描绘合作社集体插秧的场面，作者又穿插进盛淑君唱歌和刘雨生劝说盛佳秀杀猪等体现当地插秧习俗的情节；甚至盛淑君清早上山喊喇叭宣传合作化，作者也特意设计了符贱庚对她进行身体和情感的"突然袭击"这样一个既具乡土传奇色彩而又带有

---

　　① 周立波：《关于〈山乡巨变〉答读者问》，《人民文学》1958年第7期。

暧昧情调的故事。《山乡巨变》对于乡土风俗与民情的种种描写，既生动地展现了乡土日常生活的丰富情趣，又使文本审美境界显示出一种超越时代政治文化限定性的精神视野。这样，乡土民俗意味也就成了时代气息和时代精神的有机组成部分，而意识形态视野的社会矛盾冲突则因被置于更为广阔的审美场域，而大大削减了其意义的重要性。而且，《山乡巨变》一方面努力将乡土文化的传统底蕴转化成一种充满生命活力的现实生活形态，另一方面又总是将时代新生活描述成一种贯穿着各种民俗文化元素的乡土生活新形态，于是，乡土民间文化与政治意识形态文化呈融合发展态势的艺术效果，就在文本审美境界中成功地显现出来。

三

由此看来，《山乡巨变》虽然也以红色文化为价值基础，如实地揭示了当时社会的复杂矛盾与前行脚步，作者却采用审美兴奋区与价值落脚点之间构成偏离和反差的叙事路径，建构起了民间日常生活与时代主流生活、乡土文化与国家文化的双重意蕴境界，并以两种文化相互取长补短、呈融合发展态势作为作品的意义建构基础，既深刻地揭示了广大农民在农业合作化进程中"蜕变的痛苦"，又使文本的审美境界从整体上看情趣盎然、"充满了人世的欢喜"，由此建构起一条深刻而独特的精神文化路径。相对于大量仅仅着眼于社会学层面，以颂歌和战歌相结合的方式描述"新社会、新农村"的作品，《山乡巨变》因为同时存在社会和文化两个层面的内涵，而显得格外地底蕴深厚、情韵悠长。所以，以文化融合为文本审美境界的价值底蕴，来形成红色文化话语和民间生态话语的双重意蕴建构，才是《山乡巨变》在同时代作品中的真正卓异之处。也正是这种社会文化态度和审美文化智慧，有效地生成了《山乡巨变》超越特定时代语境的艺术魅力和精神文化意义。

从总体上看，十七年文学中虽然也产生了大量只是着眼于社会对立格局的文学作品，但同样存在着《山乡巨变》这样将各种文化元素同时纳入审美视野、建构生活整体图景的作品。这一方面是由于在当时的社会历史环境中，确实存在着共产党动员广大农民参与现代民族国家进程的客观现实基础，另一方面则与创作者将民间日常生活与时代主流生活、乡土文化与国家文化同时纳入审美视野密不可分。从中华人民共和国开国时期万众一心拥护中国共产党的社会历史实际状况看，不能不说，《山乡巨变》

这种以非对立性思维特征和文化融合观念所构成的审美境界，确实具有深厚的社会文化基础。由此也证明，不管是"政治决定论"的价值逻辑，还是以二元对立思维直接拆解文本审美内涵的思路，都难以解释包括《山乡巨变》审美蕴含在内的十七年文学中的许多复杂问题。

第二节 《这边风景》的"生活境界"及其审美功能

中国当代文学研究一向把作品的政治性蕴含和观念性立场放在极为重要的意义评价位置，对各类红色文化主导的文学创作的理解和评价中也存在这种倾向。这种思维与价值逻辑虽然抓住了 20 世纪中国文学的一个重要特征，但并不符合整个人类的文学史事实与文学的审美规律。因为"文学正像世界一样，正像人类生活一样，具有非单独的、不只一种的特质"。所以，文学研究应当从对文学品性的"全方位"理解出发，"尽可能打破过分偏狭的文学观的排他性……理解文学作品的多层次多侧面内涵"①，从而进入一个"可以淡化政治和时代背景的阅读时代"②。只有这样，文学研究才有可能转变以作品的政治性内涵和观念性立场为焦点和核心的研究思路，将学术视野拓展到作品的整个意蕴建构，以文本客观存在的实际内涵为依据来理解与评价，从而形成一种涵盖力与通达性兼具的思想品格，进入价值眼光更长远、更符合文学演变规律的学术境界。

王蒙的长篇小说《这边风景》创作于"文革"后期的 1974—1978年，实际上是红色文化主导下的一种文艺创作。这部作品写作完成后，因为"不合时宜"而被作者本人尘封多年，到 2013 年，才经过重新校订和在每一章结尾部分添加"小说人语"后由花城出版社隆重推出。《这边风景》出版后迅速获得了文学界的高度重视，但也遭遇了学术界因"政治性本位"的惯性思维而形成的理解与评价。一方面，研究者普遍认为这部作品既有深厚的艺术魅力，又有高度的重要性，是十七年文学"真正的幕终曲"③，甚至"应该放在高尔基《母亲》、《在人间》，以及后来的

---

① 王蒙：《文学三元》，《文学评论》1987 年第 1 期。

② 张英：《王蒙：没有去新疆的 16 年，就没有现在的王蒙》，《南方周末》2013 年 12 月 12日。

③ 雷达：《这边有色调浓郁的风景——评王蒙〈这边风景〉》，载温奉桥主编《文学的记忆：王蒙〈这边风景〉评论专辑》，花城出版社 2014 年版，第 74 页。

肖洛霍夫的《静静的顿河》这个谱系中来理解……要直面'社会主义革命文学'这个大概念来阐释"①。但另一方面，不少研究者在具体论述过程中，却往往以政治性内涵甚至观念性表达为关注焦点与评价重心，结果导致了阅读兴趣与评价基础的严重错位，也就无法真正中肯地理解和阐释这部作品。

实际上，"政治性立场"并非《这边风景》的主导性审美意味，这部作品虽然主要形成于"文革"后期，文本审美境界却包含着远比当时的政治文化辽阔、丰富得多的艺术蕴含。深入而理性地阐释这部作品的审美意蕴及其形成机制，对于理解极"左"路线主导现实生活时期的作家存在怎样的精神记忆与审美认知，无疑具有重要的学术意义。

一

《这边风景》的基本情节框架，显然顺承了政治事件中心、阶级斗争思维的社会生活言说视角，存在着思想观念的时代局限性，但即使在21世纪价值多元化的时代语境中，这部创作于"文革"后期的作品仍然能给读者以巨大的审美兴趣和广泛的心理认同感。面对《这边风景》将"流行的先验的政治观念与原生态的生活真实纠结缠绕在一起的矛盾现象"②，不少研究者以作者政治意识形态层面的观念和倾向为关注重心，将作品解释为一种"犹犹豫豫的倾诉"③或"现实主义的胜利"④。诸如此类的理解虽然具有作品的审美事实作依据，却存在着几个难以充分解释的问题。

首先，将政治性内涵和观念性立场作为对《这边风景》进行审美评价的基础，存在一个与作家创作阐述、读者阅读感受不一致的问题。《这边风景》的作者王蒙本人在相关的创作谈中，实际上是将这部作品定位为"反映伊犁农村生活的长篇小说"，而不是"四清"运动题材的。他还

①　陈晓明：《历史的前进性与多元文化的交融》，载温奉桥主编《文学的记忆：王蒙〈这边风景〉评论专辑》，花城出版社2014年版，第15页。

②　郭宝亮：《意识形态套娃与现实主义的胜利——论王蒙〈这边风景〉的矛盾叙事》，载温奉桥主编《文学的记忆：王蒙〈这边风景〉评论专辑》，花城出版社2014年版，第138页。

③　张志忠：《重重叠叠的风景，犹犹豫豫的倾诉——王蒙长篇小说〈这边风景〉简评》，载温奉桥主编《文学的记忆：王蒙〈这边风景〉评论专辑》，花城出版社2014年版，第113页。

④　郭宝亮：《意识形态套娃与现实主义的胜利——论王蒙〈这边风景〉的矛盾叙事》，载温奉桥主编《文学的记忆：王蒙〈这边风景〉评论专辑》，花城出版社2014年版，第138页。

具体指出，小说的审美重心在于"描绘伊犁农村的风土人情，阴晴寒暑，日常生活，爱恨情仇，美丽山川，丰富多彩，特别是维吾尔人的文化性格"，基本情节框架涉及伊犁边民事件和"四清运动"，则不过是为了"能符合政策，'政治正确'"而找到的"契合点"①。所以，如果研究者以政治性内涵为重心对小说进行审美价值定位，首先就与作者的创作意图存在着矛盾和错位。当然，作者本人对作品的各种解释也许不可全信，那么，我们还可以真实的阅读感受为基础进行考察。以评论集《文学的记忆：王蒙〈这边风景〉评论专辑》所收录的论文为例。从中可以发现，不少研究者在进行具体分析时，也认为"《这边风景》重点写的就是边地人民的原生态的日常生活"②，"这部作品里，'生活'才是主角，才是无所不在的主题"③。由此看来，作者本人的创作阐述与不少研究者的审美感受实际上是一致的。所以，将政治性蕴含作为《这边风景》审美重心的看法，才是既不符合作者的创作自述，又背离了其他研究者甚至是立论者自己的实际阅读感受。

其次，将政治性内涵和观念性立场作为对《这边风景》进行审美评价的基础，存在着一个难以阐明这部小说与十七年文学同类题材作品是否存在区别以及区别何在的问题。现有的许多研究都将《这边风景》置于十七年文学的序列中进行研究。如果仅仅从政治性内涵和观念性立场的角度看，《这边风景》与十七年文学中的当代农村题材作品如《创业史》、《山乡巨变》、《艳阳天》等，确实存在着巨大的相似之处。这些作品都存在着热情坚定的基层干部主人公，淳朴厚重或泼辣莽撞的基本群众，狭隘自私而畏首畏尾、忧心忡忡的中农阶层，阴险的本地地主和外来反革命分子。各级干部队伍也往往被作者划分为两个阵营，即贪婪堕落或官僚主义的和质朴干练、立场坚定而心明眼亮的。对人物形象的具体刻画过程中，在正面主人公力求品格完美而底蕴有欠深厚、以传统意识为基础的中间或落后人物形象反而更为深刻、生动等方面，这些作品也表现出相似的特征。甚至以正面主人公回乡或下乡引导集体政治生活的发展方向为小说故

---

①　王蒙：《王蒙自传（第一部）·半生多事》，花城出版社 2006 年版，第 358 页。

②　郭宝亮：《意识形态套娃与现实主义的胜利——论王蒙〈这边风景〉的矛盾叙事》，载温奉桥主编《文学的记忆：王蒙〈这边风景〉评论专辑》，花城出版社 2014 年版，第 139 页。

③　雷达：《这边有色调浓郁的风景——评王蒙〈这边风景〉》，载温奉桥主编《文学的记忆：王蒙〈这边风景〉评论专辑》，花城出版社 2014 年版，第 77 页。

事情节的起点，这些作品都是一致的。王蒙自己也这样谈到过："我细心琢磨了当时大红大紫的浩然、柳青，分析了他们的小说框架、结构、手法，后来写的《这边风景》。小说的故事框架尽量做到符合当时的政治的命题。"① 如果以政治性内涵为评价重心，它们之间的差别又从何谈起呢？当然，《这边风景》在对粮食盗窃事件和"四清"运动的具体描述过程中，批判了激进主义、教条主义、阶级斗争扩大化和干部腐败堕落之类的现象，表现了作者在特定历史环境中对于社会政治生活的真知灼见。但《山乡巨变》同样存在着这种思想眼光和"真正艺术家的勇气"②，作品中的重要人物李月辉的形象就是相关思想内涵的集中体现；甚至《艳阳天》也描写了一个因个人动机不纯而偏听偏信、给正面主人公制造了巨大压力的乡长李世丹的形象，与《这边风景》的"四清"工作队员章洋从基本性格到行为特征都颇为相似。因此，如果仅从政治性内涵方面看，《这边风景》与十七年文学同类题材作品的差别，充其量不过是"写得更好一点"而已。一部作品的真正价值应该是存在于同其他作品的区别之中，那么，过高地评价《这边风景》就是没有道理的。但众多研究者的阅读感受，都是《这边风景》与《山乡巨变》、《艳阳天》等作品确实差异巨大。以政治性内涵为基础与核心的思路，对此显然难以作出具有充分说服力的解释。

最后，将政治性内涵和观念性立场作为对《这边风景》进行审美评价的基础，还存在一个遮蔽了作品实际审美重心和真正艺术光彩的问题。如果围绕小说的基本情节与政治性意蕴的框架，按照主题鲜明而集中的艺术原则来衡量，《这边风景》的审美内涵实际上是相当"臃肿"和"枝蔓"的。作者在具体的描述过程中，展现了大量与主要情节线索或完全无关或缺乏有力逻辑联系的情节、场景和人物。在细节和场景描写方面，小说的第七章紧锣密鼓地描述着追查"粮食盗窃案"，突然兴致勃勃地描写起了负责人库图库扎尔在农村干部会议上东扯西拉、不得要领而费工费时的讲话情景，呈现出完全喧宾夺主、重心偏移的艺术描写特征。而这种偏离政治性主旨的"闲笔"，在作品中随处可见。人物形象塑造方面也是

---

① 张英：《王蒙：没有去新疆的16年，就没有现在的王蒙》，《南方周末》2013年12月12日。

② ［德］恩格斯：《致玛·哈克奈斯》，载《马克思恩格斯列宁斯大林论文艺》，人民文学出版社1983年版，第134页。

如此。从青年女性爱弥拉克孜、雪林姑丽、杨辉，到库图库扎尔的养子库尔班，这些形象塑造所显示的意义重心，似乎都与作品中的政治性主线缺乏必要的关联。作品中还有众多有关吃喝拉撒、家长里短的描写。类似描写如此之多，以至出现了研究者将这部作品判定为"冗长乏味"①的审美评价。但这众多表现边地民众"非政治性"生活的、"臃肿"和"枝蔓"的内容，恰恰是作者理性自觉的产物，既倾注了深刻的热情，又显示出卓越的表现力，整个作品最具艺术光彩和审美魅力之处也在这里。如果一种审美解读恰恰忽略乃至遮蔽了作品中最具光彩与魅力之处，那么，当然不是作品而是研究者的眼光和思路存在着巨大的偏差与误区。

所以，我们理解和评价《这边风景》需要解决的首要问题，是淡化意识形态立场，改变以政治性内涵和观念性立场为核心与本位的研究思路，将意义探讨的视野拓展到整个文本审美境界。超越意识形态本位的思维惯性之后即可发现，既然众多的研究者都感受到边地民众的日常生活才是小说描写的重点，才是这部作品真正的"主角"和"主题"，那么，理解与评价就可以也应当以此为基础和核心。换句话说，《这边风景》实际上是在政治性事件的情节框架中，以丰满生动、意趣盎然的描写撑破观念化的结构模式，成功地建构了一种有关新疆伊犁地区民众日常生态的"生活境界"。正是这种"生活境界"，既使当今时代的读者感受到浓厚的审美趣味和精神愉悦，又延伸出作者对当代政治运动本相的某些带突破性意义的审美认知，还体现了作者对文学的"特质"与本性大大超越同时代作家的理解。所以，"生活境界"才是属于王蒙"自己的东西"，才是《这边风景》最为重要的审美创造和文学建树。

二

《这边风景》围绕"边民外逃事件"和"四清"运动过程的大背景展开故事情节，并设计了一个"粮食盗窃案"的具体事件作为贯穿始终的悬疑线索，情节主干确实带有浓厚的意识形态话语色彩，作者在叙述过程中也不断地渲染着"阶级斗争、反修斗争与崇拜个人的气氛"②。但作品中更多地表现出来的，则是对政治斗争的线索"只取一点因由，随意

---

① 唐小林：《〈这边风景〉：深陷泥淖的写作》，《文学报》2013 年 8 月 8 日。
② 王蒙：《这边风景》，花城出版社 2013 年版，第 705 页。

点染"①，却以一种摇曳生姿而趣味横生的笔调，不断地越出乃至脱离情节发展的轨道，去展现当地生活形态与人生景观的方方面面，以建构一个有关新疆伊犁地区民众生态与民族文化的"生活境界"。《这边风景》的"生活境界"内容极为丰富，可以多层次、多角度地进行归纳与解读。总的看来，其中表现出以下方面的艺术蕴含和审美特征。

首先，《这边风景》弱化理论预设和观念限制，以原生态叙述为基础，包容深广地展示了边地民众的生活景观与生存特性。小说以热情好奇和喜爱尊重兼而有之的艺术眼光，对 20 世纪 60 年代维吾尔族民众的衣食住行、吃喝拉撒、婚丧嫁娶等生活情状与民俗风情，进行了视野广阔、层次繁复的观赏和描述。描写维吾尔族人的劳动生活是小说的重要内容。在这方面，作者既热情洋溢地展现了农民们的劳动场景、劳动技能和对于劳动工具的使用，又情理并茂地揭示了劳动者在忘我的付出中所体现的诗意、趣味和内心激情。作品中对于乌甫尔和里希提打钐镰、伊力哈穆和吐尔逊贝薇用铁锨挖水渠、阿卜都热合曼粉刷房屋的描写，都具有这种特征。作者还以津津乐道的笔调，细致地展现了维吾尔族的饮食文化。有关吃烤肉、"打馕"、喝羊肉汤、"围着火炉给玉米脱粒"、喜宴上有四类宾客之类的描述，包括对反面人物麦素木"别有风味的宴请与弹唱"的描述，都充分体现了生活的有滋有味和维吾尔族饮食文化的深厚魅力。揭示普通民众生活与伦理关系中的体贴和温暖，更是《这边风景》中动人心弦的精彩篇章。从伊力哈穆回乡时巧帕汗"为相逢而哭泣"、邻居们相继送来各种食物，到不为众人所在意的"小丫头们的友谊"，再到伊力哈穆、米琪儿婉夫妇对于雪林姑丽、爱弥拉克孜以及乌尔汗的关心与帮助，这众多的描写充分展现了蕴藏于底层民众之中的人情美。通过这种种原汁原味、富于质感的艺术描写，边地民众的生活情态就枝繁叶茂、气象万千地呈现了出来，维吾尔民族生活的文化诗意也得到了精彩而深入的体现。

其次，《这边风景》还对日常生活的内在意义和品性进行了丰富的体察，热情地讴歌了其中所体现的人类生命品质的深厚、坚实与勃勃生机。作者对雪林姑丽、爱弥拉克孜等美丽而不幸的青年女性形象的描写，就是典型的例证。雪林姑丽和爱弥拉克孜都处于人生的青春时期，却存在着

①　鲁迅：《〈故事新编〉序言》，载《鲁迅全集》第 2 卷，人民文学出版社 1981 年版，第 342 页。

"沉重的思想负担"。雪林姑丽饱尝了不称心婚姻的痛苦，爱弥拉克孜经历了自幼失去一只手的不幸，美好的人生中都潜藏着难与人言的隐痛和忧伤。而且，爱弥拉克孜保守的父亲先是不准她读书、后来又逼迫她随便找个人出嫁，雪林姑丽作为寡妇也不时受到欺负与歧视，"古老生活的游戏规则，旧日子的永久的记忆"，使两位心气甚高的姑娘时常遭遇着沉重与屈辱。但她们的生活中并不缺乏人世的光亮和温暖，"因为世界上有伊力哈穆哥，米琪儿婉姐姐，再娜甫妈妈，吐尔逊贝薇"，有他们所给予的慈爱与温情。而且，爱弥拉克孜有她的医疗事业，雪林姑丽有她的杨辉姐姐和试验场。正因为如此，爱弥拉克孜自身处境不幸，却还能痛心地责骂秉性粗豪却走上了"邪路"的泰外库；乌尔汗人生迷茫，却并没有忘却早年间心境光明的歌声。更为幸运的是，雪林姑丽和爱弥拉克孜都赢得了爱情的光顾，并借此走过了"小小的艰难的路程"[1]，重新获得了自我的尊严与幸福。作者显然对这些姑娘心存"偏爱"，叙述的笔调中充盈着体贴与心疼、诗意与激情。通过对她们及众多相关人物形象的描写，《这边风景》充分揭示出，"我们的边陲，我们的农村，我们的各族人民竟蕴含着那样多的善良、正义感、智慧、才干和勇气……那些普通人竟是这样可爱、可亲、可敬，有时候亦复可惊、可笑、可叹"[2]；有力地表现出不管在什么时候，"生活仍然是那样强大、丰富，充满希望和勃勃的生气"[3]。这种种生活内涵与特征的存在，使《这边风景》的审美境界中显示出一种"非常光明的底色"[4]。

再次，《这边风景》显示出一种将政治性内涵转化、置换为生活性内容来表现的特征，从而还原了政治性活动在生活世界中的实际位置与状态，并在对政治性活动的描述中开掘出浓厚的生活情味和深刻的人性底蕴。作者将"边民外逃"的重大政治事件从总体上转化为一个众人不同程度参与、大家都手忙脚乱的粮食盗窃故事来描述，而且重要的当事人又是或受蒙蔽或有悔悟，最后整个事件甚至像一场不成功的闹剧，这本身就

---

① 王蒙：《这边风景》，花城出版社 2013 年版，第 563 页。

② 王蒙：《〈在伊犁——淡灰色的眼珠〉·后记》，载《在伊犁——淡灰色的眼珠》，作家出版社 1984 年版，第 323 页。

③ 同上。

④ 刘颋、行超：《王蒙：〈这边风景〉就是我的"中段"》，载温奉桥主编《文学的记忆：王蒙〈这边风景〉评论专辑》，花城出版社 2014 年版，第 306 页。

淡化了其中严肃的政治意味。小说中众多对领导干部的开会过程和劳动场景的描写，众多对各类人物性格特征的个人历史渊源的追溯，都表现出一种对政治问题的具体内容从生活、道德甚至个体生命史的层面进行阐释的特征。《这边风景》对许多政治性事件本身的描述，实际上也是在阶级观念和政治斗争的外在框架中，依据生活与人性的逻辑来展开的。正因为如此，一旦剔除掉叙述内容的政治意识形态色彩，其深层蕴藏着的生活与人性的意味就鲜明地体现出来。在作品对"四清"工作队员章洋与"二流子"尼牙孜之间关系的描述中，这种特征表现得相当明显。章洋近乎天然地亲近和信任尼牙孜，虽然隐含着"四清"运动以革命年代"秘密工作"的方法培育和发现"根子"所存在的局限性，但更突出地体现的，则是章洋对基层社会的实情茫然无知却又教条自负的思想特征，在权力欲与虚荣心的基础上形成的执拗性格，以及那似乎因"天分"不够、"时运"不济才导致"自我毁灭"的"气数"。① 于是，有关章洋因思路和方法不当而导致政治工作失误的现实生活内容，在小说中就转化成了对他在工作和生活过程中所体现的人格品质、人性特质及思维逻辑的剖析。小说对于尼牙孜等人一环套一环地诬陷伊力哈穆过程的描写，同样是揭示卑劣人性与诬陷逻辑的功能远远大过阶级斗争演示的意义。作品中对于库图库扎尔的形象进行了浓墨重彩的描绘。这个人在工作中油滑、敷衍，在处理人际关系时诡计多端、惯于挑拨离间和"脚踩两只船"，但他采取种种阴险有时甚至显得恶毒的伎俩，根本目的却都在于谋取一己的私利。所以，与其说库图库扎尔是一个力图颠覆社会主义事业的政治上的敌人，不如说更多的是一个品质恶劣、贪婪而世故的坏干部的形象。就这样，《这边风景》虽然以政治事件为铺垫，但政治与生活相交织的具体描述，既使生活与人性表现得更加异彩纷呈，也使政治活动本身转化成了一种意味别致的时代风情。

最后，《这边风景》以民众的"生活境界"为价值基点审视政治性活动，有力地揭示了由政治运动中的极左倾向所导致的种种偏颇、悖谬之处。《这边风景》实际展开的内容层次繁复而包容丰厚，涉及了伊犁百姓生活世界的方方面面，从而大大撑破了"伊犁—塔城事件"和"四清"运动的意义框架，政治性意义诉求在文本审美境界中的价值掌控力，就无

---

① 王蒙：《这边风景》，花城出版社 2013 年版，第 705 页。

形中受到了削弱。小说还条分缕析地具体描述了案件追查和运动展开的过程，着力展现了生活本身的复杂性，揭示了作风不正的干部们对这件事进行政治性处理时简单、粗暴而无知的倾向，从中体现出一种以相信群众、相信正常生活规律为基础来反省和批判政治运动偏差的思想特征。"粮食盗窃案"出现后，库图库扎尔如临大敌，采取了实质上是怀疑一大片的"宵禁"措施，同时跃跃欲试地打算抓人。伊力哈穆则以生产队群众的基本状况和夜生活常规为基础，首先从情感心理上对此萌生反感，随后又根据"抓人要有依据"的原则和"区分两类不同性质矛盾"的政策，在公社领导面前直接提出了质疑，从而使偏差迅速得到了纠正。在对"四清"运动的描述中，作品的重点也是章洋的教条主义给各种坏人以可乘之机，结果导致了伊力哈穆受诬陷、被错整的冤案。通过诸如此类的种种描述，《这边风景》虽然总体上对追查"粮食盗窃案"和展开"四清"运动持肯定和讴歌态度，实际上却借助于"生活还提供了科学与真理的光辉"①，有力地揭示出其中所存在的悖谬与偏差。

总之，《这边风景》的"生活境界"对世态人生的体察与感悟，已经达到了相当广阔和深邃的程度，以至王蒙自己都表示："从对人性和生活的描写来说，《这边风景》在我的作品里面，可以说是最具体最细腻最生动最感人的"②。小说还以"生活境界"为本位深刻地揭示出，"政治运动再严酷，生活仍然在继续"，"生活本身的力量是无敌的"③，从而根本性地瓦解了将意识形态意味作为审美意义核心的必要性。以这种内容含量及其艺术功能为基础，《这边风景》与十七年文学的同类题材作品之间，就显示出一种"另辟新境"的、具有"质变"性质的巨大差异。

三

《这边风景》之所以能凭借"生活境界"的深广内涵，成功地撑破观念性的情节结构模式，主要是得益于作者王蒙对社会生活和文学本性"多层次、多侧面"的独到领悟与深刻认知，以及在由此形成的审美新视野中极富创造活力的艺术实践。

---

① 王蒙：《这边风景》，花城出版社 2013 年版，第 557 页。

② 张英：《王蒙：没有去新疆的 16 年，就没有现在的王蒙》，《南方周末》2013 年 12 月 12 日。

③ 同上。

首先，《这边风景》的"生活境界"表现了王蒙对时代风云在边疆地区独特表现形态的独到体察和深刻认知。在新疆特别是在伊犁农村的长期生活期间，王蒙深刻地感受到，"那么严酷的政治运动，巨浪的影响力扩散到新疆基层，就剩下一朵小浪花了"①，以至连身为"右派"的他本人，在"文革"时期都未曾受到过冲击。而且，王蒙还发现，"在新疆，生活本身消解了政治"，当时"维族人的婚礼，按照政府的集体仪式办完了，回到家一定会按照维吾尔族传统规矩再来一遍，喝酒、宰羊、唱老歌跳舞"②。可以说，正是时代政治风云表现于新疆地区的现实状态，为《这边风景》淡化政治性内涵的生活位置、汪洋恣肆地描述各种民族生活景观，提供了坚实的基础。作者突破以政治观念裁剪生活的意识形态化审美原则，充分尊重文学创作应当展现社会生活全貌和本相的审美规律，则使这种艺术可能性转化成了审美境界的现实。

其次，《这边风景》的"生活境界"还表现了王蒙对维吾尔文化的真切领悟和高度认同。王蒙深切地感受到，维吾尔族人具有一种"自然而然、随遇而安、走到哪算哪的人生态度"，他表示："维族人有句极端的话'人生在世，除了死亡以外，其他都是塔玛霞儿！'这样的人生态度对我影响深远。"③（"塔玛霞儿"为维吾尔语，相当于"玩耍"的意思。笔者注）这种看淡外在的东西、郑重地对待生活本身的价值态度，正是王蒙体察人生世事时以日常生活为本位的观念基点。同时，边疆的农民朋友还总是保持着"对于常识，对于真理，对于客观规律总比任何人的个人意志为强的信心"，包括对于一个国家不能没有诗人、"政策不会老是这个样子的"④，边疆的农民朋友也持有朴素而坚定的信心。王蒙身处人生逆境，在温暖和感激中自然会高度认同这样的生活信念。于是，在进入反映同类生活的《这边风景》的创作之际，王蒙克服精神障碍、超越时代拘囿，"让生活说话、让自己内心的感觉说话"⑤，就拥有了深厚的心理与文化基础。

---

① 张英：《王蒙：没有去新疆的 16 年，就没有现在的王蒙》，《南方周末》2013 年 12 月 12 日。

② 同上。

③ 同上。

④ 王蒙：《故乡行》，载《在伊犁——淡灰色的眼珠》，作家出版社 1984 年版，第 3 页。

⑤ 刘颋、行超：《王蒙：〈这边风景〉就是我的"中段"》，载温奉桥主编《文学的记忆：王蒙〈这边风景〉评论专辑》，花城出版社 2014 年版，第 312 页。

　　最后，《这边风景》的"生活境界"也得益于王蒙人生盛年时期深厚的精神积蓄和充沛的创造才力。王蒙创作《这边风景》时正值"四十而不惑"的人生盛年，又经历了重大的命运转折和辽阔的地理、文化跨度，因此既视界开阔、积累丰富，又感受饱满、思绪活跃，生活知识之丰富更是不在话下。同时，因为在偏远的农村闲居已久，王蒙既结实而深刻地感受到了日常生活的分量，又自然地积聚起一股向外拓展和进取的人生激情。这种种条件与特征实践于《这边风景》的审美建构中，就呈现为一种纳世态万状于笔底的精神气魄和活色生香地表现一切的创造才力。边地民众的生存景观与文化习性，则成为作者施展这种才力与气魄的理想对象。王蒙还存在着一种将新疆边地当作"第二故乡"的精神心理，对其山水风物、世态人情都深怀亲近与喜爱，文化的差异更使他的观察带有一种好奇与欣赏兼而有之的心理。于是，小说在描述边地民众的各种生态信息、文化意味和生命情致时，既显示出文物考古式的一丝不苟与耐心细致，"故事和语言都是贴近少数民族生活现实的"①，又表现出浓厚的诗化与抒情色彩，氤氲着建立在主客体水乳交融基础上的心理亲切和审美愉悦感。

　　《这边风景》在政治性内涵和观念性立场之外开辟艺术新天地、建构"生活境界"的审美努力，标志着中国当代文学发展中一种带根本性的审美转型。这种转型不是题材、主题、政治立场和情感倾向等方面的改变，而是内在的审美视野和意义重心的转移。十七年文学越来越居于主导地位的审美逻辑，是将一切归结为政治、以政治压倒生活，整个生活与人生往往都被描述为完成政治任务、实现革命目标的手段。《这边风景》则呈现出这样一种意义逻辑："发生在风景这边独好的伊犁河谷的这样一些事情，不过是历史的长河中的几朵小小浪花；生活的乐章中的几节小小的乐句"，而"河流永远奔流，乐章从无停歇"②。也就是说，生活大于政治，生活才应该是价值评判的出发点和意义寻找的归宿。实际上，《这边风景》是由十七年文学在集体性政治事业中寻找价值和意义，转向了从吃喝拉撒、油盐柴米的日常生活与人生常态中寻找趣味和真谛；从信奉红色

----

　　① 刘颋、行超：《王蒙：〈这边风景〉就是我的"中段"》，载温奉桥主编《文学的记忆：王蒙〈这边风景〉评论专辑》，花城出版社2014年版，第305页。

　　② 王蒙：《这边风景》，花城出版社2013年版，第696页。

文化诗学的审美境界，转向了崇尚日常生活诗学的审美境界。这种从红色文化诗学向日常生活诗学转型的审美文化特征，在中国当代文学发展中具有划时代的承前启后意义，昭示了改革开放 30 多年中国文学创作的基本审美走向。

第三节　"文革"时期知青小说的话语逻辑与艺术潜能

知识青年上山下乡运动是中国社会主义建设历程中特有的现象，又因为"文革"时期特殊的政治、经济需要而发展到高潮，红色文化精神内涵的复杂性在这一历史现象中体现得相当突出。实事求是地看，在遍及全国的上山下乡运动中，众多城市知识青年确实是满怀革命激情迈向这一历史"征途"，并将这一段人生历程看作自我闪亮的"红色记忆"的。这种对于知青人生和知青运动的理解，在"文革"时期出版和发表的知青题材长篇小说中，得到了以当时的政治文化话语模式为基础、而内在具体情形相当复杂的反映。更值得关注之处在于，这种反映所包含的某些政治与人生的意味，在新时期的知青文学创作中得到了深层次的传承，某些"文革"时期知青题材小说的作者，在新时期也继续着他们的创作、并取得了令人瞩目的成就。因此，作为对中国社会主义建设过程中一场失败的历史运动的共时性反映，"文革"时期的知青题材小说显示出独特的学术探讨价值。

一

"文革"时期与知青生活和知青作家相关的文学创作，首先是包括知青在内的各类作者公开发表和出版的作品。其中话剧如"文革"前的"老知青"陆天明创作的《扬帆万里》，小说如"老三届"知青陆星儿的《枫叶殷红》、张抗抗的《分界线》等，均产生了全国性影响。其次是各种知青圈子的"读书沙龙"的作者所创作而以"地下文学"、"手抄本"形式在社会上流传的作品。小说类，比如赵振开的《波动》、靳凡的《公开的情书》；诗歌中，比如郭路生及其名作《这是四点零八分的北京》和《相信未来》、"白洋淀诗人群落"与后来的《今天》作者群的文学创作。他们的作品到新时期才以各种形式公开发表和出版。在这样的历史背景下，笔者拟以"文革"时期公开出版的知青题材长篇小说为考察对象，通过对这些作品的叙事逻辑和精神话语模式的分解与辨析，来探究它们的显性思想蕴含和深层精神症结，进而揭示其对于历史新时期知青作家与知青文学创作的影响。

在当时公开发表和出版的文学作品中，最早的知青题材长篇小说，当属郭先红创作的上下册的《征途》，它在1973年6月由上海人民出版社出版。随后该类长篇小说创作和出版的具体情况大致如下：

1973年11月，张长弓创作的《青春》和邢凤藻、刘品青合著的《草原新牧民》，分别由内蒙古人民出版社和天津人民出版社出版。

1974年，张枫的《胶林儿女》由广东人民出版社出版，上海人民出版社出版了汪雷创作的以表现回乡知青为主的《剑河浪》。《剑河浪》是"由下乡知识青年创作的第一部长篇小说"①。

1975年中，王士美的《铁旋风》第一部由人民文学出版社出版，周嘉俊的《山风》和张抗抗的《分界线》均由上海人民出版社出版。

1976年，胡永强的《峥嵘岁月》第一部《前夕》、《延河在召唤》写作组创作的《延河在召唤》、北京通县三结合创作组创作的《晨光曲》等三部作品，都在人民文学出版社出版。卢群著的《我们这一代》由江苏人民出版社出版，钟虎与石冰合著的《鼓角相闻》由上海人民出版社出版，管建勋的《云燕》则在这一年的10月由人民文学出版社出版。

叶辛和忻昀同样合著于"文革"后期的《岩鹰》，则因为时势的原因，由上海文艺出版社推迟到1978年才顺利出版。

综上所述，"文革"时期公开出版了知青题材长篇小说14部，加上《岩鹰》共有15部之多。

1972年到1976年不过5年时间所出版的这些作品，为我们分析"文革"时期的知青文学创作，在数量上提供了能够较为充分地展开的文本。在当时模式化文学写作盛行的历史情境中，以一部分作品的特征来概括全貌，应当说不会产生较大的判断上的偏差。

二

"文革"时期的知青小说确实存在着相当严重的模式化倾向，表现在

---

① 思亚：《剑河激浪育新人——喜读长篇小说〈剑河浪〉》，《朝霞》1974年第12期。

情节框架的建构、理性主题的开掘、人物形象及相互关系的设计、矛盾发展演变的程式化等诸多方面。

"文革"时期知青小说的情节主线，往往是围绕农村生产方向和农业"科学实验"中的一个事件、一项工程，在与大自然做斗争的过程中，展开是进行"农业学大寨"工程还是抓副业致富的路线斗争。在情节的具体展开过程中，往往是在当地革命历史和生产现状的基础上，不同人物间进行着工程或实验"上"还是"不上"，实际上就是"粮挂帅"还是"钱挂帅"的一环紧过一环的"生产路线"的斗争。"错误路线"的背后，则常有封建落后意识的支持和包藏祸心的阶级敌人的破坏，"错误路线"的代表人物，自然充当了他们的"保护伞"。这样，"路线斗争"的背后，就总是存在着由人物的关系和立场形成的"阶级斗争"，"路线斗争"也就上升到了"阶级斗争"的高度，同时与"红色江山"、"革命传统"的巩固、延续与否，形成了历史事实和思想逻辑上的联系。斗争的结局，当然是在"正确路线"的胜利事实和在阶级敌人的丑恶嘴脸面前，"错误路线"的体现者终于服输和觉悟。

随着似乎较为平静的"生产斗争"情节的逐步展开，"路线斗争"和以之为依托呈现出来的"阶级斗争"故事，越来越浓墨重彩地被作者或朴实或夸大其词但总是"上纲上线"地描述出来。在暗藏敌人的怂恿和策划下，思想意识不正确的干部、只注重自己发家致富的落后农民特别是中农、不愿真正扎根农村的"飞鸽牌"知青，都自觉或不自觉地干出损害集体事业和个人品格的事情。种种波浪都被正面人物战胜之后，暗藏敌人终于自己出面，进行对生产斗争事业来说几乎致命的破坏。直到最后，阶级敌人才自取灭亡。

这样一种创作的逻辑思路，构成了"文革"时期知青小说矛盾冲突和理性主题的主要特征。在两条情节线索中，生产斗争的线索往往构成作品的主干情节，阶级斗争的线索则决定了小说主题思想开掘的倾向和程度。在文本叙事层面，生产斗争的故事情节，往往能写实性地在一定程度上体现出现实生活的客观面貌；阶级斗争侧面的故事情节，则常常呈现出反特、侦破小说的文体类型特征。二者在主题基点上，统一于社会主义革命与建设时期的"党的基本路线"。

下面笔者来具体分析这些特征。

首先看生产斗争方面。在《剑河浪》、《我们这一代》中，生产斗争的情节分别为"引剑分洪"和"东干河拓宽"工程；《延河在召唤》、《分界线》中的情节是"青柳河打坝"和"东大洼筑堤"；《晨光曲》、《岩鹰》则是"改造古沙堆"和"改造葫芦塘"；《云燕》、《鼓角相闻》的情节，是属于"三大革命运动"的"科学实验"中的"返碱导致的良种事件"和"水稻良种培育"；反映兵团知青生活的《青春》和表现草原知青成长的《铁旋风》，生产斗争的情节分别为"芦苇饲料喂猪"的实验和"驯马场养马"。在作品人物生活的特定地域和集体中，这些都是农牧业生产的主业。

与之相对应的，是种种以利润为目的的"副业"。其背后的人物及相关行为包括两类。或者是中农通过做点小生意、种好自留地而个人发家致富的自私自利行为，《剑河浪》中偷卖草木灰和希望高价卖蔬菜的孙有余、《云燕》里给集体借钱和"投种"时都爱打"小算盘"的李老闯，就是这样。或者是蜕变的"新生资产阶级分子"及其投机倒把行为，《分界线》中盗卖集体康拜因零件的机耕队长尤发、《鼓角相闻》中贪污的保管员张阿苟、《延河在召唤》中撤去支书职务后担任大队会计的王百山，皆为这一类型的人物。

从阶级斗争的侧面来看，最阴险恶毒的阶级敌人，如《岩鹰》中的黄暮林、《云燕》中的刘培雨、《鼓角相闻》中的季畏虎、《我们这一代》中的贾康民、《青春》中的潘斌等，大多为尚未暴露本来面目的叛徒和国民党残余分子，在《铁旋风》、《剑河浪》等表现边疆生活的小说里，这种敌人往往同时还是打算叛国的间谍。而在《分界线》、《晨光曲》等作品中，敌人则仅仅是以破坏集体的形式走资本主义道路的人物。

就这样，不同类型及在生产斗争中有着不同表现的人物，形成了一种社会关系的网络。总的看来，这些小说除知青外的人物可分为三个群落，即当地政治和思想的权势群落，包括党的干部和"一颗红心"而又阅历丰富的老农；民众群落，主要由善良积极的老大妈和热情勇敢的青年组成；敌对群落，包括执行"路线"错误的干部、思想意识落后的中农和暗藏的阶级敌人。

情节发展的具体过程往往围绕权势群落、民众群落和敌对群落的较量来逐步展开。《剑河浪》中的阶级敌人孟振甫，首先是鼓动队长冯志凌以扩大盐场谋取利润等种种借口，阻碍"引剑分洪"工程的加速进行；怂恿中农孙有余把菜卖给投机倒把分子，来间接破坏工程的测量。对于只注重自己"小理想"的知青刘浏，孟振甫则以拿孙有余的窝窝头给他、劝他喝酒等"关心"的形式，使其先在人格形象上受到损伤，再逐步滑向错误的人生道路。所有这些阴谋都破产之后，孟振甫又亲自出马，装狼吓唬在山上测量的知青。最后，孟振甫终于走上了卷起"勘测工作报告和国防机密"投敌叛国的道路。《分界线》中的尤发，首先也是以不撕毁创利润的石灰窑合同为名，鼓动队长宋旺反对修建东大堤；为掩盖自己投机倒把的事实，又将好种子和坏种子掺合在一起。随后方逐步干出了设奸计放出即将下崽的母牛"花腰子"、偷放知青薛川的信件嫁祸于耿常炯、骗杨兰娣回上海等勾当。最后则是携带偷偷藏下的集体拖拉机零件狼狈脱逃，投机倒把的罪行彻底败露。但"魔高一尺，道高一丈"，不管敌人如何阴险狡猾，捣乱和破坏都会被革命人民识破和粉碎，这自然是此类小说必然会有的情节的另一侧面。

在以上三个人物群落及其斗争之中，各种不同思想水准和家庭背景的知青，以其不同的生活习性和人生志向，逐渐地步入其中，进入了围绕"生产斗争"形成的"路线斗争"和"阶级斗争"的不同阵营。知青上山下乡后的生活，于是就成了农村生活的有机组成部分。知识青年在农村"大风大浪"中的成长和两个阶级争夺"接班人"的斗争，就在当地人物关系和社会矛盾的格局中，风起云涌地铺展开来。

使人读来忍俊不禁的是，为了显示作品的历史纵深感或人物的精神制高点，"文革"知青小说几乎都有一个程式化的"序幕"，来揭示知青主人公革命立场与思想觉悟的起点或背景。《剑河浪》的"引子"描述了柳竹慧等红卫兵长征时经过红霞村，《青春》的"书序"赞美了贺苗苗黄河救人，《铁旋风》回顾了强小兵在硝烟迷漫的朝鲜战场的出生，《征途》则介绍了毛泽东关于知识青年上山下乡指示的发表和钟卫华母亲在知青下乡誓师会上的痛说革命家史。在序幕之后紧接着的第一章，小说往往会表现知青进村过程中的"集体亮相"，来展示各个知青的不同性格及其相互之间的思想矛盾。情节演变的结局也大体相似，就是经历了"阶级斗争"和"路线斗争"的风风雨雨之后，优秀知青"在斗争的风雨中成长起来了"[①]；存在各种错误思想的知青落后人物，也在经历了人生的挫折、认识了思想的错误之后，重新振作精神，跟上了前进的队伍。而且，经历了

---

① 王士美：《铁旋风》，人民文学出版社 1975 年版，第 490 页。

多个回合的斗争后，各种类型的知青都在事实面前觉悟到，"每个青年都有两种选择……这是一道无法回避的严峻的考题"①，"我们的队伍也在变化"②。所以，"我们青年一代"必须"在广阔天地的革命熔炉中，把自己锻炼成无产阶级坚强的接班人"③。同时，年轻的战友们又深深地体会到，"斗争就是幸福！毛主席指引的知识青年和工农结合的这条金光大道，真是好极了！"在"新的斗争风暴又来临"之际，他们自然决心"要永远走下去！"④

知青上山下乡的生活和思想状况，就在这样一种叙事格局中被展现在读者的面前。知青生活与成长的主题，就这样既服从于"三大革命斗争实践"的主题，又并没有被它所淹没。知青小说与同时期其他题材的区别，也就在这样一种文本形态中显示出来。

"文革"时期知青小说的模式化特征，以及其中所包含的带有浓厚极"左"意识形态色彩的思想意蕴，使得它们在"文革"之后受到了普遍的、全盘的否定，甚至没有被当作"'文革'文学"的一种独特类型而区分出来。

从总体上进行文学史评价，这种否定性判断自然存在着合理之处。

因为这种模式化文本的话语逻辑，是依据特殊历史时期错误的政治意识形态所提供的认识和设计世界的框架建构起来的，它本身就显示出一种意识形态"宏大叙事"对创作主体的主观能动性进行垄断和压制的特征。具体说来，在情节构建方面，这些作品以农牧业生产工程为主干，本来存在现代性层面的一定程度的合理性，而且也使故事情节的骨架显示出人类生活意义上的可触摸性。但是，在情节展开过程中，作者却以之为基础而牵强地拟构出大同小异的"阶级斗争"和"路线斗争"层面的矛盾冲突，这就使文本叙事表现出对意识形态"宏大叙事"强制性迎合的特征。人物性格展示和人物关系设计的戏剧化倾向，也使作品中的人物变得缺乏生活的总体真实感，并从另一侧面呈现出一种服从意识形态"宏大叙事"的精神意味。更严重的问题还在于，这些作品不仅仅把"宏大叙事"当作一种叙事结构，而且把这种依托意识形态的"宏大叙事"作为文本的

---

① 汪雷：《剑河浪》，上海人民出版社 1974 年版，第 516 页。
② 张抗抗：《分界线》，上海人民出版社 1975 年版，第 461 页。
③ 同上。
④ 汪雷：《剑河浪》，上海人民出版社 1974 年版，第 516 页。

终极目标，从目的论的立场对其进行肯定和捍卫，进而用既成的历史话语模式来代替和塑造生活本身的历史，这自然就不可能建立生活本相的权威，不可能显示生活本身蕴藏的"宏大叙事"的实际状态。所以，这种目的在于为"文革"时期的现代专制提供合法性论证的文学叙事，既违背历史和文学的客观规律，从思想史角度看还带有反人权和反人性的色彩，势所必然地会导致虚假的艺术表现。

这样的作品在特定时期内受到文学和社会历史层面的双重贬抑，实乃必然的现象。

三

但是，从社会历史学的层面来看，在对知青话语独特历史文化内涵的呈现、对新时期知青作家精神和知青文学创作正反两方面的影响和拘囿等方面，"文革"时期的知青题材小说实际上都存在着很值得探究的蕴含和丰富的历史与艺术启示意义。

我们不妨首先对这些作品中的知青人物形象以及作者借以表现的意味和揭示内涵的方式，略作分析与探讨。

在"文革"时期的知青小说中，作品的主人公几乎都是一个根正苗红且颇具领袖风度的先进知青人物。围绕这个主人公，则有烘托陪衬型知青和思想意识存在问题、最终几乎误入歧途的知青两类人物形象。

烘托陪衬型知青中，往往包括稳重而略具某方面专长或善于协调关系的男副手、憨直而不无莽撞的男知青、泼辣能干的女副手、稚嫩纯真的女知青等几种性格类型。

具体说来，与这几种类型相对应的，在《剑河浪》中，是围绕在柳竹慧周围的葛辉、陈阿根、李淑敏、葛小鹃；《晨光曲》的赵清明身边，则是副手杜春晖、鲁直的严大山、天真的严小葵等；《我们这一代》的李菊珍，有副手仲霞、"辣子货"徐曙、稚嫩的姬燕；《铁旋风》里有副手庞小英、耿直莽撞的赵抗、稳重的路勇；《岩鹰》里，凌沣周围的这几类人物则分别是姜晓晖、科技能手而有着"炮仗"脾气的邓成钢、能干的女卫生员林元洁；人物关系相对简单的《钟鼓相闻》同样人物类型俱全，在主人公赵新周围，分别有陈英、张骁勇、李卫青、张海燕。

这些不同类型的人物相互之间，往往从知青生涯的日常生活到重大事件，都形成了不同性格的相互碰撞，由此所形成的故事，就构成了作品此起彼伏的情节波澜和生活情趣，小说于是显示出戏剧化的艺术效果。并且，这几类人物在"广阔天地"的劳动生涯中，或者实践本领和专业技术能力不断增强，或者性格逐步成熟，或者与当地群众关系日益深厚。这就使作品超越了单纯从生产斗争、阶级斗争层面，来表现"接受贫下中农的再教育很有必要"和"广阔天地大有可为"的主题的局限，而另外显示出知青作为一群年青人在人生旅途上的逐步成熟。这种人物关系的设计初看起来并未别具深意，而且同样存在程式化之嫌，但是，它们却使作品在概念化的思想空间之外，建构起了一个叙述日常人生的话语空间。

这些作品真正对反思知青运动具有一定认识意义的内涵，则体现在对于"落后知青"形象的刻画和思想的剖析方面。

这种"落后知青"的人物形象大致可分为两类。

第一类是那种怕苦怕累而且总有点个人"小算盘"的"白面书生"、"娇小姐"式的人物。《铁旋风》中胆小得碰见杀羊都吓出病来的马瑰玫；《青春》中时时想当歌唱家的彩虹；《征途》中乌拉草垫在鞋子里嫌脏、冻土打在手上也哭鼻子的万莉莉；《剑河浪》中老是惦记着自己体验生活当文学家的"小理想"的刘浏；《鼓角相闻》里总觉得农村埋没人才而出走的吴云；《分界线》中小病大养、一心想嫁城里人的杨兰娣，都属这一类。

他们往往体质弱、体力差，却灵慧而又敏感，出生于不管成分如何实际上都境况优裕的家庭。在与农村、与体力劳动相结合的过程中，他们缺乏较强大的生存适应力，而且总是在艰难曲折地"与贫下中农相结合"的过程中，固执地坚持自己的"小算盘"。其共同的特征，自然是想当"飞鸽牌"而非"扎根派"。在小说中，他们都被当作反动的"拔根派"的"应声虫"和牺牲品、传统观念和落后意识的负载者，时时受到嘲笑、轻视和批评。比如彩虹想当歌唱家，就被看成不安于从平凡生活的点点滴滴做起。马瑰玫与"斗争哲学"相对立的"以仁相感"的观念，被认为是资产阶级家庭灌输的落后意识。杨兰娣想嫁城里人的梦想，在作品中更是被一个投机倒把犯的玩弄与圈套击得粉碎。

这些知青队伍的"落伍者"，常常表现出某种身体或精神上的"弱势"状态。但是，就像农村发展的正常轨道、农民的正常生活欲望，往往体现在"只埋头拉车，不抬头看路"的业务队长和一脑门子"小生产者私有观念"的中农身上一样，这类知青许多思想观念、心理感受和人生追求，实际上也是顺乎人生和人性自然的体验或向往的。借用他们的眼光，先进知青政治上的狂热与狭隘，人生选择上的盲目与偏执，工作和生活方式的自虐倾向，反而在一种以理念为基础的虚幻的激情化生存形态中，被鲜明地表现出来。尤其意味深长的是，这些知青人物几乎没有一个被作者设计在真正"敌人"的阵营之中。也许，作者们的这种处理，恰恰是其审美主体意识的深处并不愿完全违背人性自然，因而在人性真实和政治理念之间存在着摇摆和矛盾的一种曲折表现吧？

"文革"时期的知青小说中，还有第二类"落后知青"。从表面上看他们往往与知青主人公处于同样的政治和社会地位的水平线，同样在追求"进步"，但是，他们的内心却暗藏着个人的人生动机。这些人总是与作为"实干家"的知青主人公在社会地位和各种"好处"的优先权方面构成一种竞争关系。在行为的关键时刻，这类"个人投机分子"渐渐地都会采取一些不光明的手段，或者对知青主人公的人格产生一些阴暗的嫉妒、诋毁心理，从而反过来显示出他们自我人格的不够光明磊落，不够诚恳和崇高。这些人物是知青主人公道德水准的反衬，却又是其随时提防的对象。《分界线》里试图通过做"听话"的先进知青而上大学的薛川、《我们这一代》中总是潜藏着个人权位追求的张斌，皆为这一类的知青形象。从创作者的主观意图看，这一类人物形象的出现，主要是为了衬托作品主人公道德人格的优势状态。但是，诸多作品对于这一类人物形象的塑造，恰恰在客观上揭开了"红色接班人"队伍内部的盖子，显示出知青内部人性品质不够纯净的特征。在当时的历史条件下，这种描写不能不说是颇具认识深度的。

作者们以写实的笔法，表现了两类"落后知青"人物作为一种历史事实的客观存在，这就以知青内部的复杂性和青春队伍精神、道德品质的蜕变，曲折地表现出知青运动反人权、反人性、反文明的本质，也隐蔽地传达出知青队伍固有的对这场运动的抵制、反叛因素。虽然这些人物是以创作主体理性否定的话语形态出现的，但作者用亲切和怜悯的方式表现出来的尤其是在第一类"落后知青"身上情感态度的暧昧性，本身就潜藏着深刻的历史与艺术的认识和启发意义。

由于精神和艺术追求的价值根基存在错误，"文革"时期的知青小说从总体上看已失去其审美的感召力。但是，当时出版的15部长篇小说中，除个别作品通篇用政论与批判的笔调来叙述知青"造反派"和"走资派"

的夺权斗争，令人难以卒读以外，其他作品在不违背程式化的审美格局而又传达个性化的艺术色彩方面，同样做出了自己的努力，有其精彩、别致之处。

《分界线》、《剑河浪》、《云燕》、《晨光曲》、《延河在召唤》等以农村和农场的写实性描写为主体内容的作品，往往现实感较强，比较注意对特定地域的生活色彩和泥土气息的表现。它们在以朴实规范的叙述笔调，真切地描写农村日常生活状态和普通群众生活情态等方面，显得较为真切独到，但艺术的灵动性较为缺乏。

《征途》和《青春》等作品，注意以抒情色彩来增强文本的艺术感染力。其中《征途》以政治抒情为主，具有一种激情洋溢的气势。《青春》则以日记体的形式，使文本成为先进人物对自我青春热情的抒发，这样将政治抒情和观念说教融入对人生的思辨与抒情之中，显得匠心独运，也避免了政论化叙述的僵硬，增强了作品的亲切感和对人物精神境界展示的自然真切性。

《鼓角相闻》和《岩鹰》等作品，则以对特定地区区域风情的渲染，减少了作品中"斗争"主题的火药味。《鼓角相闻》较少直接叙述时代政治氛围的笔墨，而在相对单纯的故事情节和人物关系构架中，注重对井冈山山区青山绿野的风景描写，因而显得清秀别致。《岩鹰》贯穿了大量西南山区原有或作者依据其特色自创的民歌、民谣和民间传说，民间文艺的因素也使得它蕴藏着颇为清新的山野情调。

《铁旋风》通篇运用粗犷奔放的传奇化手法，将草原的奇异自然风光、边疆的独特风俗民情、现实生活风风火火的情节和革命历史层面的传奇故事融为一体，作品充满浪漫色彩，叙述也粗中有细、较为周密丰满，只要跳过其中那些拔高人物精神境界的政论化对话，读来就相当引人入胜。《征途》同样利用了北大荒的地域优势，反特故事、雪原风采和边地民俗所共同形成的辽阔的艺术境界，使作者用力甚巨的政论，受到了一定程度的干扰和消解。

综合起来看，"文革"知青小说的审美合理性主要体现在强化区域风情色彩、融合民间文化与文艺的因素、渲染浪漫和抒情的氛围等方面。

四

"文革"后的知青文学很重要的一个部分，正是沿着"文革"时期知青小说所显示的人性、人格、人的潜能充分发展与发挥的思想路线，来对知青运动进行抑扬、对知青人物进行历史与艺术褒贬的。

从 20 世纪 80 年代前期的《今夜有暴风雪》、《南方的岸》，到 20 世纪 80 年代后期至 90 年代的《隐形伴侣》、《中国知青梦》，直到 20 世纪末的《沉雪》，这些知青小说尽管具体的情节内容存在着巨大差异，思想视野和心理聚焦点却存在着共同之处。《今夜有暴风雪》中淳朴而自卑的裴晓云，《沉雪》中娇弱慵懒、怕苦怕累却一心向往返城读大学的女主人公，简直就是马瑰玫、彩虹、万莉莉等人物形象的翻版，当然，作者对她们的认识和理解在新时期的作品中已经有了巨大的丰富、深化和正面化。《今夜有暴风雪》中为了个人权欲言行不一地对抗知青返城大潮的郑亚茹，《南方的岸》里以个人人格换取"向上爬"资格的丽容，都有着《分界线》中薛川那以"听话"谋曲折"发展"的人格特征的影子。《大林莽》、《这是一片神奇的土地》中的几个人物，分别为既具勇义人格又对时代环境和社会现实具有清醒思考的男主人公，深受极"左"意识毒害却人品诚恳坦荡的女主人公，莽勇倔强的"先进知青"，他们这种人物关系的架构，也恰与"文革"知青小说中具有某种专业特长且执着于并不与"大理想"相违背的个人"小理想"的"落后知青"、在极"左"路线设计的人生道路上堪称完美的知青主人公、憨直而不无莽撞的陪衬男知青，在人物类型及其关系的拟构上一一对应，当然，作者对他们的理性立场也有了颠覆性的改变。

由此可见，"文革"时期的知青小说对于新时期知青文学思想视野的形成，存在着尚未被充分揭示出来的巨大的定型作用。

新时期以来的知青文学创作，特别是 20 世纪 80 年代前期和中期知青作家的各类代表性作品中，"文革"时期知青小说的审美特质，仍然是其获得成功和显示独特性的重要艺术元素，是其着力追求、努力给予扩展和深化的艺术方向。

梁晓声的《这是一片神奇的土地》、张蔓菱的《有一个美丽的地方》、张承志的《绿夜》等典型的"知青文学"作品，就都是凭借北大荒、西双版纳和内蒙古大草原的奇异的地域风情，为作品灌注了一种独特的浪漫抒情气质。孔捷生的《大林莽》，则浓墨重彩地渲染了海南岛原始森林苍莽、美丽而诡异的特色，并努力使之成为特定历史和人生环境的一种本体象征，从而深化了知青文学创作中地域风景风情色彩的美学意义。甚至到

20世纪90年代前期叶辛的长篇小说《孽债》及其同名电视剧，也还是因成功地渲染了美丽的云南风光而大获好评。在那些带有"寻根"性质的作品中，从史铁生的《我的遥远的清平湾》、郑义的《远村》和《老井》，到张承志的《黑骏马》、《北方的河》，对民歌、民谣等民间文艺作品的文化意味的领悟与探寻，都成为重要的"寻根"方向。韩少功在《爸爸爸》中自造民谣，更充分地体现出知青作家们这种努力的理性自觉与刻意程度。北大荒的"鬼沼"和"暴风雪"、海南岛的"大林莽"、崇山峻岭中的"老井村"、苍莽黄土高原上的"清平湾"、烈日熏烤下的"大草海"，正是凭借它们饱含着的地域风情和区域文化的意味，才得以显示出历久不衰的美学魅力。

　　当然，对于地域风情、民间文艺、浪漫抒情气质等审美元素的追求，"文革"时期并非知青小说所独有。在当代文学政治化叙事的话语格局中，它们几乎是疏离和淡化文学作品意识形态主题所存在的理念化色彩的一种普遍努力方向。而且，"文革"知青小说的这些追求，除了《铁旋风》、《青春》、《鼓角相闻》等少数作品跨越了"雷池"以至喧宾夺主之外，在大多数小说中往往是从属于作品意识形态化的主题内涵的。更何况，新时期的知青作家，也并不一定就是受到它们的直接影响而形成自己的审美努力方向的。但是，作为对于相似地域、相似生活、相似人生的审美体验，"文革"知青小说在艺术特色方面显示的这些合理之处，仍有值得我们重视、能给我们以启发之处。它们至少能够说明，任何历史时期的任何一种文学现象，都可能有其应当辩证分析的合理之处，都有可能已经从不同侧面暗含了后来类似文学发展的合理化道路。

　　因为文学的发展、文化的积累，实际上是一条奔流不息、任何时候都不可能被真正割断的河流。

五

　　为什么"文革"时期的知青小说能形成这种现象呢？

　　事实上，"文革"时期的知青小说并不都是"四人帮"直接控制下炮制出来的"御用作品"、"阴谋文艺"。虽然大多数人都不可能摆脱时代的局限，但也许在任何时期，人的完全异化都是不可能的。这样，作为一种毕竟灌注了自己生活和艺术体验的工作，即使处在局限中的知青作家，也还是有可能捕捉到某些正常的关于知青人生、关于乡村风貌、关于艺术的感受和领悟，并以诚恳的态度在创作中传达出来。

曾在"文革"中从事过文学创作的知青作家们后来回忆往事时普遍表示，当初为了作品的发表，他们在写作中确实存在着主要是"加插阶级斗争"之处。梁晓声曾经坦陈："有时候是出自内心的，有时候不能不那样写，不然发表不出去。"① 王小鹰则这样叙述她的"处女作"的修改发表情况："忽然有一天，她（指编辑。笔者注）通知我回上海改稿子，她要我加插阶级斗争。我改了，她说不行。我说我不要写了，我不想当作家。那个编辑说，不写很可惜，再加一点，我看你是可以写好的。七改八改，她才通过。"② 郑万隆也谈道："受当时的文艺气候影响是当然的事情。我就往里面加阶级斗争、路线斗争，不这样，就出不来。"③ 不管违心与否，正因为如此才造成了他们作品在思想倾向方面带根本性的缺失，则是无可避讳的事实。

但问题还存在着复杂的另一面。作家们回顾自己"文革"时期的创作，虽然承认其中存在着违心之处，但普遍地不认为他们的创作全部是虚假、虚伪的。因为那些"阶级斗争"、"路线斗争"的内容，在他们乃至在编辑的心目中，都只不过是"加插"而已，作品的大部分内容，则是他们依据自己的生活感受和文学能力创作出来的。

《青春》的作者张长弓是一位在"文革"以前就已成名的作家。在他写于1973年的《青春·后记》中，曾这样表示："有一个时期曾生活在边疆生产建设部队里……它给了我多么深刻的印象，使我怎样地激动啊！于是，在一九七〇年上半年，我就打定主意要反映生产建设部队的面貌，并着手积累素材了。"而且，虽然"几年来没有动笔，手生墨涩"，但"我着手写这部稿子的时候，精神是昂扬的，感情是激动的。……想着，写着，一种青春的蓬勃的活力传遍了全身，我仿佛变成了十七八岁的青年"。④ 张长弓这种基于生活体验和人生感受而不仅仅是政治意识的感情尽管积淀着错误意识的理性内涵，但显然绝不缺乏真诚。同时，虽然他观察和感受到的生活从历史整体图景的高度看具有相当程度的片面性，但这个"后记"却也表明，张长弓所据以从事创作的，主要是生活本身的内

---

① 杨健：《中国知青文学史》，中国工人出版社2002年版，第191页。
② 同上。
③ 同上。
④ 张长弓：《青春》，农村读物出版社1973年版，第392页。

容，而不是某种理论和观念。

张抗抗创作《分界线》，是因为"在生活里看到青年中间逐渐发生的分化，每个人都面临着新的抉择；农场中存在一些难以解决的问题，同知识青年中难以解决的问题纠合在一起"，这才"试图用我自己的政治信念给复杂的生活作出一个简单的答案"。"尽管当时'四人帮'的'三突出'理论横行一时，我自始至终没有任何迎合潮流的心理，没有用这部书去讨好过任何人。""文革"后有关组织几次政治审查后得出结论："这部书没有遭到'四人帮'黑手的玷污。"所以，虽然"真理和谬误的界限""连作者本人也未能真正分清"，因而作品没能"准确地写出他们周围的社会环境和矛盾冲突"，但是张抗抗认为，"出书后读者反映有较浓的生活气息"①，甚至因为"多多少少源于作者的文学素质"，《分界线》在艺术上也有自己"区别于其他概念小说的艺术感受和文学色彩"②。

叶辛创作《岩鹰》时，虽然"当时处在那么一种'四人帮'禁锢文艺的形势下，创作界存在着诸多禁区"，但是，作者却"在老谢（指编辑。笔者注）指点下，在阅读和改稿的实践中，一步步找到了适合于自己的表达方式"③，摆脱了"插队落户时仅凭热情盲目写作的阶段"；而且"学习到了知识分子的正直、勤奋、本分和实事求是的为人"④。所以，创作和修改小说时不仅没有亦步亦趋地追随极"左"思潮，反而"有时不免表示出对祖国命运的忧愤，怪话也不少"⑤。叶辛还曾谈道："1974年全国动员起来'批林批孔'，所以出版社叫我加插一些'批林批孔'的内容，因为写知青要有生活，就必定要有当前的生活，当前的生活就是'批林批孔'，我对这个很反感。"⑥ 这其实也间接说明，叶辛认为他的作品大部分的内容，并不是违心和虚假的。叶辛还有过这样的文学创作经历："写了小说《春耕》后，出版社要求加入阶级斗争内容，被叶辛拒

---

① 张抗抗：《从西子湖到北大荒》，《新苑》1982年第3期。
② 张抗抗：《从读书到写书》，载王蒙等《走向文学之路》，湖南人民出版社1983年版，第62页。
③ 叶辛：《最初叩响文学之门的那些日子》，载《叶辛文集》第10卷，江苏文艺出版社1996年版，第306页。
④ 同上书，第309页。
⑤ 同上书，第308页。
⑥ 梁丽芳：《从红卫兵到作家——觉醒一代的声音》，万象图书股份有限公司1993年版，第365页。

绝。为了逃避写阶级斗争，他曾改写儿童故事。"① 可以说，这又是"文革"时期知青小说创作中客观存在的一种情形。

另一部以著名的知青英雄金训华为主人公原型创作的《征途》，是用"组织创作"的方式形成的。作者郭先红却同样地曾"几次去黑河地区和上海深入生活，调查研究"②。《延河在召唤》和《晨光曲》是以当时倡导的方式，由"写作组"创作而成的。但是，从文本的具体内容来看，它们比卢群个人创作的《我们这一代》那种大写农场"造反派"和"走资派"两派斗争的作品，反而显得更具生活的丰富性和厚度。所以，即使是"写作组"形式的创作，其内部也存在着相当复杂的因素和各不相同的客观效果，我们也不能一概而论、"一棍子打死"。

其他未创作出长篇小说的知青作家在"文革"时期的创作情形也是这样。竹林这样鉴定自己的"文革"写作："我根据那时'三突出'的创作原则来写"，"总的来说，是不真实的，也不是我想写的"，但是，作品所"写的不完全是虚伪的，也有些集体的生活素材。"③ 晓剑认为，虽然"任何人也无法跳出时代的影响"，但是，从单篇作品来说，"1974 年的《朝霞》第 10 期刊登第一篇小说。……上面倾注着我的心血，而且呈现着我至今不改的创作原则——理想主义的大旗。何况，那里面所表现的心态和人生体验是绝对吻合当时的真实的。"并且，从整个创作动机来看，"我开始写文艺作品完全是出于对知青不公正看法的愤恨和抗议，因为当时的社会几乎把知青当成比农民还不如的中国最底层的一个群体，这个群体不但遭受着肉体的煎熬与折磨，而且还要忍受心灵的侮辱与损害"，"作为知青中的一员，我觉得我应该为恢复知青做人的尊严进行力所能及的呐喊。"④ 虽然晓剑的这番话带有强烈的自辩色彩，而且不无夸饰和矫情的成分，不过，他认为作品不仅仅是主流意识形态的"传声筒"，也倾注着个人即"我的心血"，则显然是一种客观存在的事实；以进行"力所能及的呐喊"为创作动机，确实也符合晓剑一贯的富于理想主义激情和知青群体意识的创作思想。

---

① 杨健：《中国知青文学史》，中国工人出版社 2002 年版，第 208 页。

② 郭先红：《〈征途〉·编后》，载《征途》，上海人民出版社 1973 年版。

③ 杨健：《中国知青文学史》，中国工人出版社 2002 年版，第 191—192 页。

④ 晓剑：《我的知青岁月》，载《知青文学经典丛书·血色》，敦煌文艺出版社 1996 年版，第 242 页。

　　总之，对于"文革"时期知青小说芜杂的审美内涵和独特的话语逻辑，只有细致地分辨并给予深入的思考，历史的脉络、底蕴和文本的艺术潜能才有可能清晰地呈现在我们面前。更进一步看，对错误路线指导下的社会主义建设生活与发展道路的同步、顺应性审美反映，我们在新的时代文化环境中，也同样应当采取一种理解比评价更深入、更重要的研究态度，才有可能获得更丰富而全面的学术发现。

第六章　创伤记忆审视的主体路径

共和国开国时期的社会主义改造与建设道路颇为曲折、复杂，而且从发展模式的选择到极"左"政治运动的展开，都出现了诸多的局限与错误，给国家和人民造成了深重的灾难，还留下了许多长时间挥之难去的创伤记忆和历史后遗症。改革开放以后，从"伤痕文学"、"反思文学"开始，这种种社会主义建设道路上的失误及其对人们身心造成的创伤，得到了不断的揭露与反思。对相关创作的研究也始终是学术界的热点。但面对色彩斑驳甚至五花八门的历史病症言说，我们可以发现，站在怎样的立场、以怎样的视角进行历史反思，已经成为了一个从整个思想文化界到文学领域的具体创作都需要慎重对待和深入探讨的关键问题。甚至许多新的认知误区和价值偏失，也出现在这种对历史创伤的审视与阐释之中。

有鉴于此，我们选择了三部艺术内容和审美视角存在巨大差异的作品，着重从审美主体的关注焦点和思想路径的角度进行研究，以期由点及面，揭示出从文学界到社会文化界在审视历史病症时所体现出来的复杂精神文化倾向。《踌躇的季节》内蕴深广地开掘了"思想政治战线上的革命"运动所导致的历史创伤和精神后遗症；《红魂灵》尖锐地揭示出红色文化在复杂演变过程中所遗留的各种问题，以及这种种问题如何成为了影响普通百姓新生活的沉重的精神负担。值得注意的是，即使在新的时代文化语境中，种种重大历史举措所形成的精神影响仍然长期地存在，甚至从正反两方面决定着人们对于红色革命和红色文化本身的价值态度，观察和评判历史的种种新偏差也就由此产生。长篇纪实文学《天府长夜——还是刘文彩》在各种新偏差此起彼伏地出现的时代氛围中，难能可贵地秉持了一种从实际出发、实事求是的历史认知立场，体现出严正的现实主义创作态度，因此我们将这部作品也纳入研究的视野，希望借此增添相关研究的学术与文化层次感。

第一节　《蹉跎的季节》："思想革命化"后遗症的深切透视

新中国成立后，虽然政治上的阶级敌人已经被消灭和打倒，"无产阶级专政下继续革命"的理论却开始从思想意识层面区分敌我，将"政治思想战线上的革命"摆到了首位。由此出发所展开的一次次政治运动，既是一个不断从革命队伍内部清查出"思想敌人"的过程，也是一个人人自我改造和被改造、实现"思想革命化"的过程。这种以"思想"为标准进行敌我划线的阶级斗争扩大化做法，造成了深重的社会灾难和心灵创伤。

王蒙少年时代参加地下共产党，在新中国成立后的"风云三十年"里，经历了共青团干部、"右派"、边疆农民直到文化部长的政治人生演变，对当代中国的革命文化及其正反两方面的历史效应具有他人难以企及的深刻体验。在20世纪90年代后的多元文化语境中，他聚焦当代中国的革命文化及其心灵投影，创作了包括《恋爱的季节》、《失态的季节》、《蹉跎的季节》和《狂欢的季节》在内的"季节"系列长篇小说。作品以"思想革命化"为中心和线索，真实地展现了当代中国第一代革命知识分子的精神生态与历史命运，深刻地揭示了和平年代的"革命文化"的思想逻辑、文化误区与精神创伤。

"季节"系列长篇小说的第三部《蹉跎的季节》首发于《当代》杂志1997年第2期，这部作品以20世纪60年代初期的政治"小阳春"为背景，深入揭示了"思想革命化"错误实践所造成的社会创伤与精神后遗症，从而将新的时代语境中对于共和国历史记忆的反思，推进到了精神文化审视的层面。

一

《蹉跎的季节》的中心线索和主要内容，是"右派"主人公钱文重新回到人民队伍后的政治人生境遇与精神心理体验。

首先，《蹉跎的季节》体察入微地展现了钱文政治人生境遇有限度的改善以及在这过程中产生的种种心理反应，深刻地揭示了"政治思想战线上的革命"① 作为一场社会运动，给"犯过错误"的人所带来的严重的心理影响和精神后遗症。

在"文艺八条"公布后，钱文"通过体力劳动改造思想"终于"告一段落"，重新回到了城市，并立即得到了文学界权威人物犁原、张银波和自己的入党介绍人沈大哥等人的善意与关怀。犁原和张银波提供戏票让钱文出席文艺演出的公共场合，以"临时补缺"的方式约请他参加出版社的"外事活动"，沈大哥甚至指示高校在同"学历很高的郑仿与名声很大的于鲁鱼"的比较、权衡中选择了接收钱文。组织上还安排他出席了市文代会。对于这种种简直意想不到的待遇，"右派"钱文受宠若惊，既颇觉"尴尬"与"惭愧"，也深感"光荣和温暖"。于是，在一种"鱼儿，就是这样地回到水里"的狂喜心情和激昂情绪中，他决心重打锣鼓又开张，"使自己汇入到时代的洪流中去"②，开始"狂写"一部"歌颂党的改造知识分子的政策"、命名为"只有向前"的长诗，而且"就是要写出活着的滋味来"③，"相信不是别人而正是我自己能够唱出新生活的最美好最激越最深邃的礼赞"④。到后来，他甚至想到了要申请重新入党。

然而，钱文在与张银波秘书的通话中，感觉到了"钱文"这个名字的"过敏"；在"临时补缺"参加出版社的外事宴会时，他在桌面上放着的名签中却找不到自己的名字，只能"哪里有空位子就坐在哪里"；出席文代会时，他又在争取超规定住高级宾馆的客房、更换讨论组等问题上遭遇尴尬，甚至在发言时因根本没有人注意听，"戛然而止在那里"。文艺界熟人若无其事地与他打招呼，既使他"轻松"，"也使他恐惧和沉重——原来他的那些撕心裂肺刻骨铭心的遭遇对于别人什么都不是"；几位还没有完全出道的作家"你一言我一语的对于钱文如何仰慕的话语"，也让他"总是踏实不下来，受用不下来"；⑤"在整风中，是不革命的舒亦冰比革命的他更革命得多"，舒亦冰最后成了领导他的"教研室负责人，也就是革命的负责人"，这又让钱文"羡慕得几乎哭起来，几乎跪下

① 王蒙：《蹉跎的季节》，《当代》1997 年第 2 期，第 35 页。
② 同上书，第 95 页。
③ 同上书，第 22 页。
④ 同上书，第 49 页。
⑤ 同上书，第 76 页。

来";① 甚至在梦中，钱文发现有"一棵大树正倒向他的身体"，还听到"钱文死了！""这无声的威严的宣告"，梦醒之后不由得"眼角沁出了一滴泪珠"。② 很显然，虽然自信已"经过改造经过除臭处理"③，虽然坚信"有缺点的有错误的有时候是丑陋和卑贱的人也能革命"④，但作为"早在少年时代就参加了革命"⑤ 的时代骄子的神圣感和自豪感，在钱文心中实际上已荡然无存，"右派"身份所包含的政治"原罪"则成为挥之不去的精神阴影，使钱文的内心世界如惊弓之鸟般敏感而忧惧。

其次，《蹉跎的季节》深入剖析了钱文在文学创作和日常生活中时而踌躇满志、时而进退踟蹰的独特生态，有力地揭示了"思想革命化"作为一种价值规范，对历史当事人的精神人格与生命意义诉求的挫伤和扼杀。

钱文本来是"新生活培养起来的歌手"，将"为新生活而唱赞歌"⑥视为己任，即使在犯了错误之后，他的诗歌的主题仍然是"永远革命，永远前进，永远改造自己，永远与人民肩并着肩，与党心连着心"，而且认为"敌人正是隐藏在自己心中，不能手软不能心软"，甚至满怀着"当几年右派算什么，为了革命就是不怕洒光一腔热血"的豪情。⑦ 但在政治"原罪"的阴影下，钱文又常常不由自主地揣摩着别人的眼色和心思行事，往往欲言又止、进退踟蹰，心态和情绪也随文艺政策与政治气候的阴晴变化而迅速地变换。一有抛头露面或发表作品的机会，他便感激涕零、志得意满；一旦遭遇冷落，他又随之心生芥蒂、意气消沉。当斗争的风声收紧，他"重新进入一个暂时被社会相对拒斥的状态"⑧ 时，因为稿件即使在云南边疆的地区级刊物都不能发表，因为8月初杨树上的一声蝉鸣，钱文"翻开报纸，打开广播"，也会深深地感受到"火热的生活，凄苦的个人"之间的强烈反差。⑨

---

① 王蒙：《蹉跎的季节》，《当代》1997年第2期，第58页。
② 同上书，第53页。
③ 同上书，第37页。
④ 同上书，第52页。
⑤ 同上书，第55页。
⑥ 同上书，第35页。
⑦ 同上书，第49页。
⑧ 同上书，第104页。
⑨ 同上书，第139页。

于是，虽然能够创作出具有"一种直搏内心的冲击力"的"黄钟大吕之声"①，钱文跃跃欲试之后，也只好按照"只准规规矩矩，不准乱说乱动"的"历史的意志"②，作"丢掉幻想，准备过日子"③ 的人生打算。因为"只要不写诗不入党，我就可以和所有的普通人过得一样的好"④，所以他希望从此"不做诗人，只做瓜人"，不是"为了革命，为了什么什么主义"而活着，而是"为了夏日啖瓜，人间且走一遭"⑤。但他又不甘心如妻子叶东菊那样过一种平凡、世俗的生活，因为在这样的生活中他又"忽然觉得一片漆黑"，觉得自己"如同大海上陷入风暴眼中的一叶孤舟，舟上的任何欢乐温馨都不能代替失去航标失去舵盘失去导航所带来的恐惧、迷茫、痛苦"，觉得自己"也许即将灭顶，也许已经灭顶，已经陷入了万劫不复的虚空和鄙弃"⑥。钱文跃跃欲试而不知所措的人生，就这样满怀认知的困惑感和生命的荒废感，在停滞与奔突、激情洋溢与畏葸不前的挣扎中虚耗；他的精神人格则在革命与人性的对立、精英与"原罪"的逆转中煎熬，处于一种心理上极度敏感和亢奋、奋发感与沮丧感兼而有之的病态之中。

二

围绕钱文回城后的政治人生境遇这条中心线索，《蹒跚的季节》还采用人生关节点勾勒和精神逻辑剖析相结合的笔法，错落有致地描述了在"反右"斗争中扮演过各种不同角色的历史当事人，深刻而丰富地揭示了"思想革命化"的政治文化规约对这种种角色的人生命运和精神心理所造成的严重负面影响。

青春懵懂、不明就里的革命信奉者刘丽芳堪称"思想革命化"的促进者，也是"反右"这一"思想政治战线上的革命"中沾染了历史责任的牺牲品。

刘丽芳"是载歌载舞地革起命来的"，"在十七岁那年接受革命是因

---

① 王蒙：《蹒跚的季节》，《当代》1997 年第 2 期，第 36 页。
② 同上书，第 113 页。
③ 同上。
④ 同上书，第 118 页。
⑤ 同上书，第 116 页。
⑥ 同上书，第 129 页。

为革命是她十七年来接触到的最最精彩的游戏",① 在"几十万人跳集体舞"的过程中，她甚至获得了与苏联著名小说《青年近卫军》中的人物"刘巴"同样的绰号。当"党遭到了万恶的资产阶级右派分子的猖狂进攻"时，"革命太方便也太冲动"的刘丽芳马上"响应号召，表示积极"。② 她"从又唱又笑变成又哭又叫"，"涕泪交加地抒发自己对于党的热爱和对于阶级敌人的痛恨"，"揭发每一个让你揭发的人"；谁知"那为爱情而滚动的舌头现在变成了火力猛烈信口开河的批判枪栓"，却让"为她抛弃了卞迎春的高来喜"开除党籍，"降职降薪，打入另册，永不录用"，于是，"刘丽芳真的是傻了"。③ 盲目地经历了一桩"革命加爱情的公案"④ 之后，她情感遭受重创，精神一落千丈，不再"说说笑笑"，"眼睛渐渐迷蒙有时候甚至是发直了"，在"进步很大"、很快"入了党"以后，刘丽芳与一个"见了没有几次面"的人结了婚，在"被不明身份的人打了一顿"的当晚迅速"告别了自己的少女——'刘巴'时代"。但在结婚之后碰见老同学，连她本人都"觉得难以思议"地"忽然否认自己结了婚"，"忽然又发现自己忘记了爱人的姓名与一切详情"。⑤其后，刘丽芳的"瞬间风华"成为了"明日黄花"，她变成了"一下子老了十年的平凡无奇枯燥乏味的妇道人家"、"事儿妈"，"别别扭扭病病歪歪地过了一辈子"。⑥

犁原在整个中国革命的历程中，都处于"思想革命化"优胜者、"福将"的位置，甚至还具备解救别人的地位和权力，但他同样忧心忡忡、隐藏着种种人生的内伤，甚至"活一辈子，最后只剩下了痛苦"。⑦

犁原作为家里"从来都是高朋满座，贵客盈门"的文坛大人物，"与众位文艺工作者特别是青年文艺工作者关系很好"；但"在所有大问题上，在关键的政治问题上，他又是极为警惕，坚持正确的原则立场，一切都是以党的说法为说法，说一不二"；⑧ 甚至还因"没有错误议论"而负

---

① 王蒙：《蹉跎的季节》，《当代》1997 年第 2 期，第 65 页。

② 同上书，第 66 页。

③ 同上。

④ 同上书，第 67 页。

⑤ 同上书，第 66 页。

⑥ 同上书，第 67 页。

⑦ 同上书，第 37 页。

⑧ 同上书，第 25 页。

责单位的反右领导工作，似乎已经进入到了高度"思想革命化"的境界。然而，早在延安时期，因为"带领他走上革命道路并来到了延安"的老师被怀疑为"敌特"而且可能"已经被处决"，犁原就曾经"不由得毛骨悚然"，深深地体会到了"革命的强劲与威严"。① 在日常工作中，犁原也曾一次次胆战心惊于各种"内部文件"，一次次经历了"心乱如麻而没有人可以一吐衷肠"②的精神紧张和孤独状态，仅仅因机遇和偶然而侥幸过关。在"反右"运动中，让他"怜爱得蓦然心动"的廖琼琼被"揪"出来并向他紧急求援，"在兵荒马乱之中提出要与他结婚"，犁原吓得"倒吸一口冷气，然后牙齿咯咯地响"，只得用"打官腔"给予了拒绝，③ 还对随后前来调查的同志，把自己与廖琼琼的关系作了经不起"反复分析"的坦白。这种畏缩中不无卑鄙的态度以及廖琼琼后来的悲惨遭遇，又让犁原在往后的人生中经受了无尽而难言的精神矛盾和情感痛苦。在生命"最后的时刻"，犁原还"慎重地选择着谓语"，用"欣赏"、"看重"之类的词汇对钱文提到了廖琼琼，这个老单身汉因为服从于"思想革命化"的威压与规约而"活这么可怜的一辈子"，结果却只留下了无尽的精神困苦与情感伤痕。④ 更为吊诡之处在于，到了历史的新时期，犁原又一次陷入立场与人格的尴尬状态，"随着时代的变迁他其实已经被一些年轻人轻视、厌烦、嘲笑乃至从精神上举行了葬礼；同时那些自诩为坚强的老卫士的一贯正确的人，也早已认定他讨好年轻人因而丧失了立场和原则"，结果，他只好承受着"一个一半是文艺官员一半是文人的有时候左右逢源有时候猪八戒照镜子两面不是人的可怜人的悲哀"，度过了一个不受欢迎的晚年。⑤

张银波与陆浩生具有比犁原更权高位重的政治地位，但人生态度和精神心理却处于大致相似的状态。而且，当女儿由于"叛逆"而惹祸时，他们虽然因无法理解而暴跳如雷，因束手无策而痛苦万状，但在处理的过程中却又不得不为了维持自己的革命形象而偷偷摸摸。赵青山堪称是真正的社会主义"新生力量"、"党的嫡亲儿子"。但他一方面确实歌颂起党来

① 王蒙：《踌躇的季节》，《当代》1997 年第 2 期，第 24 页。
② 同上书，第 25 页。
③ 同上书，第 27 页。
④ 同上书，第 38 页。
⑤ 同上书，第 41 页。

充满了幸福感，另一方面却也有过"好险好险！差点没捅了娄子"① 的惊险与侥幸。在反右派斗争中，他为自己曾作过"批判现代陈士美"的发言而"吓了个屁滚尿流"，只因为领导"看骨子里的政治态度"，才最终涉险过关；在 60 年代初斗争形势又一次收紧之时，他领受了领导的暗示，却又出现过"有意识地向犁原同志通风报信"的"不伦之举"。② 在个人政治形象表面风光的背后，赵青山"思想革命化"的真实状态和精神上内在的紧张、矛盾，也由此体现出来。

令人啼笑皆非的是，恰恰是"曾经是那样不革命与小资"③ 的舒亦冰，却成为了"思想革命化"的幸存者。舒亦冰因为"深感自己的落伍，深感自己改造与进步的道路迢远无边"，在"大鸣大放，向党提意见"时，"我只觉得我不配提什么，也不知道从何提起"，还因此被说成"是歌德派是马屁精"④。谁知到最后，这种"没资格"却被看成了"最高最高的觉悟"，以至"在整风运动中，是不革命的舒亦冰比革命的他（钱文）更革命得多"。⑤ 曾经在"恋爱的季节"被革命的激情夺走了情人的舒亦冰，这一次不仅被任命成了教研室主任，还"'夺'来了早就革了命的赵林苦苦恋着的林娜娜"。但与此同时，舒亦冰虽然杏黄色书架上摆满了成套成套的革命导师著作，却一再说"我条件太差不应该由于我的加入降低党员的素质和降低党的威信"，"谦虚"地维持着他需要"指导和帮助"者的身份；⑥ 而且，他"谈起自己的新婚妻子竟是那样地冷静，客观，训练有素地彬彬有礼"，一口一个"同志"，隐藏于背后的算计也堪称用心良苦。只是在"莞尔一笑"和偶尔把垂下来的头发向后一甩时，舒亦冰才露出其隐藏的本性，又像"小资产阶级"了。⑦

钱文的妻子叶东菊则成了"思想革命化"时代规范的"逃离者"。在经历了"吵嚷的青春岁月"之后，她"变得不是那么爱说话和爱激动了"，⑧ 对于钱文一次次的"忽然大笑忽然长叹，蓦地兴高采烈蓦地垂头

---

① 王蒙：《蹉跎的季节》，《当代》1997 年第 2 期，第 131 页。
② 同上书，第 132、133 页。
③ 同上书，第 55 页。
④ 同上书，第 57 页。
⑤ 同上书，第 58 页。
⑥ 同上书，第 57 页。
⑦ 同上。
⑧ 同上书，第 120 页。

丧气”，不时“东一句西一句”的感动与感慨，① 她总是表现出几乎让钱文“大发歇斯底里”的平静，以至钱文不由得暗叹：“她为什么不能与我的心情共鸣呢？”② 但在叶东菊看来，“青春的燃烧总是要过去的”，她“已经非常非常地青春过了啊”、“早就骨干过了呀”。③ 而且，“她被革命似乎是相当彻底地‘清除’出来以后，当阵痛和震动过去以后，她甚至觉到了一点轻松和自然——她今后会更自然地按自己的愿望活下去”。④“也许对于东菊来说，政治也罢，事业也罢，都只是生活的一小部分……只是她的生活的外在世界的重要部分，却不是生活本身”，⑤ 于是，她反而进入到了一个新的人生境界之中。

《蹉跎的季节》所描写的这种种历史当事人的人生命运和精神生态，从不同方面深刻地揭示了“思想革命化”的威压与打击所导致的精神后遗症。经历了一次次“思想革命化”的政治浪潮，他们既体会到“思想好是让人多么地快乐呀”，“思想好的快乐与幸福真是黄金万两也换不来的呀”，也深深地惊恐于“思想不好你还怎么活下去！”“那么思想坏的危险呢？”⑥ 而且他们发现，政治运动一次次接踵而来，一不小心，“犯错误”就成了无可逃避的宿命，甚至自认为“积极的表现”往往也会随形势的转变而成为“罪名”。所以，他们一个个变得如祝正鸿的表舅那样，“只是一个人的时候才喝酒，喝酒的时候从不说一句话”⑦，为自己的“政治生命”而成为了“‘骗净了’的大大的良民”。⑧

三

在《蹉跎的季节》命运生态与精神生态并呈的审美境界中，精神生态的呈现除了服务和深化命运生态的艺术描写之外，还有其自身独特的审美意蕴建构功能。具体说来，就是通过充分展现历史当事人在革命文化激励和“思想革命化”威压下的独特精神生态，带有原生态性质地揭示其

---

① 王蒙：《蹉跎的季节》，《当代》1997 年第 2 期，第 22 页。
② 同上书，第 53 页。
③ 同上书，第 122 页。
④ 同上。
⑤ 同上书，第 123 页。
⑥ 同上书，第 6 页。
⑦ 同上书，第 10 页。
⑧ 同上书，第 39 页。

精神人格的生成机制与文化土壤，从而将文本审美境界从个体人格刻画升华到文化人格塑造的高度。

《蹉跎的季节》的大量篇幅是采用言语仿拟的叙述方式，在似悲似喜、如嗔如怨、亦庄亦谐的语调中，展现钱文由各种生活感触引发的心理意识流。这种直接表露心理意识的言语之流，真切而深入地揭示了钱文的思想视野、情感倾向和价值逻辑。对于自己"为什么快乐"的问题，钱文就在心理意识层面一直追溯到了"献身革命的人的心胸"和"革命的诗学"的层面，[1] 从中充分体现出革命文化人格建构中"小我"与"大我"融为一体的情感倾向。钱文经常引用苏联的文学名篇和著名歌曲，对青春和爱情的珍爱、对平庸和日常的恐惧，以及他"平凡的人也能革命，这更显见革命的伟大；革了命也还平凡，这又是革命的艰难"的心理认知，[2] 又鲜明地体现了他深受苏联文化影响的思想视野和将革命与青春、爱情水乳交融地联系起来的价值逻辑。钱文"回到革命队伍"和发表作品时的狂喜与犹疑，时而左顾右盼、患得患失时而世故圆滑、曲意迎合的名利计较心理，则可见人的天性与才情在"思想革命化"威压下不甘泯灭、只得扭曲生长的生存病态。凡此种种，充分体现了"载歌载舞"地拥抱和迎接新中国的第一代知识分子中具有普遍性的人格特征与文化习性。

以历史当事人的精神生态与精神人格为中心，《蹉跎的季节》的意蕴框架还体现出一种在多重历史意味与不同价值立场之间进行"精神对话"的特征。

《蹉跎的季节》采用一种杂文式论辩的语调，将精神层面的论辩与对话当作历史记忆叙述的起点，这种审美切入点具有多方面的主题深化功能。从心理源头的角度看，"年轻的朋友是多么不愿意听这些在他们眼睛里已经老掉了牙的旧话"[3]，这使得丰富、沉重的历史记忆在心头挥之不去的作者，感觉到深深的寂寞和被漠视的痛苦。从情感基础的角度看，犁原之辈在"思想革命化"的政治风浪中如临深渊，如履薄冰，"活这么可怜的一辈子"，时过境迁之后，却没有人理解"犁原和他们那一辈人的痛

---

①　王蒙：《蹉跎的季节》，《当代》1997 年第 2 期，第 51—52 页。

②　同上书，第 62 页。

③　同上书，第 4 页。

苦与牺牲"，"他们那一辈人的痛苦与牺牲，在某些人看来也是徒劳的，昏乱的，盲目的和自作自受的"，①这又让曾身历其境的作者不由得产生了一种源于人道情怀和同命相怜之感的愤怒与悲悯。正因为如此，历史创伤亲历者们发现，"不能原谅犁原这样的人，然后同样的命运立即就会降落到钱文这一代人身上"，②于是在犁原的追悼会上，"许多文学工作者包括嘲笑犁原已经过时了的新秀评论家都泪流满面"，"他们追悼旁人，也就是在追悼自己"。③众多诸如此类的体察中，显然隐含着作者沉重的悲天悯人情怀和深厚的历史感。

这种论辩性思路更为重要的意义，则存在于精神价值立场的层面。在深刻呈现了一代历史当事人的命运悲剧和精神困苦状态以后，《蹉跎的季节》直接面对"怎么能说我们这一代人软骨头呢?"这一根本人生价值层面的挑战，而且用"我们和国民党和日本斗争的时候气壮山河，顶天立地! 多少人抛头颅洒热血!"作对比，揭示出这一代人之所以"勇敢地走上了历史的舞台，他们要说成是祭坛也可以"，"问题在于我们服膺于革命! 我们的大局是革命! 一起为了革命，这才是我们的真实，我们的勇气!"④所以，虽然"追求的是龙种，而收获的是跳蚤"，革命的结果让他们不由得深感悲怆和沮丧，但那"曾经是多么刻骨，多么炙热，多么疯狂和勇敢，奔腾如滔天巨浪，威严如万仞高峰，神圣如雷霆天启……"的历史记忆，却又令人不能不产生深深的敬畏心与庄严感。⑤这就在五味杂陈地揭露了"思想革命化"的创伤记忆和历史当事人的人性隐秘之后，又对其人格品质进行了精神文化层面的有力辩护。

《蹉跎的季节》的意蕴复杂性和精神对话性，实际上是建立在历史本身的吊诡、暧昧和复杂、多义性的基础之上的。也就是说，文本审美境界中之所以存在"社会性杂语现象以及以此为基础的个人独特的多声现象"⑥，是因为历史"生活中许多重要方面，确切说是许多重要层次，并且是深处的层次，只有借助这种语言，才能发现、理解，才能表达出

① 王蒙:《蹉跎的季节》,《当代》1997 年第 2 期, 第 41 页。
② 同上。
③ 同上书, 第 44 页。
④ 同上书, 第 42 页。
⑤ 同上书, 第 4 页。
⑥ [俄] 巴赫金:《小说理论》, 白春仁等译, 河北教育出版社 1998 年版, 第 70 页。

来"①。而且，这种从革命者个体与革命文化的复杂关系出发的审美建构，确实使作品形成了"一种特殊的语言，这种语言中的词语和形式具有异常巨大的象征性概括的力量，换言之就是向纵深概括的力量"②。由此，《踌躇的季节》既显示出一种从"思想革命化"后遗症的精神文化层面来反思共和国政治运动、历史事件的审美高度；也在一唱三叹、长歌当哭和嬉笑怒骂、戏拟挥洒的融合中，透露出创作主体悟透天命、坦言无忌的精神气象。

第二节　《红魂灵》：当代政治文化遗产的发掘与清理

在新中国相当长的历史时期里，革命文化都曾作为主流价值观引导着整个社会的发展，这种引导在不少方面也确实显示出充分的历史合理性，并强有力地铸就了历史当事人的人生命运和精神人格。但改革开放后，中国社会步入了从斗争文化、革命文化向建设文化、执政文化转型的历史进程。新的社会实践势必要求有新的思想观念来与之相适应，于是，清理传统的红色文化遗产就成为了一个势所必然的历史任务；但更新和改变思想观念与行为准则，特别是调整、改变依照传统观念形成的社会格局和人物关系，又必将是一个极为艰难与痛苦的历史过程。这种由时代主流文化转型所导致的人们思想观念的碰撞与矛盾，显然是一个兼具人文情怀与历史意味的、审美潜能深广的创作领域。

从 20 世纪八九十年代开始，不少的作品曾经从比如父子矛盾、新时尚与旧观念矛盾、两代干部执政理念的矛盾等角度，对思想观念的时代变迁进行了各具特色的审美发掘。邓宏顺的长篇小说《红魂灵》2006 年由湖南文艺出版社出版，这部作品将问题提到了当代中国政治文化遗产及其社会功能的历史嬗变这一高度来认识，从而使文本审美境界表现出独特的思想深度与艺术分量。

---

① ［俄］巴赫金：《诗学与访谈》，白春仁等译，河北教育出版社 1998 年版，第 209 页。
② 同上书，第 208 页。

一

《红魂灵》立足改革开放时代社会兴旺、人民富足的历史理性，通过描绘两代农村"基层干部"的价值观念差异及其思想感情基础和社会历史效果，直逼当代中国文化价值形态的核心，在对比中深刻地剖析了斗争本位时代红色文化的畸变形态及其所留下的浓重历史阴影，显示出一种对当代中国的政治文化遗产进行集中发掘与清理的艺术深度。

作为共和国的第一代基层干部，肖山在几十年的工作生涯中，始终保持着纯正的革命激情，洋溢着旺盛的斗争意志。他喜欢红色，喜欢哼唱那首"我们共产党人好比种子……"的歌曲，即使到临终时，他也要看到红壳书才闭眼，还要求把骨灰也染成红色。但在那政治和精神至上、斗争和管制本位的历史时代，他所理解和从事的"革命工作"的核心，只是致力于建构"巩固红色江山"所需要的社会和精神秩序。于是，经济上计划调配、行动上指挥控制、思想上唯我独尊、事件上拍板定案，构成了他管理形态的内涵；"群众运动"式的工作方式、"斗"和"整"、束缚和压制，成了他管理思维的定式。源于这种社会和精神秩序，他可以给予米裁缝、蛤蟆精、老歌手等人以荣耀和保护。为了这种秩序，他尽力弥补着"革命行为"背后社会成员实际上的阴影、创伤和缺失，比如老战友张大虎因那个时代惯常的"肉体打击"的思想斗争方式丧命之后，他就坚决地以"妻、儿"的态度对待其家属。老战友乔开馨背离了这种秩序所要求的人格模式，他就毫不怀疑地顺应并配合了组织上的判定和打击。可以说，把红色政权巩固与个人的组织性、权威感合一，以民众的拯救者和组织的螺丝钉自居，已经成为肖山基层管理人格的核心定位。

这样，当新时代到来、新型的社会生活演变触及他的文化禁忌时，肖山始终存在思想障碍、存在"江山变色"的焦虑和危机感，以至总以政治上正确、道义上正当的个体人格姿态，采取种种阻碍的行动，就不足为怪了。小说正是由此入手，以肖山和肖跃进父子两位乡党委书记工作中的观念冲突为线索，描述了改革开放20多年来农村社会普遍出现过的土地承包、蔬菜种植、万亩果园开垦和股份化、买工厂等具有观念不断转变意义的历史事件，条分缕析地揭示了肖山对于这些社会历史事件及其内在复杂状况的理解与反应。在这个过程中，肖山既表现出被极"左"时代的错误思想原则所深深毒害的一面，又显示出充满历史合理性的革命情感因素和"江山"意识；既有极"左"思想和封建集权意识相结合形成的"人治"、家长式的管理思路，又有融化于一方"土霸王"式的蛮横中的小百姓的封闭性、狭隘性乃至对于世事变迁的畏怯感。透过这一切，作品沉痛地展现了那已逝时代的"红魂灵"与新的历史时代格格不入，愤懑、痛苦却必然地丧失着尊严和充实感的存在形态。

二

《红魂灵》还从多个不同的侧面，展现了肖山精神人格的历史局限性。

作者使用了相当的篇幅，从肖山因以往工作导致的上下级、街坊邻里关系和家庭成员命运的不良后果，以及他所表现出来的行为、心理态度等方面，深入地披露了那个历史时代给其追逐者所带来的沉重的生活负担和精神、情感阴影。比如，肖山曾经给予过荣誉和保护的对象，就因最后结果的"穷"，因肖山为响应上级号召曾有过的"说假话、办假事"，既对他的思想方向强烈抵触，又对他的人格产生了极大的贬低情绪。再如，为了偿还"运动"所带来的沉重的感情账，他把自己和战友的妻子结合到一起以终生照顾其全家，临终时妻子却宣布不愿与他死后"同穴"；他满怀人生"道义感"，满怀对战友为革命所付出的牺牲的尊重和珍惜，把儿子跃进和另一个战友的女儿良英强扭到一起，却导致了一桩令他心痛不已的无爱的婚姻，并由此导致了家庭矛盾长期难以化解的生活困境。所有这一切的背后显示出，肖山盲目的"革命追求"，实际上恰恰导致了从个人到社会在爱情、婚姻和日常生活等方面本质上的低质量状态。

即使生活呈现出这样一种令人黯然神伤的状态和历史后果，肖山也没有萌生对那种社会生活和个体人格原则的怀疑与反省。他始终信任着那个时代已刻入他生活轨迹、凝结着他人生荣辱的观念逻辑，并由此形成了一种心理和情感上的信仰，乃至以"真理"的拥有者和维护者自居，认为"世事"从来如此也永远只应当如此。从个体人格品质来看，这确实包含着一种纯真与崇高。在肖山的个性品质中，原则与悖谬、忠诚与狭隘、纯朴正直与不谙人性、事关信仰的崇高与实质上对社会历史和人生理解的愚昧，可说是水乳般交融在一起。正因为某些滑稽可笑的文化价值取向与作为一个人的活生生的行为选择、愚昧过时的思想价值观念与不无崇高的人格素质和信仰品质结合在一起，历史和文化的悲怆感才显得格外深重。也正因为如此，肖山"霸蛮"地维持儿子儿媳的婚姻，坚决不准乡党委书记违背"古来如此"的农村生产方式"买工厂"，这种种行为才显得可笑而又可悲，令人怜也不是恨又不能。

小说还雄辩地表现出，肖山的文化人格及其所追求的社会生活模式的根本局限，在于他所坚守的"革命"时代的政治和社会文化原则，违背了"建设"时代人性和社会生活的常态性需求。其实，普通百姓所需要的，只不过是摆脱"管死"去"搞富"，只不过是极其平凡的社会的兴旺和个人的富裕、自由。正因为看到了新时代方能给予富足和自由，老歌手、米裁缝才对老书记过去所给予的空洞的"荣誉"嗤之以鼻；正因为有了新时代所带来的富足，"灯笼王"、米英、钢佬三兄弟才自由地挺起了"腰杆"。这就从历史大势的层面，展示出"政治"、"斗争"至上时代的不合理性，展示出两个时代历史变迁的必然性。这种稳健清晰的历史理性所蕴含的，其实是对革命本质的追问：革命是为人民的，那么到底是为人民的什么呢？到底是以强力违背人民意愿能够维持秩序，还是顺应和满足人民的意愿才能够真正确立良好的社会文化秩序呢？肖山在两个时代都总是偏激而悖谬的行为表明，违背人民的意愿，按照自我理解的社会生活模式约束和拘囿人民的生活，最后只能为人民所抛弃。应当说，作者并未避讳对新时代的矛盾、病态与缺陷进行揭露，但以人民为本的思想观念的确立，使作品在比较两个时代并表现新时代的历史进步性时，充分地显示出器局开阔、雄健有力的精神特征。也正因为如此，作品对于肖山式的人格模式及其政治文化基础的解构与批判，才显得格外的深刻和透辟。

肖山在新时代的人生命运，集中显示了政治本位时代的文化人格模式与新时代的历史趋势之间的错位特征，以及由此导致的悲剧性人生状态。这一人物形象无疑具有当代红色文化层面的强烈的针对性和深刻的典型性。作者以"回乡、祭父"时的挽歌情调与反思笔调进行叙述，既使作品的情节描述疏密有致、韵味淳厚，又使作品在展现生活形态和人物性格复杂性的同时，获得了发掘人物灵魂及其社会文化基础的艺术可能性。

第三节　社会解构风潮与《天府长夜——还是刘文彩》的历史真相持守

　　到了 20 世纪 90 年代后以经济建设为中心、崇尚个体价值和文化多元的时代语境，阶级斗争观念、集体主义立场和革命文化理念得到了有力的超越。人们的精神心理也随之产生了巨大的变化，曾经被奉为神圣的一切，在他们的心目中渐渐褪去了迷人的面纱，某些人甚至源于一种逆反心理而觉得其丑陋不堪。这种社会心理延伸到历史文化和审美文化领域，导致了一种重新考察和解说著名历史事件、红色经典人物的倾向。而且，在既往时代的特定环境中，往往由于宣传的需要和观念的局限，有关部门在介绍各类相关人物时，确实主观隐瞒或客观遮蔽了某些事实，判断与评价的偏失之处更在所难免。时过境迁之后，相关历史材料的"敏感度"降低，那些未曾公开的真相逐渐被披露出来，各种经典形象的"塑形"中于是显露出无法弥补的破绽，这就更显示出史实重审的合理性，也给了解构者以口实。由于这多方面的复杂原因，当今社会形成了一种解构红色记忆的文化风潮，并不断地制造出各种令人意想不到的热点事件。

　　于是，在一种戏谑性、娱乐化的解构风潮中，诸多在中国革命和建设道路上产生过重大政治和文化作用的典型人物，都受到了源于各种不同背景与思路的重新理解。关于邱少云忍痛被烧死的可能性和黄继光堵枪眼的真相，关于雷锋做好事的照片是否摆拍，遭到了以"军人生理学"、"粗浅的物理分析方法"之类的"科学原理"为背景的质疑；著名文学人物原型杨子荣的个性和"双枪老太婆"的结局，则在史实层面被"揭秘"；刘胡兰、董存瑞、刘文学等人物的牺牲，更遭到刻薄"段子"的挖苦与调侃；甚至杨白劳欠债还钱天经地义、黄世仁追债合情合理之类思路重置性质的解构，也被津津有味地广泛传播。综观这种种解构性言说可见，其中往往还隐含着一种以细节破绽推翻文化和价值整体建构的意图。与此同时，"红色经典不容亵渎"之类声色俱厉的政治批判性言说也时常声势浩大地出现，这又不断引起关于"'文革'之风"的讥讽与嘲笑。

　　在这样的社会文化态势面前，红色记忆言说应该怎样经受新时代的检验，红色记忆重构应该秉持怎样的文化态度和思想立场，就成了一个必须严肃对待、甚至事关全局的重要问题。

《白毛女》中的黄世仁、《红色娘子军》中的南霸天、《半夜鸡叫》的周扒皮和《收租院》里的刘文彩等，都是中国当代社会文化史上著名的地主，其中黄世仁、南霸天与周扒皮皆为文学人物，刘文彩则是现实中的人物。在新的时代语境中，对他们进行重新考察与评价也不时成为民间口头舆论和网络等新型媒体的议论热点，其中相当典型地体现了红色记忆解构风潮的倾向与特征。为此，笔者拟从长篇纪实文学的范畴，选择作家映泉的《天府长夜——还是刘文彩》作为个案，来对红色记忆审美重构应有的文化态度和认知路径进行一种以小见大的学术阐发。

一

在当代中国红色文化的传播史上，四川大邑县的大地主刘文彩是一个臭名昭著的反面人物。中小学语文课本、小人书、忆苦思甜图片展以及电影、雕塑等艺术作品，都对其罪恶展开过强有力的控诉。1965 年，以"恶霸地主刘文彩"的罪恶为原型的泥塑群像《收租院》，在当时的全国社会主义教育运动中应运而生并迅速成为阶级斗争教育的代表性作品，这更使刘文彩作为"恶霸地主"的代名词而闻名全国。历史的风云变幻，几十年过去之后，因为反感过去的阶级斗争生活和暴力文化，人们对那时的宣传也产生了是否虚假的怀疑，曾经言之凿凿的一切，似乎都变得可疑起来。一时之间，是不是刘文彩"这个人并非传说的那么坏，原来几十年的批判'冤枉'他了"[①]，也成为不少人心中的疑惑。一股有关刘文彩的"翻案风"随之出现。1995 年大邑县酝酿"文彩中学"恢复原名，1996 年刘氏庄园博物馆被国务院公布为第四批全国重点文物保护单位，这种种尊重历史遗迹的举措，似乎也成了各种颠覆性议论的催化剂。于是，一本具有"翻案"性质的纪实作品《刘文彩真相》[②] 于 1999 年出现并引发议论纷纷；香港的凤凰卫视也在 2005 年 6 月 13 日至 17 日播放了一部电视专题片《大地主刘文彩》；刘文彩的后人甚至发表了专题访谈《我要为爷爷刘文彩正名》[③]。这种种举动，一时间影响广泛而动摇人心。

湖北作家映泉和大多数人一样，原来对刘文彩的"了解并不比对收

---

① 映泉：《〈天府长夜——还是刘文彩〉·自序》，载《天府长夜——还是刘文彩》，湖南文艺出版社 2000 年版，第 1 页。

② 笑蜀：《刘文彩真相》，陕西师范大学出版社 1999 年版。

③ 冯翔：《我要为爷爷刘文彩正名》，《南方人物周刊》2011 年第 23 期。

租院里的泥塑了解更多……只知道此人是川西一个罪恶累累生活腐朽糜烂的大地主"。① 后来他应约写作刘文彩的传记，"读了编辑部转给我的有关此人的大量资料以后，发现这个人并非传说的那么坏"，② 于是"根据那些资料就汤下面，以故事的形式敷衍成篇"，③ 写出一部纪实性作品。很显然，作者在这一时期的写作还是依据了"大量资料"，并没有信口开河，创作态度也还不失严肃。

因为权威新闻媒体在当时发布了有关"为刘文彩招魂"的批评性新闻报道，映泉的这部纪实作品"搁浅，发不出来了"。几年以后，作者"决定认真写它一本"，"于是另查资料，找来有关四川军阀混战的各种书籍挨着啃。这一啃不要紧，竟对自己那篇东西的观点产生了怀疑。刘文彩原来是在谁有枪谁就成王那样的背景下横空出世的，果真是个好人吗？"④ 至此，作者不由得对了解和评价历史人物刘文彩可能遇到的误区与陷阱产生了警觉。

于是，映泉从高度的历史理性和社会责任感出发，更广泛地翻阅了大量相关资料，并查阅了众多有关四川军阀混战的书籍，还亲自到四川省大邑县进行了实地考察。由此归纳出"刘文彩财产的真伪"、"刘家后人朋友如是说"、"刘文彩靠拢共产党"、"如何看待那所学校"、"刘氏后人受连累问题"、"刘文辉等人起义的效应"等重要的相关问题，⑤ 并根据充分的历史材料展开了实事求是的辨析。结果他深深地感受到，"由军阀史料进入到刘文彩的个人材料，才发现，几年前所执的观点大错而特错了"，⑥ 进而得出结论："对刘文彩的人生，无论是以过去的眼光看还是以今天的眼光看，都无值得效仿之处；对刘文彩的所作所为，无论站在东方的立场还是站在西方的立场，也不可能有合法的依据为他辩护。"⑦ 而且，"对刘

---

① 映泉：《〈天府长夜——还是刘文彩〉·自序》，载《天府长夜——还是刘文彩》，湖南文艺出版社 2000 年版，第 1 页。

② 同上。

③ 同上。

④ 同上。

⑤ 映泉：《〈天府长夜——还是刘文彩〉·补白》，载《天府长夜——还是刘文彩》，湖南文艺出版社 2000 年版，第 328—339 页。

⑥ 映泉：《〈天府长夜——还是刘文彩〉·自序》，载《天府长夜——还是刘文彩》，湖南文艺出版社 2000 年版，第 2 页。

⑦ 映泉：《〈天府长夜——还是刘文彩〉·补白》，载《天府长夜——还是刘文彩》，湖南文艺出版社 2000 年版，第 341 页。

文彩的批判与广大干部和知识分子受迫害，对刘文彩揭发批判的某些失实与罗织罪名害良善，是两个概念，不能混为一谈。"①

更进一步，映泉还对这一问题展开了颇富历史理性的思考。他敏锐而深刻地看到："站在那块土地上，历史仿佛并不遥远，你依稀能够感受到那个时代的腥风血气。然而，为什么有人竟对刘文彩唱起了赞歌呢？风动树摇，使我看见了现代人观念微妙却可怕的变化"，"刘文彩只是个线头，扯出来的是 20 世纪前半期四川的风土人情，和今天一些人的感情倾向。"② 这样一来，作者的思考也就由点及面，从刘文彩形象所体现的社会观念和时代心理的层面，深化了对这一题材所可能具备的社会文化价值的理解与认知。

以此为基础，映泉创作出了长篇纪实文学作品《天府长夜——还是刘文彩》，并于 2000 年由湖南文艺出版社出版。这部作品饶有意味地设计了一个副标题，从这个副标题我们可以鲜明地体会到作者对刘文彩进行定位评价时思路的清晰性和立场的坚定性。在作品中，"我用的都是已有并被公认的材料，不过花了些工夫进行研究，按时间顺序将这些材料串了起来，为的是阅读时更好理解。对于刘文彩的恶行，只有减少，没有增加，更不敢乱编。"③ 于是，为哗众取宠而刻意"翻案"的主观意图被抛弃，个体性偏见与私人化体验所可能导致的遮蔽被克服，以时尚视点取代对历史同情性理解的思路被排除，作者既全面地展开了历史人物的复杂性，借此涵盖和清理各个历史时代不同评价的立论逻辑；又尽可能公正地理出了事实材料与人物性格侧面的轻重主次，将艺术呈现建立在深刻而全面地理解的基础之上。基于如此的历史叙事原则，《天府长夜——还是刘文彩》真实地重审、有力地再现了刘文彩的历史本来面貌，也艺术地诠释了作为一个富有思想理性和艺术良知的作家，在政治文化风尚与历史真相之间应当何去何从的问题。

---

① 映泉：《〈天府长夜——还是刘文彩〉·补白》，载《天府长夜——还是刘文彩》，湖南文艺出版社 2000 年版，第 326 页。

② 映泉：《〈天府长夜——还是刘文彩〉·自序》，载《天府长夜——还是刘文彩》，湖南文艺出版社 2000 年版，第 4 页。

③ 映泉：《〈天府长夜——还是刘文彩〉·补白》，载《天府长夜——还是刘文彩》，湖南文艺出版社 2000 年版，第 325 页。

二

《天府长夜——还是刘文彩》主要从以下几个方面，展开了对刘文彩形象历史真相的艺术考察。

首先，《天府长夜——还是刘文彩》充分展开了刘文彩由乡巴佬到大恶霸的发迹史和罪恶史。作者从刘文彩的弟弟刘文辉在四川军政舞台上的出场写起，到刘文彩家族溃散、相关成员分道扬镳结束，在枭雄称霸、军阀割据的乱世背景中，展开了刘文彩的发迹过程。不管是刘文彩开赌场、贩鸦片，还是他成立"航运总公司"、"公益协进社"，或者是大肆地买田地、修公馆，作者在描述过程中，都特别强调了他对军阀刘文辉权势的依赖性，强调了军阀们的所作所为对刘文彩敛财作恶的榜样作用，强调了他们钱与枪之间狼狈为奸的特性和祸国殃民的历史后果。正因为对这一本质特征的揭示，刘文彩发迹史和罪恶史的背后所暴露的，就不仅仅是一种个人现象，而且是一种黑暗旧时代的历史规律与世道逻辑。作品还着重描写了刘文彩兄弟之间的"情谊"，描写了刘文彩对弟弟刘文辉的敬服、对大哥的畏怯和不以为然，以及他们相互之间在涉及家族利益时的一致性，这就将一种社会性的生存逻辑，落实、转化成了这个大地主的人生立场。刘文彩的形象自然就显得深刻而又真实了。

其次，《天府长夜——还是刘文彩》具体、细致地表现了刘文彩的私生活与个人品质。比如他嗜好赌博，喜爱大群人一起海吃海喝，喜欢充说一不二、义气为上的江湖老大做派。通过这些描写，刘文彩混迹于"人渣"之中，既具"邪恶"的才能又难脱土财主品性的特征，就生动地显示了出来。作者还详尽地描写了刘文彩抛妻娶妾、荒淫好色的行为，以及他在妻妾之间的矛盾纠葛和尴尬处境，这就更使刘文彩作为一个大恶霸的形象，在私生活方面得到了深入的揭示。作品最后得出结论："无恶不作几个字安在他的身上绝不过分"①。

最后，《天府长夜——还是刘文彩》澄清了刘文彩"其实不是那么坏"的观念的形成原因与思想偏失。作者毫不回避地描述了刘文彩建私立学校和最后一位太太王玉清始终对他感恩戴德这两桩"优秀"事迹。

---

① 映泉：《〈天府长夜——还是刘文彩〉·补白》，载《天府长夜——还是刘文彩》，湖南文艺出版社 2000 年版，第 325 页。

对于建学校，作品透过其历史巨变后的客观效果，一针见血地揭露出刘文彩办"公益协进社"独霸一方必须管"文教"的背景和财产出自横征暴敛的实质。对于王玉清的感恩戴德，作者则沉痛地揭示出其精神深层的愚昧、狭隘性。在此基础之上，作者面对遮蔽着历史真相的重重云雾，不由得深深地感叹："不幸岁月的尘垢渐渐淹没了受剥削受迫害人的泪水和呐喊，以致让他们的后辈儿孙转而为仇人不平，悻悻道刘文彩'其实不是那么坏'。"①《天府长夜——还是刘文彩》以条分缕析、鞭辟入里的历史事实分析，廓清了种种历史的迷雾，使人物的历史定位变得更为坚不可摇，也使刘文彩的复杂性格变得更加丰满起来。

特定时势下意识形态特殊的功利性，不可避免地会造成对历史材料不同程度的强化与遮蔽，在社会历史背景发生巨大变化之后，人们重新考察和打量既往的时代及其时势典型，自然很有必要。但它又恰如走钢丝一般，是一桩不可不慎之又慎地把握好分寸的事情。《天府长夜——还是刘文彩》以翔实的材料、富有历史理性的评判和蕴含了强烈思辨性的艺术表现，置刘文彩、刘文辉、刘湘等各色历史人物于特殊的社会背景下，描述了他们的一个个惊心动魄而又光怪陆离的人生故事，多层面地再现了刘文彩罪恶而复杂的一生，终于使恶霸地主刘文彩的形象，在新的历史语境中获得了令人信服的定位和相当生动有力的表现。

置身社会解构风潮中的审美重构，必须坚守以历史真相为本位的叙事原则，红色记忆的审美重构才有可能获得稳健的价值基础，这就是《天府长夜——还是刘文彩》及其创作过程给予我们的有力启示。

---

① 映泉：《〈天府长夜——还是刘文彩〉·自序》，载《天府长夜——还是刘文彩》，湖南文艺出版社 2000 年版，第 4 页。

第七章　变革时势考察的意义指向

在"文革"结束以后的历史新时期，中国共产党人与时俱进，将马克思主义"活的灵魂"与中国社会主义建设新的历史实践相结合，形成了中国特色社会主义理论，带领全国人民走上了新的改革、建设和发展的道路。从红色记忆和红色文化的角度看，中国社会呈现出由革命文化主导向执政文化主导转型的历史趋势。身处这个"跨世纪"社会变革、文化转型时期的广大作家，在反映中国特色社会主义实践、体察时代文化底蕴方面倾注了极大的审美热情，创作了大批引人注目的优秀作品。

改革是这一时期现实生活方面构成红色记忆的最为重要的领域，这一方面的创作出现两个阶段性的热点：20世纪80年代前期，《乔厂长上任记》、《新星》、《沉重的翅膀》等作品，塑造了共产党员在新的时代环境中引领社会潮流和精神风尚的强者形象，从而获得了万众瞩目的良好接受效应。其后，改革本身步履蹒跚、矛盾重重，相关的创作也陷入困境，沉寂起来。20世纪90年代后，随着邓小平南方谈话后迅速兴起的经济开发热潮和国家意识形态"弘扬主旋律、提倡多样化"① 文艺方针的出现，又一轮表现城乡变革艰难前行的作品被创作出来。

在笔者将要具体分析的三部长篇小说中，《人间正道》气势磅礴地展现都市腾飞的恢宏画卷和共产党人的雄健气魄、崇高品格，《苍山如海》聚焦农村的变革生态和乡土世界的精神文化，《风云乾坤》以强烈的生活实感和侦破小说的叙事模式，较早地触及并引人入胜地揭示了"反腐败"这一执政党建设的严峻课题。这些作品深沉有力地讴歌了共产党人对国家和人民的历史责任感，以及他们"心肝上都有血"的情怀和"把身家性

---

① 江泽民：《在全国宣传思想工作会议上的讲话》，载《论党的建设》，中央文献出版社2001年版，第134页。

命押上去"的品格。它们所选择的题材、主题和文化内涵开掘的方向，分别触及了中国特色社会主义建设事业的几个不同的重要领域，在揭示中国社会由革命文化向执政文化转型方面也颇具典型性和代表性。

第一节 《人间正道》：实干兴邦的执政品格审视

20世纪90年代之后，中国的社会经济发展和改革开放事业进入了攻坚阶段，整个社会也呈现出文化多样化、价值多元化的发展态势。在这样的时代氛围中，周梅森从发表于《当代》1996年第6期的《人间正道》开始，持续创作了《中国制造》、《天下财富》、《国家公诉》、《至高利益》、《绝对权力》、《我主沉浮》、《我本英雄》、《梦想与疯狂》等一系列卓具影响的长篇小说。这些作品以磅礴的气势、丰富的信息、深邃的思考和严正的立场，展现了中国特色社会主义的创新性历史实践，讴歌了富于开拓精神和政治光彩的时代英雄人物，深刻地揭示出共产党执政文化的先进性与崇高性，从而有力地弘扬了红色文化的时代新气象，树立了一个强劲的"主旋律文学"品牌。

一

《人间正道》是周梅森"新政治小说"[①] 叙事模式的开创性作品。作品的基本情节格局，是讴歌一个落后地区的干部群众齐心协力干实事、干大事，促进区域经济腾飞的全景性壮阔图景。但作者对于社会矛盾与问题的揭示，却是广泛、尖锐而又深刻的。

首先，作者有力地呈现了平川市严峻的经济形势和尖锐的社会矛盾，高屋建瓴地勾勒了改革大幕拉开前经济、社会发展的"瓶颈"状态。

小说的开篇五章，就紧锣密鼓地展开了平川市弊端丛生、矛盾迭起的经济和社会形势。市委的"政绩工程"国际工业园的水、电、路等配套设施均未完成，招商引资面临困局；大漠县的两个村为争夺大漠河水源，发生了大规模的流血械斗；民郊县的村民冲砸国家电网的变电站，造成大面积停电；国营煤矿的大食堂面临断炊关门的危险，如何解决八千多工人

---

① 贺绍俊：《新政治小说及其当代作家的政治情怀——周梅森论》，《文艺争鸣》2010年第4期。

最基本的吃饭问题迫在眉睫；甚至在省委书记前来参加市委书记任命会议的电梯里，还出现了停电的情况。市委书记郭怀秋突然去世，留下了必将引发角逐和争斗的权力真空，更使紧张的形势雪上加霜，从而形成了平川发展史上"严重的时刻"。这种局面的形成，既有平川市底子薄、包袱重的历史背景，也包含着国营企业经营、管理不善造成的现实困境和不同社会集团之间的利益冲突，既源于体制的弊端，也有着法律、人情的困惑。种种困难与矛盾，已经严重地影响了平川市的社会稳定和经济腾飞，甚至关乎平川市现代化事业的成败。

其次，作者深刻地揭示了当今社会各种病态的新型利益追逐现象，以不无漫画化的笔调，尖锐地揭示了体现于其中的思想观念、人心欲望和人性品质。

各种新型的暴发户形象及其财富积聚之路，是作者高度关注的目标。从乡村的田大道到都市的曹务成再到高科技领域的柏志林，作者以相当广阔的社会生活视野聚焦了这类人物形象。田大道依靠盗挖国有矿产资源起家，财大气粗之后，他时而意气用事地在赌场豪赌而一掷千金，时而目无法制地召集村民冲砸国家电网的变电站，其暴发户形象带有浓厚的小农意识和法盲特征。曹务成的"皮包公司"专门买卖过期、落后的产品并自觉地进入"三角债"，他赤裸裸的利益追逐目的和欺瞒手段、无视伦理亲情的行为显然带有流氓无产者的特性，但他面对身为国营企业党委书记的父亲和副市长的哥哥的愤怒声讨，居然始终振振有词，一套一套的让人似乎无可奈何，则充分暴露了特定时代环境中经济制度、法律法规的漏洞，也与社会转型期人们"笑贫不笑娼"的心理逻辑和极端利己的价值观念存在密不可分的联系。博士柏志林野心勃勃的商业和金融运作具有相当的知识和专业含量，也表现出某种战略和金融眼光，作者对此显然颇为欣赏；但柏志林在逐利过程中对于道德、情感的利用与牺牲却是高度清醒和自觉的，这种在利益与人文之间的倾斜实际上包含着当今社会价值观念更深层次的缺失。这些人物在当今社会如鱼得水的状态，集中体现了中国经济原始积累阶段社会道德品质的病态，而他们以市场经济和商品社会的名义"打擦边球"、"钻政策和法律空子"① 的共同思路，则表现了中国社会经济飞速向前，而制度、法规却难以与之匹配的尴尬状况。

① 周梅森：《人间正道》，《当代》1996 年第 6 期，第 51 页。

再次，作者充分展开了改革与发展历程中所携带的沉重的历史包袱和现实负担，以及由此形成的巨大的负面合力。

在平川市的干部队伍中，"云阳帮"、"大漠帮"之类的明争暗斗沿袭已久，小山头、小宗派的问题始终未能得到解决；领导干部缺乏干大事的气魄、智慧与思路，在长期制约平川发展的水、电、路等基础设施问题面前束手无策；基层干部因循苟且，被各种难题和矛盾弄得焦头烂额，却"头痛医头，脚痛医脚"，不愿寻找根本性的解决办法。平川大型国营企业胜利煤矿已经面临绝产，只能勉强在大食堂临时开伙，工厂的工人干部却还上上下下心安理得地吃"大锅饭"，顽固地保留着对集体的依赖感和国有企业职工的虚荣心。工人们懒惰成性，却习惯于一有事就上街上访、而不是自力更生，在国有矿产资源被河东村、河西村掏得千疮百孔之后，只得伸出手来向农民兄弟要饭吃。管理干部们观念陈旧、思想僵化，既缺乏国有体制下的管理方式创新，又缺乏新时代条件下的创业思路和开拓精神，只能忙于贷款、借钱、阻止工人上访，狼狈不堪地做"维持会长"。所有这一切，实际上合成了一种"成事不足，败事有余"的巨大负面力量，严重地制约着平川市的改革与发展步伐。

最后，作者还勇敢地揭示了在改革和创业的新形势下暴露出来的新矛盾、新问题，以及隐藏于其后的体制和观念、利益等方面的深层次桎梏。

平川市改革大业的两员主将吴明雄和陈忠阳，最后都以提前退休的方式悲剧性地下台，就突出地体现了新形势下难以解决的新情况、新问题。陈忠阳激于义愤而一时冲动，却有肖道清这种"躲在暗处对着自己同志的后背开火"[1] 的人死死盯着，组织上只好牺牲"拼着老命做事"的老同志，以平息"个别人就是先把事情闹大"[2] 的"邪火"，维护平川来之不易的"干事"局面，吊诡的处理方式背后，包含着确实并不完美的创业者、干事者深刻的无奈与辛酸。胜利煤矿进行国企、民企联采合作的试点，部分实际上连吃饭都成问题的产业工人却为避免转换成农民身份而听信蛊惑，闹出了在京广铁路线上卧轨的激烈行动，"险些造成了一场流血的动乱"[3]，严重的经济损失和恶劣的政治影响，最终导致了平川改革的

---

① 周梅森：《人间正道》，《当代》1996 年第 6 期，第 110 页。
② 同上书，第 111 页。
③ 同上书，第 143 页。

主帅吴明雄为此负责、辞职下台。

《人间正道》对于平川市各种复杂关系和重重社会、经济矛盾的深刻揭示，形成了作品中环环相扣的紧张情节，表现出极强的阅读吸引力；其具体内容所体现的时代蕴含，又能引起读者深深的思考。

二

正是在这样一种深刻揭示现实矛盾的基础上，《人间正道》围绕大漠河南水北调、环城公路修建、平川纺织集团资产重组和胜利煤矿国企民企联采试点四个大型的改革和建设项目，有力地展现了平川市改革、发展的壮丽图景，塑造了以吴明雄为代表的共产党领导干部的崇高形象。

吴明雄临危受命之后，面对平川市基础差、包袱重、陷入发展"瓶颈"和困境的局面，辩证地认识到："困难与机遇共存，风险和成功同在"①，决心承担起共产党人的历史责任，在有限的政治生命中为平川市的发展做一点实事，从而以雄伟的气魄和战略的眼光，送走"小心翼翼的旧时代"，开启"一个大开大合的新时代"②。面对大型水、路建设工程资金短缺的状况，吴明雄坚持相信群众、群策群力；面对各级领导干部对这种大开大合的创新的怀疑心理和前任领导怀有某种私心的态度，吴明雄既具有战士般的坚定意志，又表现出成熟政治家的智慧与策略；面对干部队伍的"小宗派"问题和肖道清之类不愿承担责任的干部，吴明雄则以"舵手"、"主帅"的方向感和凝聚力进行根本性的引导；而在改革过程出现失误、导致卧轨事件之后，吴明雄更以"壮士"的大局观念和牺牲精神，"个人把责任全部承担起来，让同志们轻装上阵"③。

在吴明雄宏观决策的激励和个人人格的感召下，从干事缩手缩脚的市长束华如到不时意气用事、存在小宗派观念的市委副书记陈忠阳，从"没有任何后台和背景的矿工出身"、"从不多说一句话，从不错走一步路"④的副市长曹务平到心存"党外人士"顾虑的副市长严长琪，包括刘金萍、程渭奇、尚德全等县乡级领导干部，都以共产党员的责任感和使命感，纠正工作的方向，站到了促进平川市全面起飞的行列之中。广大人民

---

① 周梅森:《人间正道》,《当代》1996 年第 6 期, 第 41 页。
② 同上。
③ 同上书, 第 144 页。
④ 同上书, 第 48—49 页。

群众也源于对政府改变长期困扰他们工作和生活的种种难题的衷心拥护，以积极的参与意识和难能可贵的奉献精神，为平川市各个工程项目的完成作出了巨大的贡献与牺牲。经过这种上下齐心协力的建设与发展，平川人民既以辉煌的建设成果"赢得了一个时代"①，也以艰苦卓绝的奋斗创造了宝贵的精神财富。

三

在这种大气磅礴的描绘和热情饱满的赞赏中，《人间正道》贯穿着一条讴歌中国共产党执政品格与行政宗旨的思想线索。

第一，《人间正道》将是否真心实意地为人民干大事、干实事作为试金石与分界线，对各类领导干部政治人格的高尚与卑劣、伟岸与渺小进行了对比鲜明的描写。

小说的开篇就围绕新任市委书记的人选，展现了上到老省长和省委下到束华如、陈忠阳、曹务平等市级领导干部以能否"为平川人民干大事"② 作标准，在吴明雄和肖道清之间所进行的衡量。随后，作为众多为平川人民干实事、干大事者的鲜明对比，作者贯穿始终地描绘了"善于经营自己政治前途"的市委副书记肖道清的形象。在谋求市委书记职位失败之后，肖道清就站到了吴明雄的对立面，不愿将哪怕"一半的心机用到建设平川的工作上"，反而以权力的掌握与使用为中心，将吴明雄宏伟而又切实可行的建设规划视为一场"政治豪赌"、"政治野心的无限扩张"③，以一种阴暗的心理处处阻挠、事事挑剔，自己不干事，也不想让别人好好干事、把大事干成功，以求"既保住眼前的政治利益，又保住未来的发言权和批评权"④。最后，连一贯支持他的省委副书记谢学东也看清了他的真面目。吴明雄的事业受到上下一致的高度赞赏，肖道清终于被打入"政治冷宫"，则鲜明地体现了中国共产党行政宗旨的明确性与坚定性。

第二，《人间正道》充分揭示了平川市各个建设项目实施过程中的艰难、复杂和改革者在行政道路上的坎坷、牺牲，高度赞扬了共产党领导干

---

① 周梅森：《人间正道》，《当代》1996 年第 6 期，第 120 页。
② 同上书，第 42 页。
③ 同上。
④ 同上书，第 73 页。

部为了改革大业和人民利益，不惜"把身家性命押上去"①的政治品格和不畏政治风险、不怕犯错误的开拓精神。

建设中国特色社会主义是一项前所未有的伟大事业，只有建立在高度的历史使命感和政治方向感基础上的开拓与创新，才有可能"杀出一条血路来"。在平川市，大漠河南水北调是历届市委领导几十年梦想却未能实施的巨大工程，组织全市人民捐款修建环城公路在全国都没有先例，国有企业和民营企业的联合更涉及中国的基本社会制度问题，这些工作的难度和风险之大可想而知。正因为如此，上级领导和吴明雄、陈忠阳等历史当事人，都不断地强调既要有高度的政治责任感和历史使命感，又要有不怕犯错误的勇气和"把身家性命押上去"的思想准备，才有可能大刀阔斧地推进平川市的改革和建设大业。事实证明，这种"把身家性命押上去"的说法并非虚言、豪言，而是需要切实承受的重担。尚德全因工作方法的偏差导致一个乡镇干部的猝死，在处分面前他"没趴窝"②，而坚持负重前进，最终在南水北调工程中以自己的性命体现了一个共产党员的党性。陈忠阳面对某些干部在紧张、艰苦的建设工地上大吃大喝的场面，因为愤怒而一时失手伤了人，被政治对手肖道清等大做文章，只得从市委领导岗位上提前退休，但他仍然毫无松懈地承担着南水北调总指挥的工作重任。吴明雄作出了干部群众有目共睹的巨大贡献，却因为国企改革过程中的某些疏忽导致了工人卧轨事件，结果不仅没有得到更高的荣誉和地位，反而以提前退休结束了自己的政治生命，以至于省委书记在交接大会上也感动和心疼得"眼中浮现着闪亮的泪光"③。但正因为具有"把身家性命押上去"的政治品格和心理准备，吴明雄、陈忠阳在作出舍一己官职、成改革事业的悲壮之举后虽然不无远离宏伟事业的惆怅，注目"满城春色"、"锦绣大地"，他们在精神上却满怀心安理得的感动与慰藉。

第三，《人间正道》将作品主人公的崇高品格、辉煌创造与共产党组织的历史梦想和政治使命有机地联系起来，改革者为人民干大事、干实事的工作态度就获得了上升至政治文化层面的概括与阐释。

《人间正道》意味深长地勾勒了以老省长为代表的一批退休老领导的

---

① 周梅森：《人间正道》，《当代》1996年第6期，第27页。
② 同上书，第90页。
③ 同上书，第148页。

形象，他们在市委书记任命等重要的历史关头，总是充分利用自己的政治阅历和政治影响发挥良好的正面作用。在平川市由昔日的"烂摊子"发展为现代化基本框架已经成功搭建的"聚宝盆"之际，作者还特意描述了一个老干部集体视察平川市建设成就的情节段落。曾经在平川大地上浴血奋战的老同志们，因为这块土地上辉煌的建设成就替他们还了"不少历史旧账"，实现了他们的一个个政治夙愿，而感动得浮想联翩、老泪纵横。省委书记钱向辉"既沉稳又有开拓精神，而且很善于做工作"① 的领导作风和他的一系列决策与支持更充分表明，吴明雄等人勇往直前的改革行为实属共产党的组织要求和工作任务。通过这种种开掘与提炼，《人间正道》所认同和赞赏的"为人民干大事、干实事"的工作态度，就与共产党实干兴邦、执政为民的政治宗旨有机地联系了起来，作品对平川市建设大业的描绘、对吴明雄等改革英雄的讴歌，就获得了从共产党执政品格出发的思想高度和价值基点。中国共产党在建设与变革时代的政治文化品质，也就由此有力地呈现了出来。

第二节　《苍山如海》：共克时艰的文化优势探寻

向本贵的长篇小说《苍山如海》1997 年由湖南文艺出版社出版后，获得了体制文化范畴的众多荣誉，包括中宣部"五个一"工程奖、"向建国五十年献礼的 10 部优秀长篇小说"等。这部作品之所以受到高度重视，选择了一个重大而时新的题材是其中的重要原因，但这只是《苍山如海》艺术建树的起点。作为诞生于"现实主义冲击波"之中的优秀作品，《苍山如海》更为重要的思想成就，在于触及到了一个深层次的社会问题，就是深入地开掘了当今时代党和群众得以共克时艰的文化优势。

一

在情节内容的层面，《苍山如海》较为完整而细致地表现了宁阳县为国家修建大型水电站而移民的过程及其相关的方方面面，塑造了桂桂、章时才等农村老百姓，王跛子等城关镇居民，章时弘、抛书记等农村基层干部的人物群像，由此体现出两个方面的审美价值。

---

①　周梅森：《人间正道》，《当代》1996 年第 6 期，第 122 页。

　　从社会层面看,《苍山如海》多侧面地反映了农村的广大干部群众在顾全大局、开创社会主义大业的历程中所承受的艰辛和困苦,在生活巨变过程中所显示的崇高品性和生存潜能,以质朴深沉的生活画卷弘扬了时代的主旋律。《苍山如海》对中国基层社会生存的艰难和各种群体之间的矛盾的揭示,是大胆真切的。在搬迁移民的过程中,城关镇娘娘巷的居民们因为不愿失去商业中心的物质利益优势,更因为不忍心割断长期以来引以为自豪的地缘血脉,众人一心地拒绝搬迁,并利用种种因素向县政府有理地示威和无理地取闹,甚至始终扬言"要修一条同样的街道"才肯挪窝。乡下的百姓耗尽人力物力从平地搬上荒山秃岭,又必须在"水电路"皆无着落甚至一穷二白的基础上重建家园。县里的工厂由于搬迁,更由于历史遗留的诸多原因,纷纷停工停产,以致不少女职工为糊口当起了陪酒女郎。县政府为了维持矛盾各方面事实上并不公平的平衡,为了县里经济的发展,也由于某些领导干部谋求"政绩"的私心,不得不一再挪用本来就迟迟难以如数下发的移民款。纯朴正派的各级领导干部,从副县长章时弘到岩码头区的抛书记,一个个辛劳、疲惫而又清寒,为同情和支助自己治下的穷苦百姓,抛书记甚至偷拿了老婆卖小吃挣来的辛苦钱。在如此艰窘困顿的社会现实面前,工业局长伍生久之流却利用职权为所欲为,并且气焰嚣张、神通广大。中国贫困县在生活巨变过程中的生存境况画卷,使人读来不能不感到触目惊心。

　　然而,作者又以同样有力的笔触,展示出时代生活的另一面。娘娘巷人确实是宁阳县移民的最大阻力,这些老居民们自身承受的心灵重压和情感困苦,却令人无法不心生同情和体谅之意。"进士坊"的主人吴书成老师为祖传七代的牌坊易地而存,竟至郁郁长逝;在三江险滩赛龙舟群情亢奋的高潮中,百姓们却无奈而绝望地号叫着砸烂龙舟,中断了风俗与文化的流传;那不时被吼唱起来的哭一样的三江高腔,更是悠悠地传达着离土断根的悲怆与凄凉。但即使是这样,娘娘巷人也终于如期地搬迁,他们在顾全大局时心底的凄苦与崇高,于此可见一斑。在条分缕析地描写了农村百姓们搬迁后生计艰难与困窘的同时,作者又通过叙述他们"靠山吃山"办红砖厂、制草帽、种果树的种种谋生之路,令人信服地揭示出中国农村百姓令人惊叹的生存潜能和他们的生活中必然会出现的良好转机。基层干部们的疲惫和褴褛让人心酸,他们在工作中、在人民群众中所得到的充实、温暖和理解,却又使人不能不感到由衷的欣慰。社会的弊端、腐败分子的行径让人气愤而痛心，伍生久作法自毙，终于得到应有的惩罚，人心和法律于是也就显示出足以压倒任何不仁不义的权势的威力。所以，由于人民群众自身在各种芜杂言行背后所蕴藏的崇高品质和为国家也为自己"过日子"所迸发的生命潜能；由于各级干部不同程度的兢兢业业、任劳任怨的工作；也由于国家的体制和政策最终能够提供解决各种矛盾、困难的可能性，我们时代的正气总是在生活的深层依照自身规律无可阻挡地运行，它没有表面上的大轰大鸣，却质朴而深沉，充满推动历史前进的英雄气概。纵览我们时代发展的态势，正如小说结尾所写的："远远看去，苍茫的群山如大海的波涛奔腾起伏，一望无垠。"① 这样既尖锐地揭示现实生活的困难和矛盾，更有力地展现矛盾背后的时代正气，《苍山如海》的搬迁移民故事，就转化成了时代整体态势的立体画卷。

从精神文化层面看，《苍山如海》同样具有自己的价值。这部小说通过对基层民众生活状态的如实刻画，精彩而深入地表现了我们民族在现实生活中生生不息的传统美质，努力寻找并有效地逼近了时代态势与文化血脉的契合点，从而深刻地呈现出当今中国在生活巨变过程中传统美德和现代法理有机融合的时代优势。

首先，作者热情地讴歌了存在于乡土中国的美好的情感品质和崇高的道德素质。章时弘的初恋情人桂桂就是一个典型的代表。这是位体贴贤惠、吃苦耐劳而又深明大义的农村妇女。她一往情深地爱着章时弘，在看到城里姑娘素萍对章时弘的亲热情状后，却果决地忍痛退出，不无莽撞的举动，相当恰切地表现了一个农村姑娘爱情的无私与分寸感；在过后的漫长岁月里，桂桂一方面克尽人妻之道，支撑起自己并不如意的家庭；另一方面则把那永远也无法割舍的爱情转化为一种血肉相连的亲属情分，经年累月地关心时弘的家庭，牵挂时弘劳累瘦削的身体；尤其令人感动的是，她还把对时弘私人的感情，升华为对章时弘所承担的社会责任的关心与支持，用自己一个普通老百姓默默的辛劳，为国家、为我们国家的领导干部排忧解难。而且，桂桂不仅仅是一个传统的、痴情的贤妻良母，当听说素萍待章时弘不好时，她托人转告素萍：要真是那样，想起当初的退让，"我可是要后悔的哟！"言辞中充分体现出她在克己与深情的矛盾中驾驭人世沧桑的能力。实际上，这种善意、温情和深明大义的品质，影响着、

① 向本贵：《苍山如海》，湖南文艺出版社1997年版，第426页。

弥漫在整个中国社会的基层。章时弘的母亲为自己在 60 年代初那样的苦日子里拉扯成人的干儿子丁守成因贪污被捕而悲痛致死，却始终只骂干儿子"黑了良心"，从未有只言片语责怪亲儿子、副县长章时弘不讲亲情。几乎全县的农村百姓，都把顾全大局在拮据和艰辛中自建家园当作天经地义的事情。所有这一切，充分体现了我们民族良好的精神和道德素质。

《苍山如海》还透过层层功利现象的掩盖，透视出我们民族心理的真诚实在和本性的质朴厚道。娘娘巷的老人们抗拒搬迁的所作所为，实在颇为狭隘恶劣，但卖桐油的小生意人对书香门第的吴书成一口一个"我是你哥呢"所表现的真情，王跛子因是副县长的岳父被待为上宾时所展露的惬意和慈祥，老人们砸龙舟、唱三江高腔时所体现的对祖祖辈辈生存的价值、对过去那美好和并不怎么美好的岁月的重视与留恋，包括他们那些一眼即可看出内心"小算盘"的取闹本身，都显示出我们民族本性的诚恳质朴。正因为如此，娘娘巷人在搬迁的最后关头，才必然地会克制和委屈自己，来适应变化、顺应时势。

在表现民族传统美质的基础上，《苍山如海》又对传统血缘伦理关系在当代政治生活中的良好影响，作出了真实、细致的刻画。在小说人物之间盘根错节的血脉关系中，虽然有伍生久这样狐假虎威以逞其私、有娘娘巷人因邻里亲情抱成一团而更增负面作用的现象，更多的却是由于血缘伦理之情增添了推动时代前进的正面力量。抛书记他们因为与章时弘是老上级、老下级关系，工作起来更加同心同德、同甘共苦；章时弘因为农村有他的慈母仁兄，城镇有他的岳父大人，工作起来更加任劳任怨、体贴细致；就是对素娟这样的现代女性来说，她与章时弘配合默契，也缘于章时弘既是他的"上级"，又是他的"时弘哥"。在表现当代政治生活的文学作品中，作家们曾经习惯于依据社会体制和主流意识形态所设计的人际结构来拟构生活图景，把人际关系剥离为党群、社会各阶层或纯粹的个体人之间的关系，以阶级感情或普泛的人情美来简略地概括我们时代人与人之间的美好情意，即使表现血缘伦理关系也被当作传统的、落后的关系，成为拉关系、走后门、搞不正之风的由头。这其实并不很符合乡土中国的真实国情。《苍山如海》则毫不避讳地讴歌了血缘伦理关系在当代政治生活领域的正面影响和作用，这实质上是为我们民族传统美质在当代的生生不息寻觅到了生理的基础。由于寻找到了时代态势和文化血脉的契合点并如实地加以表现，《苍山如海》的艺术画卷，就既是时代生活的细致描绘，又自然而然地具备了与历史文化的贯通性，作品于是显现出精神文化层面的价值。

二

从 20 世纪 90 年代中国文学与文化历史性转型的高度来看，《苍山如海》呈现出重要的思潮意义。

首先，在 20 世纪 90 年代中国文学"现实主义冲击波"的发展演变过程中，《苍山如海》是一部相当及时的作品，是这股创作思潮的有力转折。

"现实主义冲击波"在文坛和社会上都获得了广泛的呼应。湖北的刘醒龙，"河北的三驾马车"何申、谈歌、关仁山，山西的谭文峰，以及向本贵等人，创作了大量属于"冲击波"范围的中短篇小说。这些作品往往抓住中国社会转型期被普遍关注的"老大难"问题，比如土地问题、企业破产问题、基层干部难当的问题等，用一种充满体谅的笔调加以描述，并从基层管理的角度出发，肯定干部与群众在艰窘无奈中勉力前行的人生姿态；而在良心、人格这一类道德原则和要致富、要发展的生存原则的尖锐矛盾面前，刘醒龙他们多半追求一种自称为"公民叙事"的价值立场，在两种走势之间进行"磨合"，甚至要求弱势群体"分享艰难"。

于是，我们阅读这类作品，一方面佩服作家们眼光的敏锐、了解的真切和表现的翔实；另一方面又不能不感到困惑：透过具体生动的生活实感这一层面，更加深邃的时代精神的底脉在这些小说中得到了多大程度的揭示呢？一旦现实中的种种"老大难"现象在人们的生活中不再成为"焦点"和"热点"问题，这类作品还凭什么来保持读者的阅读兴趣呢？从价值基点的角度看，历史与道德的二难选择是人类自古以来就未能解决好的问题，现在几个作家难道真的能够把它们稀里糊涂地"磨合"起来吗？假如"磨合"实际上是不可能的，作家们选择这么个价值基点，对于历史态势的掌控、驾驭力量，就必然会大受影响。正由于这种种原因，"现实主义冲击波"的小说一方面好评如潮，另一方面却很快地受到了质疑和挑战。于是，"现实主义冲击波"如何进一步发展和提高，就成为摆在创作者面前的一个严峻而紧迫的课题。

正是在这样的关键时刻，《苍山如海》以自己有力的突破，给我们带来了一份欣慰和惊喜。作品既如实地表现种种矛盾和困难，又相当细致地揭示了中国社会基层群体生存发展的巨大潜能和良好的精神素质，这就在真实动人的艺术描写中充分显示出，在艰难的历史前进过程中，我们的干部群众具有同心同德地克服和消化任何矛盾困难的能力与素质，时代的正气、民族的英雄气概，足以超越任何"老大难"问题而推动历史的前进。于是，《苍山如海》就显示出一种超越具体社会事件而纵览时代态势的精神高度，作品的现实生活事件也就转化成了民族发展的历史内容、时代特色的艺术写照。而且，由于精神视野的扩大、描写侧面的丰富，各种暂时的矛盾到底是应该"磨合""分享"还是需要斗争，也就根本不是什么必须表态、无法绕开和回避的问题了。由此可见，《苍山如海》的出现，对于"现实主义冲击波"的进一步发展是相当及时的，对于"现实主义冲击波"如何摆脱自身困境所给予的启示也是深刻而有力的。

其次，在塑造党的开拓型领导干部形象方面，《苍山如海》也有自己的突破。

新时期以来，广大作家对开拓者、改革家这一类领导干部形象的塑造，大致经历了四个发展阶段：20世纪80年代初期，以乔光朴、李向南等改革家形象为代表，文学作品中的该类领导干部多半是大刀阔斧、铁腕雄风的时代强者形象。他们与我们国家现代化建设初期雄心勃勃的进取精神是互相适应的，但作家所着力表现的，多半是强者个体人格的风貌和气度。80年代中后期，随着改革开放的深化，随着西方精神和艺术新思潮的引进，文学作品中出现了诸如《沉重的翅膀》中的郑子云之类领导干部的形象，他们复杂的内心世界、人性人情方面的软弱、萎缩特征，在作品中得到了精彩细致的刻画。这些人物依然是坚定的共产党员、坚定的改革家，但在错综复杂的时代矛盾面前，在崇高的气度与复杂的人性之间，他们已渐渐变得"儿女情长"、"英雄气短"。20世纪80年代末期以来，在"新写实"小说及后来的一些作品中，领导工作岗位成为"官场"，领导干部则是一个个庸俗透顶的"官人"，他们按部就班地尽一尽职守，却既做事又做鬼，一个个争权夺利、钩心斗角、倦怠散漫。这些作品具有相当程度的真实性，但无疑地显得过于灰暗和猥琐。20世纪90年代后期的文学创作塑造领导干部的形象，则着力强化其悲剧色彩和人格感召力。长篇小说《人间正道》的主人公有一句可集中体现他思想性格的名言，就是"把身家性命押上去"。那么，"押上身家性命"又如何呢？作家们因为没有深刻地认识到中国必定会发展前进的雄厚的社会和文化基础，因而难以给我们提供满意的答案。

《苍山如海》立足时代态势与文化血脉的契合点，来揭示我们时代的社会和文化优势，从而真切地反映出章时弘等党的领导干部虽然面临着层出不穷的艰难困苦，因为在工作中、在人民群众中必然能获得令人深深感动的充实、温暖和理解，所以他们的人生并不是悲剧；而且，虽然也是一个个普通平凡的人，他们平常细致的生活却并不灰暗猥琐，而是质朴深沉的。这样，《苍山如海》中领导干部的形象，就出现了有别于以往文学作品的艺术风采。《苍山如海》对传统血缘关系在当代政治生活中的良好影响的描写，则深刻地揭示出章时弘等共产党领导干部兢兢业业，全身心扑在工作上，不是因为他们是天生的强人，有着独立不依的人格力量，而是既源于共产党员的党性和崇高品格，也源于他们对父老亲人的至真至纯的伦理感情，他们奋不顾身地干事业，就不是满怀悲怆地"押上身家性命"，而是因为"心肝上都有血"，不愿也没有"忘本"。把党员干部的责任心、使命感和全心全意为人民服务的精神，以及人民群众对党、对国家的感情和信任，落实到文化血脉的基点，这使得《苍山如海》的领导干部身上，原则和温情、格调与魅力有机地融为了一体，作品就显示出一种呈现优良人性的深度，一种时代精神与文化传统贯通交融的眼光。对于文学作品中领导干部形象的塑造，这不能不说是一个有力的突破和颇有文化前程的发展方向。

《苍山如海》虽然选择了一个比较时新的题材，但实际上是一部相当朴实诚恳的现实主义作品，它不强化，不粉饰，也不矫情，对一切都按照生活的本来面目如实地刻画、坦诚地展开，这反而使作品显得客观、丰富而深沉。所以，《苍山如海》实际上打动人心的，是时代生活本身丰富而美好的内涵，它所取得的成功则是现实主义创作精神的胜利。红色记忆审美最为需要的，其实不是花哨的艺术创新和视角、立场的无谓变换，而是对历史与文化底蕴的深广发掘，这就是《苍山如海》给予我们的启示。

第三节　反腐题材"双热"与《风雨乾坤》的案件中心叙事

描写腐败现象与反腐败斗争的文学创作日渐繁盛，是 20 世纪 90 年代中期以后的事情，而且，这一领域形成了文学作品和电影、电视剧制作双管齐下的"双热"局面。这无疑是对中国共产党由革命党向执政党转变过程中的一种新的重要现象敏锐而及时的艺术反映。意味深长之处在于，反腐题材创作一方面充分体现出揭露矛盾、谴责腐败、弘扬正气的思想品格，另一方面，这种思想品格又往往是以戏剧化、传奇化的叙事模式表现出来的，重大现实题材的"主旋律"审美境界中，由此显示出大众文化的艺术品质。在变革时势审视的红色记忆叙事中，这显然也是一种值得关注和重视的创作现象。

一

反腐题材的文艺创作并不是一帆风顺的，而是经历了一个由个别作品震撼问世到众多作品一拥而上的逐步演变过程。

1995 年陆天明的长篇小说《苍天在上》问世、同名电视剧首播时，既获得广泛关注，又引起了轩然大波。这时的反腐题材创作还处于赞誉和提防、责难相交织的社会接受状态。长篇小说《北方城郭》于 1997 年出版，这部作品立足历史、文化和人性的高度，深入地探讨政治文化机制和人性结构的种种痼疾在当代中国的表现形态。"现实主义冲击波"的诸多作品则从世俗的角度，对转型期盘根错节的现实纠葛条分缕析和如实描绘，以精微的理解和周到的体谅，显现出一种酸楚而温馨的情意和抚慰人心的善良愿望。这些作品都揭示了反腐败领域的诸多问题，但本身并不具备与腐败现象进行社会性正面交锋的性质。张平的长篇小说《抉择》于 1997 年出版、又于 2000 年成功摘取"茅盾文学奖"的桂冠；上海电影制片厂根据小说改编的电影《生死抉择》也在 2000 年公映并备受推崇，被誉为"现实主义的伟大胜利"。反腐题材文艺创作这才获得社会各方面的"正名"。

世纪之交的反腐题材创作，呈现出作品集群性问世、审美境界广泛拓展和不断深化的发展态势。张平继《抉择》之后，又创作了反映司法腐败的《十面埋伏》，该书连获"中国图书奖"和"国家图书奖"。2001 年春节期间，电视连续剧《大雪无痕》由中央电视台隆重推出，陈心豪创作的电视连续剧《红色康乃馨》则在上海获得纷纷赞誉，同名小说马上配套出版、畅销全国。山东作家毕四海既具通常的反腐作品情节又重视探索财富与腐败现象人性根源的《财富与人性》，也在《中国作家》2000 年第 6 期以整整一期的版面刊出。曾在"现实主义冲击波"中发表了

《车间主任》等力作的张宏森则创作出了《大法官》，由山东省委宣传部和最高人民法院联合出面，以前所未有的高规格开始电视剧制作。侯钰鑫的《好爹好娘》揭开了剖析农村腐败现象的序幕。海关关长刘平则根据亲身体验创作出《廉署档案》和《走私档案》，更使反腐题材创作别开生面。周梅森的《中国制造》、蒋子龙的《人气》等作品也乘风而上且反响强烈。正面表现反腐题材的文艺创作至此蔚为大观。

在笔者看来，反腐题材文学的扛鼎之作，当属张平2004年推出的长篇小说《国家干部》。这部作品从政治文明的高度，揭示并探讨了改革开放进程中的干群关系和干部队伍建设问题。作者通过两条线索平行发展的故事情节结构，写出了干部群体内部的品质变异和尖锐矛盾，既塑造了以人民利益为重、与基层群众同甘共苦的优秀干部夏中民的人物形象，表现了人民群众的力量，弘扬了以人为本、以民为本、维护人民群众根本利益的正气，显示出一种党性美、人性美、人格美；也反映了改革进程中的艰难、曲折，深刻地剖析和批判了地方势力、宗法势力、贪腐行为等政治腐败现象。文本审美境界表现出始终如一的人民性立场，审美内涵极具思想和艺术的冲击力。作者把时代气息的体察与人物心理活动的揭示相结合，以艺术的夸张和铺张的手法进行心理分析，以鲜明的政治色彩剖析人物的政治动机及动机背后的政治、社会、思想基础，风格明快、质朴、大气，快速推进、直入主题，表现出浓厚的纪实品格。

反腐题材创作的兴盛，首先是时势所致。一桩桩令人触目惊心的腐败案件的披露，广大人民群众反腐呼声的日益高涨，党和政府反腐倡廉的坚定决心、强硬措施，都促使具有社会责任感的作家凭借自我日渐形成的生活积累应时而起。其次，它也是现实主义文学潮流深入发展的结果。在"现实主义冲击波"、"官场小说"都将批判的锋芒对准官场习性和官本位文化痼疾、并形成广泛影响之后，坚守红色文化立场的作家们以反腐倡廉为思想视角和创作主题，也是势所必然。而且，较之以往的同类作品，世纪之交的反腐倡廉作品显得更富高昂的激情和庄严的正气，更具鲜明的党性和深厚的人民性。正是这种精神品格与主题内涵的新质，使得它在各方面均境遇顺遂，不再需要时时提防"揭露黑幕"的批判与质疑。

反腐题材能够形成小说和电影、电视剧"双热"的现象，还有其自身独特的优势。不同于"现实主义冲击波"类小说对芜杂世相连汤带水的细致描述，也不同于"官场小说"对笔下人物举手投足的阴暗动机的精细揣摩，反腐题材作品堪称革命现实主义的主题内涵、人物关系架构和传统公案小说的情节模式的有机融合。《抉择》由工人集体请愿起笔，最后还是进入了对腐败案件侦破艰难性的考察；《财富与人性》希望在对案件层层剥笋式地解剖的同时揭示贪官人性蜕变的历程，也只能采用情节叙述和心理倾诉齐头并进的方式；《十面埋伏》对监狱黑幕的展示更让人感到惊心动魄。这种种现象，都说明侦破性情节在文本审美建构中的重要性和必然性。种种事实说明，反腐题材小说确实具有适宜于进行电影、电视剧改编的故事基础。小说和电影、电视剧相辅相成，反腐题材创作就以其雅俗共赏的艺术效果，构成了全社会性创作和欣赏的热潮。

二

在这热闹而敏感的题材领域，众多作品都表现出一种以案件为中心的叙事框架，这种审美特征在湖南省纪检干部曾庆发的长篇小说《风雨乾坤》中，体现得较为鲜明和具有典型性。

《风雨乾坤》的整个情节，其实就是一个连环案件的侦破故事。小说从宏达公司的失火案起笔挑出矛盾、展开线索，一开始叙事节奏上就显得紧锣密鼓。然后，作者从宏达到锦江驻北海办事处，到海天公司，直到省银行，从企业干部到地市级党政要员，到高层领导亲属，直到省级领导，让情节一环扣一环、一浪高过一浪地向前发展，每一个环节和波澜之间又有着千丝万缕的因果联系，这就使作品明显地表现出推理小说的意味。围绕案件的侦破与反侦破，纪检人员和腐败势力既斗智斗勇又比拼人格，正邪力量的对比呈现出一种消长不定、欲变还休的态势。腐败分子们拥有变质变味了的权势，进行着道貌岸然的诱惑与陷害，还有种种社会大环境负面因素对他们有形和无形的帮衬，甚至出现了黑社会亡命之徒的相助；纪检和检察人员却不断地面临着利益的诱惑、人情的羁绊、办案条件的艰窘，甚至存在着性命的威胁和体制本身的拘束。这样，二者之间孰胜孰负，就不能不让读者一直提心吊胆，作品由此显示出鲜明的传奇色彩。

但是，《风雨乾坤》不仅不显得荒诞离奇，反而充满生活的实感，具有相当浓厚的纪实特征。外在地看，小说从情节矛盾的设置，人物和场景的安排，直到细节的考究，都表现出鲜明的当下生活气息，甚至让人觉得作者是将做纪检工作时亲历的种种案件拼接、充实，然后加工、创作而成的。比如说，关于走私小车的上税程序，关于领导索钱开"借条"的细节，关于用给"回扣"的方式让私人老板转账的贪贿方式，作者似乎信手拈来，——精巧地编织于情节（也就是案件）框架之中，非谙熟内情者显然是难以达到这一程度的。更深一层看，作品展现腐败分子的动机、伎俩，表现纪检人员的清贫与颇具悲壮色彩的正义，包括揭示整个社会生活的背景与氛围等，也都明显地体现出 20 世纪 90 年代市场经济社会的生活特征。作者真实而朴素地展现这一切，同时简练而自然地渗透着自己的感慨和判断，作品的叙事境界自然就因注入了丰厚的人文内蕴，变得意味丰满、真切起来。

《风雨乾坤》之类反腐题材文学作品以案件为中心展开叙述，实际上是以反腐败这一特殊社会生活形态的主导性特征为基础的。一部作品单有传奇色彩，表现的是作者编织故事的才能；单有纪实特征，体现的则是作者对现实生活的熟悉与负责，如果能两方面兼顾，作品就往往能够既具传奇性和可读性，又有社会认知的可靠性和深刻性。《风雨乾坤》正是这样一部作品。

三

案件中心叙事极易流入隐私、黑幕猎奇与人性恶渲染的审美境界，从而影响作品的精神品格和思想深度，因此，创作主体的思想站位、认知方向和生活内涵驾驭能力，在这类创作中就显得格外重要。

《风雨乾坤》的生活驾驭能力，主要表现在揭示腐败的尖锐度和把握生活的分寸感上。

《风雨乾坤》对于腐败的揭示是大胆而尖锐的，它不仅围绕一个连环案件描写了种种官场风尚式的外在腐败现象，而且敢于详细地表现腐败者狼狈为奸、串通作案和有恃无恐、与侦破工作和党的制度争雄的骇人内幕。在这种揭示的过程中，作者的笔墨触及党政、公安、财经等方方面面的负面现实及其各不相同的特性，塑造了赤膊上阵者、幕后操纵者、胁从犹疑者、中途叛卖者等腐败分子的形象，展示了破案过程为外人所难以想象的复杂性、曲折性和常常是功败垂成的艰难性。这样，小说揭示腐败现象的尖锐和大胆，就不只是务虚性的议论慨叹，不只是窥一斑见全豹式的暗示，而是表现为全面展开了令人难以辩驳和置疑的客观事实。这种具体而翔实的展开，初看起来似乎拘囿了主题的宏大和透彻，实际上却使作品对生活阴暗面的揭露显得更为沉痛和坚决。

　　然而，《风雨乾坤》却并不给人灰暗、"暴露"之感。其中的根本原因在于，作者刻画了腐败者的贪婪、阴险、凶残与恶劣，同时又以更显艺术笔力和精神信念的描写，表现了党的力量和决心，表现了正义者的崇高和智慧，表现了人心所向和历史必然趋势的强大威力。小说在反腐败斗争的惊涛骇浪中，生动细致地塑造了省纪委书记司马民望、办案的具体工作人员和支持办案的普通百姓的人物群像，有力地表现了他们的原则性、牺牲精神、正直品格和美好人情，从而使正义的力量显得实实在在、令人信服。在正义和非正义的强烈对比中，作者还敏锐地揭示出腐败分子本质上的虚弱、怯懦和色厉内荏。所有这一切，从根本上体现出邪不压正的时代态势，也切实地保证了作品尖锐而极富分寸感的思想质地。抽象地看，作家把握生活的这种思维品格并无特别过人之处，但恰恰是这种思想质地，使《风雨乾坤》超越了大量同类题材作品偏激、虚矫、肤浅的审美局限，显示出独到的认知深度和思想力度来。

　　《风雨乾坤》的社会洞察深度，则表现在现象披露和根源剖析的有机融合方面。

　　《风雨乾坤》剖析根源最重要的审美特征，是它的具体、实在性。譬如，公安局长郑彪为虎作伥，一步步陷入更深的泥潭，起因于他在为走私小车上牌号时做了手脚，有把柄抓在市委书记戚新国的手里；戚新国之所以在帮助"魏公子"魏国时铤而走险，是因为省委副书记魏尚飞既给他以前程的诱惑，又对他有无形的压力；魏尚飞能爬上高位，则源于他"文革"时工于心计，"帮助"了胡国民的父亲"胡老"。又譬如，市纪委书记张毅在清查宏达公司火灾案时无法放开手脚，是因为他既受"娘家"省纪委又受"婆家"市委的领导，斗争的对手权柄在握；司马民望在行动上坚决果断，心理上则不免犹疑沉重，是因为案件中上牵省长的女婿，内涉自己过去恩深义重的情人。就这样，作者从具体的人际关系出发来揭示矛盾的本质，表现反腐败的复杂性、艰难性，作品的内容反而显得格外的实在和真诚。

　　与此同时，作品的思想视野又并没有因为具体化而流于琐碎和"见树不见林"，相反，作者总是站在我国反腐败全局的高度富有针对性地展开叙述，从而使案件叙述的具体、细致转化为一种思想内涵的丰富与精辟。如果作者只着力表现锦江市盘根错节的腐败网络，我们会感到生活与时代的阴暗；如果作者着意强化司马民望内心的矛盾，我们也会深感历史步履的沉重和人的本质的世俗性；相反，按照《风雨乾坤》的现有写法，我们既会深深感受到英雄人格与普通人情的有机统一，深刻体会到由守法到腐败应该防微杜渐的必要性，同时更能清醒地看到两类不同人物之间本质的差别。这样，作品对各种现象的披露，对正反面人物关系的展开，就与作者对生活内在特性的认识有机地联系起来了，小说自然也就变得真实而又深刻。

在当今中国高扬红色文化、党性文化旗帜的反腐文学创作中，《风雨乾坤》并不是其中出类拔萃的标志性作品，但这部小说选择以案件为中心的审美建构路径，将传奇性的故事情节拟构和纪实性的社会生活认知融为一体，并表现出一种激越正气的精神品格，作品也就获得了既别具一格又雅俗共赏的艺术效应。《风雨乾坤》于 2002 年由湖南文艺出版社推出后，迅速被改编成电视连续剧并在中央电视台一套节目黄金时段播出，创下了中央电视台 2002 年上半年所播电视剧前三名的收视率。《风雨乾坤》获得良好社会反响的根本原因，应当是在于其审美路径的恰当选择。

第八章　红色记忆重述的审美误区

在红色记忆审美的历史进程中，开国时期的审美建构既有模式的开创性又有认知的局限性，转型时期的历史反思存在探索过程的不成熟性。到了 21 世纪的多元文化语境，经历正反两方面的思想和审美锤炼之后，红色记忆重述表现得更为深刻、独特而稳健、大气。精英文化层面的创作广泛利用各种价值资源对红色记忆进行考察和审视，借以思考中国的历史与未来，形成了众多颇富探索精神和思想深度的优秀作品。大众文化范畴的创作也对红色记忆表现出高度的审美热情，不过这类创作往往回避对社会主义建设生活的历史反思，而将审美的关注点集中于 20 世纪中国的革命和战争历史。大量精彩之作充分吸收精英文化的精神营养，甚至直接由历史文化意蕴深厚的文学名著改编而成，因此也显示出较高的审美价值。而且，由于文化格局和传播媒介的改变，相比较而言，大众文化领域的红色记忆审美显示出更为显著的社会文化功能，也形成了更大的社会反响。

但在 21 世纪这新型时代语境的革命和战争记忆叙事中，同样表现出某些值得高度警惕的审美和精神问题。这种问题主要表现在两个方面：其一，创作主体的叙事伦理和审美方向存在着误区与偏差，过度迎合大众文化的世俗化趋势，从而导致了对于红色记忆和红色经典的"戏说"现象和"类型化写作"趋势；其二，创作主体对于大众文化语境中的战争美学和全球化格局中的战争文化，均缺乏深入的思考与精准的把握，结果，以故事情节见长的影视剧出现了越来越严重的"猎奇"倾向，以文化与人性思考为艺术宗旨的作品则引起争论纷纷，形成了由价值偏失导致的"话题现象"。

21 世纪的红色记忆审美领域之所以作品繁多而良莠不齐、形态丰富而内蕴芜杂，相当重要的原因即在于此。由于时代文化语境的多元性特征，这种种弊端长期受到各种文化观念和文化势力的支持，未曾得到深入而有效的清理。为此，我们拟在具体考察和审视相关创作事实的基础上，着重从理论的层面，对这种种现象给予一种宏观性的剖析与探讨。

第一节　红色题材创作与改编的"戏说"现象

"戏说红色经典"是一个曾经引起轩然大波的审美文化现象，虽然文坛内外议论纷纷，但多半属于就事论事的辨析，真正从理论层面进行系统清理的甚为少见。因此，我们在这个问题上就以创作现实清理和评析为基础，更侧重于深层次的理论探讨。

一

"戏说"现象首先出现在古代历史题材的影视剧创作领域。"戏说"这一概念最初应用于分析和理解 20 世纪 90 年代出现的影视剧《戏说乾隆》、《宰相刘罗锅》、《还珠格格》等作品，其目的在于强调它们诙谐、"游戏"的娱乐化审美形态。在古代历史"戏说剧"的领域，真人假事的《宰相刘罗锅》、《康熙微服私访记》，假人假事的《还珠格格》，以及"作品本事"的《春光灿烂猪八戒》、《武林外传》等作品都受到了广泛的欢迎，甚至构成了一种重要的文艺与文化现象，但同时也引起了学术界对这类创作所表现的历史态度的争论与批评。

随后，"戏说"的审美路径和叙事手法被应用于对开国时期红色经典的改编之中。2003 年第 1 期的《江南》杂志发表了由红色经典作品改编的小说《沙家浜》，将原著中机智的革命者、茶馆老板娘阿庆嫂描述成一个"风流成性、可以令人丧失理智"的女人，导致议论纷纷，甚至引起了某些新四军老战士的愤怒与抗议，形成了文化多元化的时代环境中少见的"文学事件"。随后，电视连续剧《红色娘子军》出现了要拍成"青春偶像剧"的先期报道；《林海雪原》在作品中添加了原著中所没有的"情爱"方面的内容，更改了杨子荣形象的性格特征。这种对原著情节的改动，明显地体现出迎合文化消费潮流中欲望化、低俗化倾向的特征。于是，作品引起了以"红色经典不容戏说"为中心的激烈批评。广电总局在 2004 年正式下达了《关于认真对待"红色经典"改编电视剧有关问题的通知》，指出"根据'红色经典'改编拍摄的电视剧存在着'误读原著、误会群众、误解市场'的问题"，"要求有关影视制作单位在改编

'红色经典'时，必须尊重原著的核心精神，尊重人民群众已经形成的认知定位和心理期待，绝不允许对'红色经典'进行低俗描写、杜撰亵渎，确保'红色经典'电视剧创作生产的健康发展"①，从而将一个审美文化领域的问题提到了政治文化的高度。

毋庸讳言，不少红色经典的影视剧改编作品中确实出现了原作中并不存在的、严重低俗化的情节内容。大多数作品如此添加的目的，不过是简单地迎合文化消费潮流、以"戏说"来"媚俗"而已。小说版《沙家浜》等作品，"戏说"中则明显地表现出"戏谑"、"戏弄"乃至"戏侮"等内含不恭、亵渎的精神意味。带有"恶搞"性质的网络视频《闪闪的红星之潘冬子参赛记》等文本的出现，标志着创作者和批评者双方实际上都已承认，某些"戏说"文本的审美内涵中包含着主体自觉的道德上"恶"的意味。问题的另一面在于，同样属于以文学名著为素材来源的"作品本事"类改编，《林海雪原》、《红色娘子军》等电视剧因为"戏说红色经典"而被批为"亵渎"，《大话西游》、《春光灿烂猪八戒》其实是对古典名著更大幅度的"戏说"式改编，却受到了热烈的追捧。将这种对比鲜明的现象也纳入同一视野中思考，我们则会更充分地感受到问题的复杂性。

从理论层面看，红色记忆是一种历史文化资源，出现这种以不同态度对待各类"戏说"的审美接受现象，关键原因是"戏说"对历史的颠覆存在着复杂的内在差异和不同的具体情形，需要我们区分开来进行辨析和探讨。

二

第一种情形是对于历史事实的颠覆，可称为"知识性颠覆"。"知识性颠覆"既包括各种历史文化方面的知识错误即俗称的"硬伤"，也包括艺术描写不符合史料记载的情况。

红色历史离我们并不久远，许多的历史情景和时代信息还清晰地保留在人们的记忆中，一部作品在叙事过程中出现过多的错误，自然会影响审美的接受与认同。某些抗战题材影视剧之所以被称作"雷剧"、"神剧"，就是因为其审美内涵相当平庸，细节失真却比比皆是。但另一方面，知识

---

① 国家广电总局：《关于认真对待"红色经典"改编电视剧有关问题的通知》，2004 年 4 月 9 日发布。

性"硬伤"固然要竭力避免，这一点却并不是评价历史题材叙事的必要或唯一标准。即使是中国古代历史文学的巅峰之作《三国演义》，在历史文化常识如地理知识、人物年龄等方面的"硬伤"也不少见，却并未多么严重地损伤作品的审美价值。所以，研究者不必过于夸大某些细节的"硬伤"对作品审美意义的影响程度。

"知识性颠覆"更为重要的层面，是为了将"历史真实"转化为"艺术真实"而造成的。历史题材叙事为了完成"艺术使命"，必然会重新组合、编织历史材料，甚至虚构历史上"可能发生的事情"，将史实"戏剧化"，从而导致"知识性"层面的改变。这种"颠覆"是艺术观念和史学观念的差异所带来的，具有审美的合理性。因为历史文学创作中存在着"事实正义原则"和"审美正义原则"两个同时起作用的创作法则，所谓"历史真实与艺术真实相结合"的审美原则，说的就是二者均不可少。而且，往往正因为这种"虚构"和"艺术真实"的存在，"历史真实"才得到更为生动、深入的阐释与呈现。21世纪红色记忆叙事的某些史传性作品如《恰同学少年》等受到热烈欢迎，根本原因就在于作品的基本内容虽然不是"无一事无出处"，审美境界中却存在着更具特色的艺术真实。长篇历史小说《李自成》第一卷的"潼关南原大战"是一个作者有意虚构的情节单元，却受到广泛的好评，根源也在于其中体现了深刻的艺术真实。

三

第二种情形，是在情感和价值态度层面对历史文化造成了"情感性颠覆"。

当历史题材叙事中的"知识性颠覆"显示出创作主体对历史与文化的轻慢之心时，问题就产生了质的变化，显示出对历史文化进行"道德情感颠覆"的意味，形成了一种"情感性颠覆"。这种颠覆大致包括两种情况：一是作者对历史记载缺乏全面、客观的态度，违背基本的历史事实和公众基本的历史认知，随意增删、挪移和修改史料。二是作者无视文本历史氛围的特定性，随意生造迎合现代社会世俗审美趣味的生活细节，破坏了审美境界的历史感。这样创作或改编的作品只能是剧情拟构偏离历史事实、境界营造缺乏历史氛围，成为纯粹迎合当下受众的"媚俗"之物。

从人类生命历程的角度来看，历史文化遗迹实为前人的生命轨迹，对其采取庄严和尊重的态度，应属基本的人类伦理。人们从这种伦理情感出发，不允许历史叙事对前人、对民族历史采取轻蔑和亵渎的态度，并把文学性叙述与史实之间的差异当作这种轻蔑和亵渎的具体表现，确有合情合理之处。因为历史叙事的"知识性颠覆"背后隐含着对历史进行"情感性颠覆"的意味，违背了"正当"与"善"的伦理学基本理念。各类历史题材叙事中受到批评的"戏说"现象，基本属于这一范畴。

红色经典改编中的"戏说"现象之所以受到严厉的批评乃至谴责，根源也在于此。当代文学史上的红色经典虽然只是一种虚构的文学作品，却凝结了现实生活中"革命前辈"用鲜血凝成的正面价值，而且这种价值与中国当代文化存在直接的精神血缘关系。当各类改编背离这种正面价值，表现出对其轻慢乃至亵渎的情感态度时，受众的反感就是自然而然的事情。小说版《沙家浜》之所以受到社会各方面的审美批判和政治、道德层面的追究，根源就在于作者将原著中美好的"军民鱼水情"改编成了作品人物一女三男之间不无丑陋的暧昧关系。这实际上是以欲望为核心，从恶俗的人性、人情揣测与想象出发，来解构现代革命亲历者心目中神圣的红色记忆，亵渎其中蕴藏的庄严、崇高情感，体现出一种道德虚无主义的价值眼光。电视剧《林海雪原》、《红色娘子军》从本身来看，无非是增加了一些轻薄、庸俗的情爱纠葛，增添了一些言情成分。这在爱情故事泛滥荧屏的 21 世纪影视剧语境中似乎并无大错，即使是在革命历史题材的原创性作品中，类似的描述也比比皆是。但是，因为红色经典具有广泛而深远的影响，公众对其价值倾向和艺术格调仍然保持着明确的心理认同，甚至对其基本内容也保持某种心理上的神圣感。在这样的前提下，庸俗化的改编对于原著审美趣味和艺术品质的破坏，才引起了格外强烈的公众反感和政治意识形态的愤怒。所以，"红色记忆不容戏说"、"红色经典不可亵渎"之类的言论所着眼的，表面看是改编本与原著之间在内容方面存在"知识性"偏差，实质上是由于这种改编所包含的庸俗化、解构性倾向，破坏了红色经典审美品格的崇高性，冲击了国家正义的文化伦理原则，侮辱和亵渎了当代中国人植根于现实生活的庄严感情。

但在"情感性颠覆"内部，某种"颠覆"能否被受众认同、认同到何种程度也不能一概而论，而是取决于受众的心理共识和情感定式。在古代历史题材和革命历史题材的创作与改编之间，受众的审美反应程度就有明显的差异，当革命历史题材的创作违背受众的心理和情感定式时，否定性反应往往会更为强烈。广大受众对于古典名著改编剧《大话西游》、

《春光灿烂猪八戒》和红色经典改编剧《林海雪原》、《红色娘子军》存在不同的态度，心理实质就在于此。在红色经典改编作品的内部，早期的改编曾因"戏不够、情来凑"而受到激烈的批评，但到后来，同样的情况不断出现，受众们也就逐渐地见惯不惊、顺其自然了，关键原因同样在于情感心理渐渐发生了一些改变。这里所显示的，实际上是中国传统文化"亲亲尊尊"、"爱有差等"①的伦理价值原则和"情有浓淡"、"远疏近亲"的伦理情感特征。

当然，这也反过来表明，"戏说"一旦进入"情感性颠覆"的层面必招否定性反应，确实具有深远的文化心理基础。

四

第三种情形，是对历史文化的客观事实与主观认知进行"精神性颠覆"。

"精神性颠覆"从表面上看也带有"戏说"的意味，而且其中同时包含着"知识性颠覆"和"情感性颠覆"，但颠覆的价值基点却已发生了变化。"精神性颠覆"是由创作主体对历史本身的认识、判断或理解、感悟不同所导致的。《三国演义》将曹操描述为"大奸臣"，郭沫若的《蔡文姬》却将曹操翻案为"了不起的历史人物"②，二者皆致力于探求历史真相，却将同一历史人物描述成了完全不同的艺术形象，这就属于因历史认识差异所导致的"精神性颠覆"。80年代的"反思文学"、90年代"百年反思"题材作品中，均存在对红色记忆的批判性蕴含，却都受到了高度的肯定与赞赏，原因也在于其"知识性"差异的背后，是一种源于历史认知差异的"精神性颠覆"。

"精神性颠覆"的价值基点，是创作者以时代理性和个体感悟所提供的新型历史认知为基础，对历史进行重新阐释与定位。在这种情况下，即使作品的艺术形象与史料记载存在巨大差异，受众也往往会从历史认知、真理探索的角度出发，对其保持一种尊重的态度，不因知识性层面的"戏说"而彻底否认其审美价值。这是因为，在"事实正义"的历史原则

---

① 李泽厚：《孔子再评价》，载《中国古代思想史》，人民出版社1986年版，第16、18、31页。

② 郭沫若：《〈蔡文姬〉·序》，载《蔡文姬》，文物出版社1959年版。

之上，还存在一个"真理正义"和精神创造至上的文化原则，人的生命感悟和自由意志冲决道德传统的桎梏，具有人类历史与文化发展层面的充分合理性。"吾爱吾师，吾更爱真理"即为这种价值和心理态度的最好注脚。

从哲学层面看，黑格尔曾经将历史叙述分为"经验的历史"、"反思的历史"和"哲学的历史"三个阶段，"精神性颠覆""往往既立足于有限时空又超越于有限时空，赋予作品以恒定价值的普遍性、哲理性内涵"[①]，审美境界处于"反思的历史"或"哲学的历史"的阶段，实际上代表着历史题材叙事的较高境界。虽然从伦理情感角度看，这种对史实的背离会使受众存在一定的心理"别扭"之处，但更进一步的、观念层面的合理性，又达成了对这种"别扭"心理相当程度的消解。80 年代的"新历史小说"思潮虽然在尊重史实方面往往"攻其一点，不计其余"，存在着巨大的欠缺，却获得了充分的关注和尊重，原因即在于此。而小说版《沙家浜》受到尖锐的批评，价值根基的浅薄、庸俗与审美心理的阴暗乃至恶毒是其根本原因。

五

红色题材创作与改编中的"戏说"现象及其相关讨论所隐含的，实质上是一个历史题材创作的叙事伦理问题。

在社会层面上，伦理通常指人与人相处的各种道德准则。叙事伦理学则要求审美通过"讲述个人经历的生命故事，通过个人经历的叙事提出关于生命感觉的问题，营构具体的道德意识和伦理诉求"，"从一个人曾经怎样和可能怎样的生命感觉来摸索生命的应然"[②]。历史题材叙事的背后，同样隐含着各不相同的"生命感觉"和"伦理构想"。

从这一角度看，历史题材叙事可以分为三种包含着不同叙事伦理的审美形态。

其一是"羽翼信史"[③] 的"依史"类叙事，这类作品往往着意于对所叙述的历史及其内在生命庄严感进行认同性还原。其二是"借史寓思"

---

① 吴秀明：《中国当代长篇历史小说的文化阐释》，文化艺术出版社 2007 年版，第 315 页。

② 刘小枫：《〈沉重的肉身〉·引子》，上海人民出版社 1999 年版，第 4、5 页。

③ 修髯子：《三国志通俗演义引》，载黄霖、韩同文选注《中国历代小说论著选》，江西人民出版社 2000 年版，第 115 页。

的"拟史"类叙事,这类作品则注重对历史的批判性解构与重构。"依史"和"拟史"类叙事都以"正说"的语态出现,所关注的主要是历史正反两方面的认知、教化功能和悲剧性的、崇高的美学品格。在历史题材的创作与改编中,还存在一种"艺人历史剧"性质的"似史"类叙事。这类"艺人历史剧"的根本叙事伦理,是以"历史""通俗娱人",文本审美建构秉承"'事'、'艺'为轴心,'理'则为外缘"①的原则,也就是通过故事情节和艺术表演,发挥和扩张"历史"这一叙事客体所拥有的"娱乐"、"娱人"的功能,认知、教化的功能在这里退居了次要地位。

关于"红色经典不容戏说"、"红色记忆不容亵渎"的争论,正是由这种叙事伦理的差异所导致的。具体说来,"戏说"类红色记忆叙事,实质上是以"似史"类的审美形态、"娱人"的艺术宗旨,来从事应该以"羽翼信史"或"以史寓思"类的审美形态、以严肃的认知和教化为艺术宗旨的创作,从而导致了叙事伦理与审美内涵之间的错位。这样一来,社会各界对其叙事伦理进行批评与争论,也就毫不奇怪了。

第二节 红色资源审美开发的"类型化"趋势

在多元文化时代,红色资源的教育功能更多地让位给了审美、娱乐功能,对红色文化资源的审美开发也就更多地集中在了大众文化领域,而大众文化具有以工业化的方式制造文化产品的基本特征。正因为如此,在21世纪的中国文化环境中,红色影视剧创作出现了以叙事模式和审美元素复制为主要特征的"类型化"趋势。这种趋势既是红色资源审美开发趋于繁盛的表现,又包含着长此以往必将影响红色题材创作精神品位的陷阱与误区。

一

所谓"类型化写作",是指当某种题材类型及由此形成的审美范式出现良好的市场效应时,仿效色彩明显的同类创作就蜂拥而上,题材重心、叙事要素、意义指向都大同小异地"批量"生产,形成一时的创作热点。21世纪以来,借助新媒体传播和文化产业发展的驱动,"类型化写作"变

---

① 孙书磊:《中国古代历史剧研究》,南京师范大学出版社2004年版,第187、236页。

得颇为流行，横跨长篇小说和影视剧两大创作领域，成为了一种广受关注和青睐的审美路径。如果说 20 世纪 80 年代的中国文坛主要是一种"思潮性写作"，是以观念传播和形式探索为核心的先锋写作、精英文化，那么，21 世纪以来的各种"类型化写作"，则属于以信息传播和审美快感为主的商业化写作、大众娱乐文化。

红色记忆审美也出现了"类型化写作"的现象。许多流行的叙事类型都首先由长篇小说开创模式，小说改编为电影、电视剧后获得良好的收视效应，跟风之作随即不断在影视剧领域出现。其中"类型化写作"的范式开创性作品大多具备相当的社会历史认知功能和艺术境界开拓意义，因此能获得文坛内外的一致赞赏。后续出现的大量作品却呈现出向立足于文化消费和审美娱乐的"类型文学"靠拢的趋势，并且很快表现出内容虚假、品质低俗、制作粗劣、叙事"戏说化"等种种弊端，从而招致了此起彼伏的激烈批评。获得第七届茅盾文学奖的长篇小说《暗算》及同一作者麦家发表于《人民文学》杂志的《风声》，将谍战文学的叙事智慧与红色革命的精神内容有机结合而大获成功，随即便形成了泛滥于影视荧屏的红色谍战剧。《历史的天空》、《亮剑》等作品与红色草莽英雄剧的关系也是这样。

各种"类型化写作"开始"闪亮登场"、随后每况愈下，这种不断重蹈覆辙的恶性循环现象，是由多元文化环境中"类型化写作"内在的审美矛盾所决定的。

二

"类型化写作"一方面在题材、主题、故事情节和叙事方式等方面具有类型文学的特征；另一方面在文本的思想内涵和审美底蕴等方面，又存在着与严肃文学、精英文化相似之处。其成功的根源在于不同文化间的审美嫁接与文化融合，但这种创作的审美矛盾与精神局限也存在于商业性与文学性、叙事类型化与审美独创性的纠缠之间。

首先，"类型化写作"作为一种审美路径和精神创造策略，明显地存在着价值观念的局限与审美方向的偏差。

"类型化写作"的根本目的是将社会历史认知和审美文化消费结合起来，核心策略是进行一种审美嫁接，也就是在立足于社会历史认知和生活实感的基本审美构架之中，添加进一些以大众文化的精神积淀和审美趣味为基础的叙事元素，以增强对受众的吸引力。

这种精神创造策略存在诸多本源性的弊端与局限。其一，"类型化写作"的审美文化方向，不是向时代文化的高峰攀登，而是想方设法向以精神庸常性为核心特征的大众文化境界靠拢；不是遵循文学艺术的基本规律和最高标准"个人独创性"，而是按"类型"、有"套路"地制作。这必然会导致对精英文化优势的忽视乃至抑制，文学艺术作为精神文化产品"质"的高端性也势必会受到损伤。大量艺术品质平庸的"肥皂剧"的出现，根本原因就在这里。其二，将"类型化写作"作为创作文化产品的路径，根本用心显然是在谋求一种有章可循、按部就班的写作状态，以摆脱审美独创的艰辛，轻松、省心地达到艺术创作的目的，一种认同审美惰性的倾向也就明显地隐含其中。这种审美惰性不断发展下去，相互仿效、粗制滥造之类的现象就难以避免。《历史的天空》、《亮剑》之后红色草莽英雄剧泛滥成灾，《暗算》一出红色谍战剧蜂拥而上，不少电视剧"雷人"情节、"穿帮"场景随处可见，就是"类型化写作"必将出现相互模仿和粗制滥造的典型例证。其三，如果创作者缺乏庄严的审美责任感和正大崇高的精神品格，以满足受众审美消费需求之名，却行"媚俗"和谋利之实，"类型化写作"的审美嫁接策略就有可能蜕变为各种文化负值、人性污浊的汇聚之途。

其次，不少"类型化"审美范式开创性文本的意义建构就是一种瑕瑜互见的文化存在，虽然突破性显著，却存在审美引导的双向性。

虽然从总体上看，"类型化"审美模式的开创性文本大都是具有精神和审美双重突破的优秀作品，但能够"类型化"本身，就意味着这种审美模式存在可以复制与仿效的世俗精神趣味和大众文化气息。事实也是如此。《亮剑》以粗鄙为洒脱大气的农民文化风度和以强横霸道为豪杰气象的江湖文化气息，《历史的天空》中姜大牙挺刀屹立的狰狞形象以及隐含于其中的血腥气、暴力叙事倾向，《暗算》基于对人心险恶的揣测与想象而细密地铺排出来的人物心机，都隐含着芜杂的文化信息和负面的价值意蕴。这种种潜藏于文本意蕴建构深层的意义元素局限与精神走势隐患，完全有可能将创作导向一种正反两方面价值内涵兼而有之、良莠并存的审美文化境界。

由此看来，怎样才能既充分发挥"类型化"审美模式潜在的市场优势，又有效地避免其中文化负面元素的扩展与蔓延，就成为"类型化写作”过程中的一个核心问题。如果后来者对此缺乏强大的精神驾驭能力和高度的审美警觉，艺术境界走向虚浮与污浊、精神品格变得低俗和矫情，就是势所必然的事情。某些“抗战剧”大肆渲染中国民间文化“藏垢纳污”性质的内涵，以致人物身上的农民气蜕变为匪气、痞气、油滑气，就是“类型化”审美范式的负面导向走向极致的具体表现。

最后，“类型化写作”审美品质和价值内涵每况愈下的演变规律，也与时尚文化精神走势及审美主体理性认知的误区密不可分。

在当今中国的时代语境中，时尚文化的狂欢化、低俗化、民粹化特征正以时代大势的形态发展着，形成了一种诱导“类型化”审美建构产生精神质变的环境氛围，使这种蜕变在价值根基层面显得冠冕堂皇、理所当然。文化资本唯利是图的本性，则借此助推着蜕变的不断发生。“类型化”文本的创作主体往往陶醉或慑服于由此形成的社会接受和产业经济效应，却忽略了精神价值和文学前途在审美文化创造中不可动摇的核心位置。在“类型化写作”每况愈下的趋势日益明显、激烈批评纷至沓来之时，因为其意义范式本身大都存在着“惩恶扬善”、弘扬文化“正能量”的外在框架，也具有对生活、人性和社会历史进行良性发掘的侧面，这一审美路径的维护者们，就往往将审美范式的价值优势作为每一个具体文本意义建构的潜在可能性，却将因自我审美惰性和精神劣质泛滥而导致的艺术品质下滑与蜕变，归咎为客观环境乃至体制文化对精神良性发展的限制。学术界则常常从文化发展战略和时代精神新趋势的宽泛视野，对“类型化写作”盲目而空洞地吹捧与推崇，对其演化过程中的种种审美蜕变却视而不见或仅仅就事论事地批评，长期未能从本质和规律的层面进行深入的探究与剖析。基于如此的内外在情势，从价值理性的高度杜绝“类型化写作”审美弊端与精神局限的出现就变得几无可能，精神下滑、恶性循环则变成了其必然的命运。文化与人性的负面价值和“灰色内涵”成为意义建构的内在根基，暴力的快感、阴谋的惊险、畸形的欲望等猎奇性、感官刺激性因素成为必不可少甚至主导性的叙事元素，人物形象“恶劣的个性化”和强烈的媚俗气比比皆是，则是这种精神蜕变发展到极致的产物。在众多所谓“红色谍战剧”、“民间抗战剧”、“抗战年代剧”之中，这种特征都表现得相当明显。

三

"类型化写作"虽然并不违背、却有意疏离和逃避着艺术创造追求精神高端与审美独创的本质要求。从时代文化理想发展的高度看,这种审美路径显然存在着巨大的隐患与局限。21世纪的红色影视剧创作中精彩之作迭出、厚重的大作品却甚为稀缺,"类型化写作"在审美文化方向层面的局限是其根本原因。

"类型化写作"要想超越荣辱倏忽的审美命运,关键在于创作者的主体精神应当从"跟时尚"转向"接地气",以高远的视界和辽阔的胸襟,摆脱一时浮名、些许实利的诱惑和时尚语境的误导,从借助"类型化"意义架构和叙事元素进行审美原创性稀薄的拟构,转向对历史与现实生活本身的艰辛探索,通过自我对社会生活底蕴和人性丰富内涵的独到发掘与独特表现,来建构文本价值基础深厚的审美境界。否则,创作就难免会在一种因接受效应良好而沾沾自喜的状态下误入歧途。

在红色资源的审美开发过程中,尤其是在影视剧等大众文化色彩鲜明的叙事文体中,"接地气"也是改变"类型化写作"负面倾向的必由之路。在《暗算》开创了"红色谍战剧"的叙事模式之后,于大量的平庸之作中也不时有出类拔萃的力作一新观众的耳目。在这些后续而引起关注和赞赏的作品中,《潜伏》的男女主人公对地下工作规律的遵循和适应,《借枪》中地下工作者在衣食住行等日常生活方面的困窘,《红色》的主人公对平常人生活的向往与追求,都表现出一种扎根和平年代日常生活形态的深处去想象战争人生景观的审美倾向。这种对日常生活蕴含丰富而深刻的呈现,既使作品中惊险曲折的故事情节显得更为真实可信,又在客观上体现出一种对战争文化的反思和对破坏人类正常生活者的控诉,还使作品超越"类型化"历史消费的境界,显示出发掘和体察乱世独特人生状态的思想品格,文本的审美蕴含自然就耐人寻味起来。

第三节 战争题材影视剧叙事的猎奇倾向

战争题材叙事在世俗化、商业化语境的影视剧创作中占据着极为重要的位置,然而,众多的战争题材影视剧却都表现出越来越严重的审美猎奇倾向。有关中国现代历史的战争题材文学与红色记忆审美存在着逻辑上的交叉关系，这种猎奇现象甚至已影响到了整个红色记忆审美的精神品质。究其原因，关键在于创作者对战争记忆和战争想象的美学底蕴存在着认知的偏差。

一

战争既是人类正义与崇高的极度彰显，也是人间丑陋与邪恶的集中汇聚，"战争奇观"既包括阳面、正面的内容，也包含着阴面、负面的特性。从审美的角度看，前者为"平正之奇"，后者乃"邪祟之奇"。如果创作者在审美过程中对此不加区分，传"奇"而忘"正"，传战争负面之"奇"而弱于以人类精神之"正"去照耀，作品就可能变成对人世阴暗与污浊的"自然主义"展示，审美境界就可能沦入"邪祟"，这种对人类负面生态的猎奇，自然无法达到较高的精神品位与审美境界。

21 世纪以来，在表现中国现代战争历史的影视剧中，"传奇"色彩大大增强，举凡草莽色彩浓烈的战争英豪、身怀绝技而风流倜傥的谍报特工、饱历乱世沧桑的民间望族，都成为审美的心理兴奋点。创作者借此展开了广阔的历史生活视野，有力地拓展和深化了战争题材叙事的本土文化内涵，也合理地强化了历史叙事的娱乐文化元素，不少作品还特意展开了民族战争记忆的国际性价值视野。通过这种种努力，文本审美建构的趣味性和深刻性都得到了大大的强化，产生了大量视野独特而气象正大、形象鲜活而底蕴丰厚的优秀之作，而且形成了雅俗共赏的良好审美效应。

但是，在怎样处理人情意味与战争原则的关系，怎样避免粗鄙化与时尚化的偏差，怎样既传达乱世之感、又坚守人伦之本，怎样把握战争题材叙事中挖掘民族文化局限的分寸等方面，某些战争题材影视剧的创作者则缺乏以敬畏民族历史与文化为基础的充分审美自觉，大量地表现出对战争污秽、人间邪祟进行"猎奇"性叙述的审美倾向，从而导致了过于重视乃至有意迎合受众低品位审美心理的艺术境界。

二

战争题材影视剧中的猎奇倾向，主要表现在以下几个方面。

总体创作构思方面，不少作品热衷于"野史"、"秘闻"叙事，并对其中阴暗、诡异的侧面表现出浓厚的叙述兴趣。题材选择热衷于战争环境的特工、狙击手、别动队及其所展开的暗杀战、密码战、"特殊任务"之类；形象塑造着意于人物的奇特战技、离奇命运和性格内涵的异秉怪癖、匪性、邪性、反常性；情节编织则大多枪战、谍战与情战相交织。创作者往往对历史事实"只取一点因由，随意点染"①，将人类血战前行的历史，描述得俨然个体强力与心机至上的武侠江湖，而且还以之构成长幅度展开的故事链条，作为历史进程的真实形态来加以呈现。过度的戏剧化与假定性，使得文本中弥漫着人间无道、人心险恶、世道惟危的"邪祟"的审美氛围，战争历史的真实根基却显得相当的虚幻和漂浮。创作者对人类负面生态猎奇的审美趣味，就在其中鲜明地表现出来。

　　战争景观描述方面，不少作品为达到"类型剧"的惊险、悬疑、恐怖的叙事效果，往往聚焦于战争生态的血腥、阴狠、残忍面。从着重表现粗豪蛮勇的打斗片，到竭力揭示暴虐残忍的谍战片，这种渲染随处可见。电视剧《历史的天空》、《狼毒花》、《大刀》等总体审美品格刚健豪雄的作品，也穿插着不少刻意强化主人公与日寇血腥肉搏过程的情节和场面，一种对包含着内在阴狠的邪劲与痞气的审美认同即氤氲其中。电影《风声》干脆将"酷刑"场景展示作为整部影片的叙事重心。"酷刑"本是人间邪恶与残忍的极端表现，如果缺乏正面价值的深度渗透，文本的审美境界就可能沦入炫耀和卖弄人类文化"邪祟"的境地。惜乎创作者对此缺乏充分的理性自觉，将这类负面叙事元素装入所谓"密室逃逸"、"杀人游戏"之类阴暗智力与心机较量的叙事框架，以美轮美奂地展现残忍细节、暴虐技能和受刑景观为满足。结果，审讯过程就演化成了一种谍战江湖中"邪派秘籍"的列举和感官痛楚的渲染，既未能有效地升华"谍战"剧以缜密推理使观众获得智力快感的审美优势，也掩盖了作品以酷刑考验来衬托信仰者生命境界之崇高的人文用意，以至创作者只能在影片结尾采用理念化的对白方式才达成叙事的主观意图。邪祟的叙事内容、唯美的场景营构，使作品在某种程度上显露出一种病态的审美情趣。

　　乱世日常生态表现方面，不少作品热衷于对民间陋俗与日常生活低俗面的渲染。《狼毒花》和《勇者无敌》不约而同地对旧时代的"童养媳"现象，做出了缺乏艺术节制而又并无意蕴开掘必要性的漫长铺排。《对

---

　　① 鲁迅：《〈故事新编〉·序言》，载《鲁迅全集》第 2 卷，人民文学出版社 1981 年版，第 342 页。

手》津津乐道于敌对双方特殊的同学间"三角恋"关系，以至开始近10集的内容进展缓慢、游离主题核心，而在中日两军高级特工人员你死我活的关键时刻，创作者居然还设计出双方为情而远赴香港、纠缠不清的大段情节。此外，诸如"背尸"、"算命"等民间陋俗，恶少追逐良家妇女、"整容"以冒名顶替等恶俗故事，均在众多作品中被娓娓道来。甚至有不少涉及淫乱、不伦的生活内容，也被创作者借揭露敌方丑恶的名义大肆渲染。暧昧迷乱的人物关系、窃窃私语类的人生场景、低俗乃至丑陋的人生诉求，被广泛地填充于乱世人间的生活形态之中，文本的主题寓意自然就难以建立在现实生活正面状态的坚实基础之上；而其中流露的恶俗、油滑的艺术气息，则大大削弱了战争题材审美所应有的庄严品位。

人文意味探索方面，不少作品显示出"正面形象妖魔化、反面形象人性化"的艺术表现倾向。电视连续剧《我的团长我的团》过度地渲染"炮灰团"成员神经兮兮、逮谁跟谁过不去、恶狠狠地嬉戏和调侃一切的行为特征，过度地夸张他们在战争"炮灰"的命运中狂躁、无奈的心理和落拓、愤激、乖戾的人生情态，结果使人物性格显得诡异乃至变态，其中所体现的就是这种猎奇的艺术倾向。这部剧作还通过浓墨重彩地展现中日双方士兵的隔河对唱，着意表现出日军中存在类似的狂躁心态。单从情节和场景构思的角度看，这种描述确实颇为精彩新奇，但如果客观现实真是这样，事关两个国家命运的侵略与反侵略战争，就不啻是一场人类相互间不可理喻的群殴与闹剧。所以从美学原则的角度看，这种艺术思路在一定程度上抹杀了战争的正义与非正义性质，实质上是一种渲染人心矛盾、强化人性"邪祟"的猎奇性审美现象。

三

21世纪以来的战争题材影视剧充分注意到了深入社会生活的深处，来探讨现代中国的战争生态及其人生命运，并往往以带有"审美游戏"性质的类型化叙事来实现，以增添文本的审美娱乐性。但不少的作品或者因为盲目追求审美的快感和娱乐性，或者因为迷失于生活内在的混杂、丰富性，对战争的历史与文化品格缺乏总揽全局的有力把握，以至剑走偏锋，堕入了对战争历史阴暗、污浊面进行猎奇的叙事状态。以上所分析的有不少是社会上影响巨大乃至获得过广泛赞赏的优秀之作，尚且不同程度地存在着这种猎奇倾向，其他等而下之的作品就更不用说了。这样的审美境界，实际上既不能充分地满足受众深入了解历史内在真实的认知需求，也不能高品位地满足受众的审美欲望。

从理论和宏观层面看，阴暗与污浊确实是一种历史的客观存在，对战争生态的负面、阴暗面的丰富表现，也有利于强化崇高所蕴含的恐惧性特征，从而凸显历史崇高境界的沉重代价和实现难度。但是，"历史在本质意义上是富含伦理色彩的存在，……对待历史的态度，最终是一种伦理态度体现"，"表现了怎样的历史和怎样表现历史是创作主体和历史伦理存在之间的互动过程，在叙事伦理学意义上它不仅仅是一种艺术观念体现，还是一种伦理文化姿态映现"①。战争记忆是一种尤其具有人类伦理感的文化政治，文化政治中的共适性原则，如民族情感、人道、气节等，在战争题材叙事中应当更为严格地遵循，文本审美境界才有可能保持高位的叙事伦理，从而形成正大、崇高的审美气象。反之，如果我们不能切实把握好艺术辩证法的两极平衡，不能使正面价值倾向成为文本审美境界中具有压倒性优势的精神氛围，以至对战争阴暗与污浊的揭示蜕变为一种对历史文化"邪祟"的猎奇，那么，作品就有可能沦为审美的"末品"与"下流"。

所以，只有坚守高位的文化政治伦理，既叙述历史的邪祟与诡异，又能成功地升华为审美的正大与崇高，战争历史叙事才有可能真正步入既深刻有力又刚健有为的精神文化境界。这是我们在文化宽松的时代环境中展开乱世历史和战争记忆叙事、建构新型红色记忆景观时，应该形成高度理性自觉的一种审美立场。

第四节　抗战题材"话题剧"的价值偏失

21 世纪以来，抗日战争题材的影视剧形成了举国瞩目的创作与观赏热潮。在越来越宽松的题材选择和意蕴建构氛围中，众多创作者的关注视野由中共"党史"、"军史"的范畴拓展到了国家民族历史的辽阔视野，价值基点由红色文化立场转移到了对复杂人性的慨叹、对战争文化本身的探索。这种关注视野的拓展和价值基点的位移，标志着中国当代战争题材

---

① 张文红：《〈伦理叙事与叙事伦理——90 年代小说的文本实践〉·引论》，载《伦理叙事与叙事伦理——90 年代小说的文本实践》，社会科学文献出版社 2006 年版。

叙事的重大突破，由此明显地增添了文艺创作对于中国现代历史审美认知的广度与厚度。

但是，不少具有这种改变与拓展的艺术雄心、也确实因审美新意获得了广泛社会关注的作品，却形成了"话题"甚至"事件"性质的激烈争论，从《鬼子来了》、《色·戒》到《南京！南京！》、《我的团长我的团》均是如此，几乎成为了一种规律性的现象。既然能引起关注，该作品必有思想观念和审美内涵的深刻、独到之处；但已经争论到形成"话题"乃至"事件"的程度，作品中也就肯定存在着能作为诟病与挑剔目标的审美偏失。在大众娱乐性战争题材叙事泛滥成灾的文化氛围中，抗战题材"话题剧"的精神与文化探索其实是应予赞赏和难能可贵的，与此同时，它们的价值偏失所可能导致的社会文化影响，也就尤其应当引起我们的精神敏感和艺术警觉。正因为如此，对这种力图向精英文化靠拢的战争记忆叙事，我们有必要给予特殊的正面关注。

很显然，在红色记忆的审美视野和精神建构日益复杂的多元文化语境中，对于抗战题材"话题剧"现象进行必要的关注，既有利于我们更深入地了解红色记忆中民族抗战历史的真相，又有利于我们以高度的理性自觉，来维护抗战史叙事应有的战争文化立场和民族情感基点。

一

仔细研读抗战题材的"话题剧"即可发现，它们的创作主旨已不是政治性的讴歌与谴责，而转移到了对于战争命运中的人性嬗变可能性与人格崇高艰难性的探讨。《色·戒》集中探讨的是抗日义士在暗杀汉奸的过程中因情欲主宰而导致心理蜕变的过程；《南京！南京！》围绕惨绝人寰的大屠杀所着力展现的，是从侵略军的屠杀者到中国军民的奋勇者、苟活者、告密者等各类人物的人性状态及其形成逻辑；《鬼子来了》和《我的团长我的团》分别揭示的，则是在战乱的灾难命运面前，底层社会蒙昧而奴化色彩鲜明的百姓和委屈而终于崇高的军人的宣泄、折腾行为与乖戾、矛盾心理。这种对战争生态中人性状态与人格构成的探索，在当代中国抗战记忆的审美传达方面，无疑具有多方面的突破与创新意义。

从社会历史的角度看，这种探索力图超越以往战争言说的政治意识形态视野，以当今时代和平、享乐、对话的新型价值诉求为思想基础，将战争作为一种人类自我毁灭型的生态来感悟与阐释，从中显示出一种对具有普适意义的历史认知的追求。

《南京！南京！》解读南京大屠杀这一历史事件，在极为简略地以高呼"中国不会亡！"之类口号的方式正面表达一下民族意识之后，更详尽地描述的故事情节，其实是日军屠杀者用绳索和竹竿圈定被屠杀人员、抓起一个中国孩子摔向窗外，是中国百姓不管如何曲意逢迎仍然难以使家小逃避灾难、甚至只能采用自我报名推选慰安妇的方式来免除更多的杀戮，创作者希望以此来揭示中华民族的生命个体在那场大屠杀中的凄惨与无助；影片还浓墨重彩地呈现了拉贝的人道救助和角川的心灵煎熬，从人性与人道相结合的角度，正反两方面地反思了这一惨绝人寰的大屠杀现象。《我的团长我的团》反复渲染"炮灰团"成员似乎漫无目的、逮谁跟谁过不去的谩骂言论与恶作剧的日常行为，来揭示他们在置身战争状态、只能做"炮灰"的命运面前的狂躁、无奈心理，还夸张地描述了迷龙对偶然获得的家庭生活的苦心经营，特意穿插了"炮灰"们对一本正经、充满战斗激情的学生所进行的恣意嘲弄，这些情节设计的目的，显然也在于表现剧中人对平安和回家的向往、对成为"炮灰"的恐惧与诅咒，以此来表达人类对战争生态的不认同心理。《色·戒》的王佳芝由"暗杀义士"到以性的享乐压倒精神信仰的心理转变，更将人生要义在于享乐而不在于牺牲的价值观念表达得淋漓尽致。在影片《鬼子来了》中，蒙昧无知的村民惶恐、折腾与顺从的根本原因，就是避祸免死，他们不管采用何种方式、不论人格屈辱与否，所求者乃在于"挂甲"而非杀戮。

这种种独具匠心的艺术表现，充分传达出人类世俗心理上对于自足、和平与享乐的希望，对于侵略、战争和毁灭的批判与否定。一种从历史深处升腾出来的普适性价值认知也就蕴含于其中。

从审美文化角度看，这种对历史意义的探索及其相应的价值评判，构成了当代战争题材文学中人情、人性表现的重大突破。

当代中国政治一体化时代的战争记忆叙事，虽然理性主题局限于政治历史范畴，但从人物关系的设计到故事情节的拟构，均透露出丰富的人性信息。即以人性的情爱侧面而言，从《铁道游击队》对刘洪和芳林嫂爱情的描写，到《苦菜花》对杏莉母亲与长工王长锁"私通"的慨叹与悲悯，从《吕梁英雄传》的"美人计有富上钩"，到《敌后武工队》刘魁胜、哈巴狗与二姑娘之间的秽乱，直到《烈火金刚》中的刁世贵因小凤被毛利"太君"侮辱而终于迸发出男人的血性，等等，这些从不同侧面和角度所展开的描述，实际上将战乱环境中的人性状态展示得相当地丰富与复杂。但这些"革命历史小说"的人性阐释思路，从根本上说是将道德附着于政治立场、以人性表现体现道德品格而已，对于人性本身的复杂内涵则缺乏正面的发掘与探讨。新时期以来，在《红高粱》、《红樱桃》、《清凉寺钟声》这类作品中，人情、人性的内涵得到了更正面、更透彻的展现，但人性状态与道德、政治、民族立场的一致性倾向，却并没有改变。21世纪包括"话题剧"在内的抗战题材创作，则通过剖析战争人性的独特内涵及其与人格之间的复杂关系，改变了以往战争题材创作中人性独立考察欠缺、个体生命意识薄弱的状态，从而拓展了该类创作的审美文化视野。

二

抗战题材"话题剧"在获得广泛关注的同时，又引起了激烈的争论与批评。《鬼子来了》被指责为"集中夸大了国民愚昧、麻木、奴性的一面"，《我的团长我的团》存在"妖魔化"中国抗日军队的色彩，《色·戒》涉嫌"美化汉奸"，《南京！南京！》则因为角川形象是否客观上在"为侵略者进行人性辩护"而遭遇诘问。产生这种种争论的根本原因在于，抗战题材"话题剧"审美焦点的这种改变既有巨大的突破意义，也潜藏着步入新的精神和审美误区的危险，而创作者恰恰对艺术创新的文化稳健性缺乏充分的警惕，结果就导致了审美建构的种种偏颇、失误与失度。

首先，"话题剧"解读战争状态的独特人性内涵时过度地偏离伦理方向，进而导致了文本价值取向中民族道德与个体人格意识的淡薄。

《色·戒》就是这样。影片以唯美的画面，精细地展示了王佳芝与易先生由纯粹性交走向性爱的过程，明显地表现出一种对欲望面前人心最终难以抵挡的认同感，在这种情欲中心的生命价值视野中，民族气节、个体人格对于生命价值的功能显然处于从属地位，顺应人性或然状态、漠视人格应然走向的价值立场也就由此表现出来。影片招致非议，实乃势所必然。

我们不妨拿电影《红樱桃》来与《色·戒》略加比较。《红樱桃》同样表现了法西斯分子的爱"美"之心这一人性本能，但创作者将其附着于在美女背上刺刻"人皮画"这种违背人伦与人道的残忍行为上，其爱"美"狂热的病态感、荒谬性，就由此充分地展示了出来。影片对于受害者楚楚所承受的屈辱与痛苦的着力渲染，更以人道为价值天平，有力地谴责了法西斯分子人性本能所导致的社会行为的非正义、反道德特征。正因为以人道尺度驾驭人性探索和人格剖析，保持了在人性张扬与人伦持守之间基本立场的社会稳健性，《红樱桃》虽然艺术表现方面难以与《色·戒》的精致、深邃相提并论，但社会的认同、赞赏度显然更为广泛。

其次，"话题剧"表现出一种将人格特异因素作为主导倾向、以特殊个案预示文化人格普遍形态的思想特征，进而导致了历史认知的错位与偏失。

《南京！南京！》表现角川的困惑、忏悔心理和人格崩溃、救赎过程时，就存在着过度夸大人性良知功能的局限。角川在短暂的时间内即由积极参战转化到放走敌人并开枪自杀的地步，从心理依据到转变层次的展现都难以让人彻底信服，根本原因在于创作者本来就夸大了某些虽然存在但其实相当薄弱的特异人格因素，夸大了这种人格因素成为人格主导倾向的可能性。而且，人性"本善"还是"本恶"在人类文化史上始终是一个缺乏定论的命题，所以，侵略者最终也"人性善"这种论断的立论根基是否可靠，也是大可怀疑的；在南京大屠杀这一历史时期，日本侵略军的整体人格正处于受军国主义意识形态和武士道精神支配的亢奋状态，战争的节节胜利更必然会导致其自信心强烈而反省意识极度匮乏；在实施屠杀的过程中，虽然个别参与者偶尔的心理震撼可能存在，但"人性善"的整体泯灭则是必然的，否则大规模的屠杀也就不可能发生了。基于如此的历史与文化背景，即使角川这一人格个案确实存在，《南京！南京！》将其作为侵略者、屠杀者文化人格的深层状态来表现，也是以偶然、个别来代表和预示整体状态，犯了以偏概全的基本逻辑错误，最终必然会导致对侵略者的文化人格本相和侵略战争历史的核心内涵的曲解与遮蔽。创作者也许是试图追求一种战争人性探索的辩证深度，力求达到"审问者在灵魂中揭发污秽，犯人在所揭发的污秽中阐明那埋藏的光耀"①，但片面而过度的追求，恰恰导致了基本思想立场的偏失。

与此相类似，《鬼子来了》虽然对挂甲屯百姓蒙昧无知、因循苟且的

---

① 鲁迅：《〈穷人〉小引》，载《鲁迅全集》第7卷，人民文学出版社1981年版，第104页。

品性刻画得入木三分，但过度地强化其文化品性的这一侧面，却又导致了对另一侧面存在可能性的忽视，以至将村民描述得愚昧透底，竟然在惊喜交集中与日军共建出"和平乐园"式的军民联欢场面，这种夸张性描述也蕴藏着一种人格剖析分寸感的欠缺和人性把握全面性的匮乏。

再次，"话题剧"存在着以欲望自在状态为人性规律状态和生命根本动力，却漠视了人性中的文化积淀的审美偏失，由此导致了在客观审美效果层面对人格崇高品质的消解。

崇高品格本身就是以对人性自然欲望某种程度的压抑为基础形成的，站在以人的自然欲望为生命根本动力的价值立场，自然会对压抑人性欲望、建构崇高人格的人类行为不以为然，而且可能会从根本上怀疑这种压抑的成功可能性。《色·戒》对于人性欲望的顺应性叙事，就暗含着对于崇高存在的可能性与必要性的解构倾向。《我的团长我的团》也因过分看重生命自然愿望的力量，而着力夸大"炮灰团"成员在战争命运中形成的落拓、愤激、乖戾的人生情态，以至将作品人物神经兮兮、恶狠狠地嬉戏和调侃一切的性格特征，夸张到了漫画化的程度，结果不仅冲淡了剧中人物身上人格崇高特征的庄严感，而且导致了其人格主导元素的边缘化状态，使人物性格显得诡异乃至变态，这就过犹不及，反而降低了人物形象的真实感，也削弱了作品对人性两面性的发掘所本应具有的审美震撼力。

最后，在抗战题材"话题剧"中，还存在一种未能兼顾民族历史记忆的情感与价值定式的审美偏失。

《鬼子来了》着意强化挂甲屯村民蒙昧、顺从的奴才特性，这种对于民族劣根性的夸张与渲染，实际上构成了以国民性批判压倒对民族苦难揭示的客观效果。在一般情况下，国民性批判本来具有充分的合理性，但创作者选择外族暴虐、村民们命悬一线之际，来恣意地揭露可怜的人们精神品质的缺陷与"疮疤"，客观上就可能造成创作者认为他们"活该如此"的审美接受效应。这对于中国国民一向的"不忍心"的审美与道德心理定式，显然是一种偏离乃至悖逆。受众从理性上可能不得不承认这种指责，但在情感方面则难以具有充分的审美愉悦与心理认同感，于是，横竖看着不顺眼的挑剔与非议就成势所必然。《色·戒》在探讨人性迷乱、人心无定的过程中，潜藏着一种精神人格隐匿、个体享乐主义至上的价值立场，真实的历史情形与民族的历史命运由此显得虚无与无足轻重，这与"舍己为公"的民族集体主义传统价值观显然也是不相符合的。因为民族文化的基本价值取向被漠视与遮蔽，虽然这些作品从探索人性、发现真理的角度看其实无可厚非，但在社会文化层面引起争论则难以避免了。

三

当代中国的战争题材影视剧，从 20 世纪五六十年代的《关连长》、《英雄虎胆》、《兵临城下》，到新时期的《红高粱》、《一个和八个》、《晚钟》，关于"丑化和歪曲正面人物的英雄形象"、"将反面人物人性化"、"以人道视角反战"的争论都不乏其例。21 世纪战争题材影视剧的这些"话题剧"出现新的审美偏失，根本原因则在于创作者对当今时代的精神走势存在着认识的偏差。

首先，创作者过分顺应时代的精神迷茫倾向及其价值逻辑，客观上导致了对民族集体人格中正面内涵存在可能性的疑惑。《色·戒》就是这样。影片着意表现欲望强盛而人格孱弱的个体生命状态本身并无不可，这部影片引起争论的关键，是影片所显示出的认同立场和慨叹情调。之所以出现这种审美内涵，根源则在于创作者过分地沉迷于当今时代欲望至上、伦理意识淡漠的精神现实，将时代的迷误当作了生命的本真，以至在一种人性之思、乱世之感的审美情思中，出现了历史认知的偏颇和意义判断的迷失。

其次，创作者盲目追求思想观念的全球适应性，无形中导致了对本民族思想意识和情感倾向的疏离。《南京！南京！》对日本军人人性与人格复杂多样状态的探索显示出难得的思考深度，但刻意地以角川形象来对日本军人"去妖魔化"，无形中就缩小了作为受害者的中国民众和作为侵略者、屠杀者的日本军人之间人性的落差。创作者显然是企图寻找一种具有普适性的战争文化反思视角，但着眼于侵略者人性与良知挖掘的审美选择本身，却必然隐含着违背被侵略民族情感的危险，而一个民族关于自身战争灾难的公共记忆，是用极为沉重的生命代价与血缘情感凝成的，对于这种公共记忆无论主观有意还是客观流露的轻薄之心，实际上都将偏离民族意识的心理防线，这种战争历史认知对本民族情感态度的冒犯，自然难以为受众所完全认同。由此看来，怎样在普世价值与民族情结之间准确把握住民族公共记忆心理情感倾向的底线，是一个应当慎重把握和处理的问题。

最后，创作者热衷于"对接"时代审美风尚对于芜杂性、粗鄙面的渲染心理，结果艺术表达有失分寸、喧宾夺主，冲击了文本讴歌崇高的审美定位。《我的团长我的团》中风格独特的对话描述，显然是希望以粗鄙化、妖魔化的叙事手法，来强化人物心理的复杂性，表现人物品格蜕变和升华的曲折与艰难，从而既揭示人物崇高的难能可贵，也使文本讴歌崇高的审美内涵变得更加丰富。但创作者对于人物性格内涵的粗鄙性、芜杂性特征过度强化，结果适得其反，既遮蔽和消解了英雄人物崇高品质的本来面目，也背离了创作者还原生活复杂性的初衷。比如，创作者给剧中人物几乎都设计了"烦了"、"死啦死啦"之类的绰号和"王八盖子"、"鳖犊子"之类的口头禅，而且通篇着意渲染人物之间的挖苦、斗嘴、唱反调、恶意调侃，这种明显夸张的漫画化和小品化手法，反而使作品中的情景显得刻意与做作，有失生活的原汁原味。这种内蕴偏失实际上是创作者曲意逢迎审美趣味粗鄙化的时代风尚所造成的。

抗战题材"话题剧"这种过分认同和顺应时代文化负面倾向所形成的审美偏失，表现出战争记忆叙事领域存在一个值得深刻反省的叙事伦理问题。战争记忆作为一种民族的苦难历史，内含着尤其需要庄严、肃穆地对待的伦理情感。所以，对创作主体进行审美表现时所秉持的叙事姿态、文化立场、道德判断、艺术观念和美学风格等叙事意旨性因素，我们必须给予高度重视。也就是说，我们在进行文本内蕴剖析与评价的基础上，还必须对他们以怎样的伦理态度进行叙事、为什么会如此叙事等问题进行一种深度的透视。只有这样，我们才有可能达到评价准确、阐释到位的学术研究境界。

具体说来，这些抗战题材"话题剧"在叙事伦理方面的根本局限，在于淡化了文化政治的维度。

文化作为人类行动与思想的产物，并非产生于权力和意识形态的真空，而是在包括政治在内的社会价值结构及其物质条件的基础上形成的。它往往又通过所表达的理论形态和所描绘的世界图景，来建立、维护和改变社会的权力关系、知识和信仰体系，从而形成政治权力与意识形态的再生产机制。在当今世界的多元化、全球化时代语境中，一方面，政治、历史问题转化为文化问题成为一种思想趋势；另一方面，因为利益与权力关系的存在，文化又往往处在一种话语统治和反抗的过程中，成为政治斗争的场所，具有政治的性质和功能，甚至成为政治冲突本身的组成部分，这就是构成了一种"文化政治"。文化政治是客观存在的，而且往往是各种命运集团构成价值共同体的基石和整个社会安身立命的根本。

战争是政治的延续，战争记忆也必然会成为人类的一种文化政治。民族战争同样如此。所以，在民族战争叙事中坚持民族本位立场，通过审美文化重建民族记忆的政治合法性，乃是一个社会整体性的必然要求。文学创作对于民族战争记忆的叙述必须遵从这样的共适性原则，不可随便跨越文化政治的"雷池"。虽然这种"雷池"的拘囿可能导致对创作者思想观念的某种束缚、文本审美内涵的某种损伤，但这种"残酷"在人类文化政治层面却具有充分的合理性和不可抗拒性。21 世纪的抗战题材"话题剧"追求价值视角的全球适应性，却偏离了民族的情感；强化战争内涵的复杂性，却导致了"此亦一是非、彼亦一是非"的对真理、正义的消解；渲染人性的芜杂性，却形成了对人格崇高性追求的漠视；对接时代审美风尚的独特性，却导致了对审美传统心理的解构，其中所表现的，正是企图以生命与人性的个体性特征，来弱化、改变乃至推翻战争记忆的文化政治合理性与价值定式不可抗拒性，这就在叙事伦理的层面突破了民族战争叙述作为一种文化政治的底线原则，招致激烈的争论与指责也就是不可避免的事情。

抗战题材影视剧的"话题"现象说明，我们的文学创作在追求审美的高位境界、挖掘人性的向善本能时，切不可背离社会伦理的底线原则，战争题材创作尤其如此。只有这样，我们在抗战题材文学创作中所建构的审美新形态，才能在更高的精神文化层面，既珍重中华民族的战争苦难和崇高牺牲，又构成与世界文化高峰、人类历史遭遇有效的深层对话。

第九章 红色文学研究的学理局限

不仅红色记忆审美重述表现出种种局限与偏失，红色文学的批评与研究领域同样如此。新中国 60 多年对于红色记忆审美的研究，经历了一个从红色文化本位的认同性分析到"重写文学史"性质的质疑、解构型探讨的历史过程，其成果的丰硕自然不容否定。但站在新的时代理性的高度回顾过去，我们可以发现，在不同立场和视角的研究之间、在种种具体判断与评价差异的背后，各类研究明显地表现出一个带根本性的共同特征，就是以革命文化为思想基础的非此即彼、你死我活的对抗性思维倾向。这种不同历史时代精神同构、逻辑同一的学理选择，实际上已经极大地阻碍了红色记忆审美研究学术境界的拓展和研究意义的提升。

为此，我们特地选择新中国历史上两个典型的争鸣现象作为个案，来对红色记忆审美研究的这种学理局限进行探讨。有关短篇小说《我们夫妇之间》的系列争鸣现象开新中国文艺批判之先河，"样板戏现象"则堪称共和国历史上牵涉面最广泛、文化意蕴最复杂的争鸣现象。对抗性思维的影响之深广和超越之艰难，可以从我们对这两个学术个案的分析中得到相当清晰的印象。

第一节 "《我们夫妇之间》事件"的精神同构特征

《我们夫妇之间》是新中国第一部受到批判的文学作品，其中所体现的批判模式贯穿了整个十七年文学时期，新时期之后，对《我们夫妇之间》的错误理解与评价得到了理所当然的纠正。其中耐人寻味之处在于，从作品本身的意蕴建构方向，到 20 世纪 50 年代的批判逻辑，再到新时期纠正错误批判时所体现的内在思路，却表现出精神逻辑层面的高度一致性。这无疑是一个值得深入探究的问题。

一

萧也牧的短篇小说《我们夫妇之间》发表于 1950 年第 3 期的《人民文学》，作品"原来的意图是：通过一些日常生活琐事，来表现一个新的人物"①。小说问世后立即获得良好的正面反响，并被迅速改编为同名电影。当时的文坛重视这部作品，初衷是在于萧也牧"看到了新生活中某些人在生活和思想上的变化：一些人抛弃前妻，另组家庭。他厌恶这些得新忘旧的不正常现象，决心用笔来批评"②，也就是通过这部作品来"批判'忘本'思想"③，即批判"忘"阶级之"本"，"忘"依靠农村、依靠农村根据地这一革命胜利之"本"的现象。很显然，作者是从生活领域的现象中，提出了一个重要的政治性问题。

如果用当今时代的精神文化眼光来细致解读文本却可以发现，《我们夫妇之间》的男女主人公产生矛盾及矛盾获得解决的真正原因，主要并不是社会政治和阶级意识层面的问题。

小说开篇详细地描述了李克在乡村时对婚后的张同志"很感动"、"感到了幸福"的一桩事情，即张同志靠"割柴禾"积累钱买"两斤羊毛"，为他打了件"毛背心"④。这种夫妻间冷暖的关心与恩爱，显然与阶级觉悟、政治思想等扯不上多大的关系。随后作品介绍，当时两人"不论在生活上，感情上……却觉得很融洽，很愉快！"⑤ 而且，这种"融洽"的夫妻关系被称为"知识分子和工农结合的典型"。但实际上，作品中具体描述的"写大仿"和"批仿"、"教打珠算"、教纺线、一起抬水浇白菜等夫妻生活场景所显示的⑥，压根就不是政治思想一致的革命同志间情感交流、共同战斗等方面的内涵，毋宁说是泛泛的有生活方式差异而"夫妻恩爱苦也甜"式的"静穆、和谐"⑦ 的爱情境界。

进了城"新的生活开始"以后，李克对都市的一切感到"熟悉，调

① 李世文：《不要忘记萧也牧》，《当代文学》1981 年第 1 期。
② 张羽：《萧也牧之死》，《新文学史料》1993 年第 4 期。
③ 秦兆阳：《忆萧也牧》，载《举起这杯热酒——秦兆阳散文选》，人民文学出版社 1995 年版，第 188 页。
④ 萧也牧：《我们夫妇之间》，《人民文学》1950 年第 1 卷第 3 期，第 37 页。
⑤ 同上。
⑥ 同上。
⑦ 同上。

和"，"连走路也觉得分外轻松"，这只是因为"好像回到了故乡一样"①。出身农村的张同志看不惯城里的种种情形也在情理之中，正如李克所戏言的，那是因为"这就叫做城市啊！你这农村脑瓜吃不开啦！"② 即使是闹出矛盾的吃饭铺还是吃小饭摊事件，张同志所体现的不过是农民式的节俭朴素，李克也同样从妻子是"一个'农村观点'十足的'土豹子'"③ 这一角度来理解的。到后来，丈夫抽纸烟，原因在于他认为"环境不同了"④；妻子反对，主要理由是"给孩子做小褂还没布呢"⑤ 这一家庭的实际生活状况。很显然，这种种矛盾都不是由政治觉悟和阶级道德、而是由家庭生活状况和夫妻观念差异所导致的。两人在心理感受上，也觉得许多问题是"非原则问题"。饶有意味的是，作者接着写道："也恰好在这非原则问题上面，我们之间的感情，开始有了裂痕！""我们之间的感情、爱好、趣味……差别是这样的大！"⑥ 由此可见，这对夫妇形成矛盾的根源，主要是城乡两种生存方式在审美趣味、生活习惯等方面的差异，实质上是两种文化的矛盾在家庭生活中的表现。

　　然而，在文本叙述中，张同志首先将农村的一切等同于"老根据地"生存模式，继而把城市与农村因"环境"造成的差别，归结到"老根据地哪见过这"⑦ 的范畴，社会生活现象和文化之间的差异，自然就附加上了政治色彩。更进一步，张同志以这种心理感受为依据，将城乡文化差异形成的矛盾，上升到"我们是来改造城市，还是让城市来改造我们"⑧ 的体制文化高度，并以之为基础来确立处理夫妻矛盾的价值立场，批判丈夫"也不能要求城市完全和农村一样"⑨ 的心理感受与价值态度。这样，城里人和乡下人生活方式的差别，就转化成了"根据地"人与城市"小资产阶级"之间思想意识的差别；现实生活中的城乡文化矛盾，就转化为文本中政治优越的阶级按自我生存模式"改造"另一种生活方式的问题。

---

① 萧也牧：《我们夫妇之间》，《人民文学》1950 年第 1 卷第 3 期，第 38 页。

② 同上。

③ 同上。

④ 同上。

⑤ 同上。

⑥ 同上书，第 40 页。

⑦ 同上书，第 38 页。

⑧ 同上书，第 39 页。

⑨ 同上书，第 38 页。

于是，文化问题自然就转化成了国家体制范畴的政治问题，李克也不能不按其话语逻辑认为："我这些感觉，我也知道是小资产阶级的。"① 随后，文本中出现了舞厅老板打小孩和保姆小娟被冤偷窃的情节设计及相关理念的介入。虽然这种现象在刚解放不久的城市和乡村都可能出现，而且城里人李克对它们同样"觉得很不顺眼"②，但这种情节却使生活方式、生活习惯及其背后的城乡文化差别问题，完全转化成了"世道"③ 问题。以至认同都市生活方式就等于认同旧的"世道"，喜欢城市习惯就是抵抗不了"城市所遗留的旧习惯"④ 的诱惑，现实生活中的文化现象也就随之被置换成了政治话语、体制话语来加以表达。

然后，从"大国家的精神"⑤ 的高度出发，张同志的农村生活习惯被叙述人用个性的"倔强"和"阶级仇恨心和同情心"⑥ 等体制政治话语的"油彩"所遮掩，李克的城里人生活习惯，则被转化、判定为"旧的生活习惯和爱好"、"小资产阶级脱离现实生活的成分"⑦。李克对妻子、一种文化对另一种文化的"检讨"，就在这样一种将家庭生活行为置于体制文化范畴、进行政治化解读的过程中形成了。

所以，如果从生活实际的角度看，《我们夫妇之间》的敏锐之处，恰在于发现了时代变化所带来的文化差异和文化矛盾在现实生活中的萌芽，但与此同时，作者却又将这种文化冲突转化为社会政治问题来进行艺术观照，按照在当时环境中政治地位的强弱，将文化冲突的双方判定为不同阶级意识的代表，进而上升到作为新的国家体制的拥护、促进者还是阻碍者的高度，在文本中进行描述与表现。可见，本来是文化矛盾和生活习性的问题，《我们夫妇之间》却从当时的体制话语的角度出发，做出了政治化、体制化的解读。

当然，站在新的时代文化语境中来看，正因为《我们夫妇之间》的叙事逻辑未曾完全"体制化"、"政治化"，存在着政治话语与社会文化话语夹杂在一起的"庸俗化"倾向，我们才能够透过作品显在的理性主题，

---

① 萧也牧：《我们夫妇之间》，《人民文学》1950 年第 1 卷第 3 期，第 40 页。
② 同上书，第 41 页。
③ 同上。
④ 同上书，第 42 页。
⑤ 同上书，第 43 页。
⑥ 同上书，第 44 页。
⑦ 同上。

看到其背后所隐藏的作者的真实生活感受和当时社会的真正面貌。其实，历史演进到 20 世纪 90 年代，从王安忆的《纪实与虚构》、《遗民》、《忧伤的年代》等小说所描绘的红色家庭的"新孩子"在人生"忧伤的年代"与都市的"对峙"，到电视剧《激情燃烧的岁月》所反映的农民军人在都市文化气息浓郁的家庭中的别扭与躁动，都从不同侧面，深刻地揭示了那个时代都市与乡村文化的矛盾冲突是怎样被涂抹上政治文化与体制话语的"油彩"的。而新中国刚成立不久就问世的《我们夫妇之间》，就以其情节模式和话语信息表达了同样的问题，不能不说，作为一种历史和精神文献，这部作品确实蕴藏着深刻的历史信息和独特的认知价值。

二

但是，因为《我们夫妇之间》存在着对革命队伍中的一种现象及相关问题的"非主流"阐释，这篇小说就成为了新中国文学史上最早受到批判的作品，从而构成了十七年时期的第一个"文学事件"。从社会历史影响的角度来看，对于"萧也牧创作倾向"和小说《我们夫妇之间》的批判，关键危害在于开创了当代中国文学史上文化问题政治化解决的先例。这一点已成为研究者的共识。但如果从精神文化史的角度看我们可以发现，在 20 世纪 50 年代批评"萧也牧创作倾向"和 80 年代对这部作品鸣冤叫屈的一系列现象背后，实际上存在着一个被严重忽略的思想特征，就是争论的双方都明显地表现出对社会文化问题进行政治化解读的思路，存在着一种"精神同构"特征。

在 20 世纪 50 年代，陈涌、冯雪峰、丁玲、康濯等文坛"显要人物"都对《我们夫妇之间》展开了批判，他们的主要内容和观点集中在两个方面。其一，作者"根据小资产阶级的观点、趣味来观察生活，表现生活"[1]，以致丑化和"嘲弄了工农兵"[2]；其二，作品通过夫妇之间的日常琐事来表现知识分子与工农兵相结合的主题，是在"提倡一种新的低级趣味"，"糟蹋我们新的高贵的人民和新的生活"[3]。显然，这种批判体现的是一种从阶级论、政治化等体制文化的角度，来对文学创作倾向进行观察和评判的思

---

① 陈涌：《萧也牧创作的一些倾向》，《人民日报》1951 年 6 月 10 日。

② 丁玲：《作为一种倾向来看——给萧也牧同志的一封信》，《文艺报》1951 年第 8 期。

③ 李定中（冯雪峰）：《反对玩弄人民的态度，反对新的低级趣味》，《文艺报》1951 年第 5 期。

想眼光。另一些人身攻击式地将萧也牧判定为"最坏的小资产阶级分子"、"高等华人"①的做法，则更进一步从政权组织身份鉴定的角度，表现出对精神文化问题作政治化解决的思想路径。萧也牧本人因为经历了这种思想批判和"精神身份"的鉴定，结果由团中央贬到了中国青年出版社，50年代后期又被划为"右派分子"，在"文革"中则被迫害致死、埋尸"乱坟岗"②。这实际上是在愈来愈畸形化的时代环境中，对思想文化问题作政治化解决、而且"由精神到物质"发展所必然会出现的悲剧性后果。

　　也许，正由于《我们夫妇之间》所描述的家庭生活矛盾不足以典型地表现作者所企图表达的社会政治性主题，结果，实际上也是希望对生活问题作政治化解读的批判者，就站在这一审美路径理想化、完美化的高度，认为这部作品"庸俗化"了，"糟蹋"了涂抹上体制文化"油彩"之后应当能显得"高贵"的"新的生活"。而且，如果《我们夫妇之间》所体现的状况长期存在下去，体制话语的政治化倾向及其内涵就有可能被生活中的文化本相所遮蔽和压倒，这当然是体制文化不愿见到的。所以，当时将《我们夫妇之间》作为一种倾向来批判，也就在情理之中了。更进一步，既然是政治问题，当然需要运用政治方式来解决，作品及作者随后的遭遇也就是势所必然。50年代后期，按照同样的叙事模式，《霓虹灯下的哨兵》将农民子弟进城后的"变质"与否，放到了军队这样一种直接承担红色江山维护使命的特殊群体之中，从而使同类事实的叙事"政治化"获得了完满的显示，作品也就摆脱了《我们夫妇之间》的命运，得到体制文化的高度认同与赞赏。这又从另一角度证明，用当时的文学批评眼光来看，《我们夫妇之间》确实是"有意义"的，但又存在"审美趣味"有偏差、叙事内容不典型的局限。

　　更为意味深长的是，"文革"后为萧也牧鸣冤叫屈者，主要也是从政治化的角度出发的。一方面，重评作品者认为，萧也牧"不回避那些幼稚的、粗糙的、有缺憾的事物"，笔下的人物"不像那种高调子的神和脸谱化的鬼"，体现了"革命现实主义的倾向"③，以此来对其"小资产阶级创作倾向"进行洗刷；另一方面，对待萧也牧本人，重评者认为50年

---

　　① 李定中（冯雪峰）：《反对玩弄人民的态度，反对新的低级趣味》，《文艺报》1951年第5期。

　　② 张羽、黄伊：《我们所认识的萧也牧》，载张羽、黄伊编选《萧也牧作品选》，百花文艺出版社1979年版，第374页。

　　③ 李世文：《不要忘记萧也牧》，《当代文学》1981年第1期。

代批判的主要问题，在于"多少有点对待敌人的一棍子打死的味道"①，而萧也牧即使被贬到中国青年出版社，仍然兢兢业业地进行革命工作，发现和编辑了《红旗谱》、《红旗飘飘》、《红岩》等优秀的革命文艺作品，确属革命队伍的"好人"②，所以，批判就不应当"分不清资产阶级和无产阶级的界限"，"有时把矛头对错了方向，以至是非颠倒"，从这样的角度看，"批判本身体现的才是一种危险的倾向"③。不能不说，这种论述暗含的思想逻辑确实是，在文化领域、文化问题上，政治化批判和解决本身其实有它的合理性，只不过是在"萧也牧创作倾向"这一事件中搞错了对象而已！文化和文学问题政治化解读与解决本身的弊端，就这样在对萧也牧及其作品的辩解中被无形地遮蔽了。由此可见，不同历史时期的批判者与被批判者所显示的，其实是一种精神同构的思想文化特征。

在一种体制大一统、政治一元化的时代文化环境中，任何问题都会被上升到阶级政治的高度予以解读，然后转换为体制化的政治实际行动。无论是时代的顺应者还是偏离者、推动者还是被排斥者，精神和思维逻辑概莫能外！也许，这才是我们从《我们夫妇之间》及其系列现象中所应当获得的认识和应当吸取的教训。

第二节　"样板戏现象"的历史轨迹与文化实质

"革命样板戏"是"文革"时期红色文化审美的代表性产品。因为"文革"政治文化存在着负面特征，"文革"结束后，人们分析和考察革命样板戏，多半也将它们看作这种时代文化负面特征的产物与载体。但是，如果从大文化的视野，将样板戏及其相关的方方面面都纳入考察的范围则可发现，作为一种历史文化现象，样板戏实际上并不局限于"文革"这一特定的政治历史时期，而是在20世纪下半叶到21世纪之初的中国存在了半个多世纪。在这半个多世纪的历史中，因为自身特定的文化生成过程和复杂的思想艺术特征，因为当代政治文化波谲云诡的变迁，也由于各类社会心态之间的巨大差异，样板戏经历了极为戏剧化的历史评价命运。

---

① 秦兆阳：《忆萧也牧》，载《举起这杯热酒——秦兆阳散文选》，人民文学出版社1995年版，第190页。

② 萧也牧：《"百花齐放，百家争鸣"有感》，《人民文学》1956年第7期。

③ 李世文：《不要忘记萧也牧》，《当代文学》1981年第1期。

其中所显示的思想逻辑和精神意味，实在值得我们在新的时代环境中进行深入的体察与反思。

一

总的看来，样板戏在 20 世纪中国的萌生嬗变、荣辱沉浮，经历了四个不同阶段。

第一个阶段是"文革"前的样板戏成型期。样板戏的前身歌剧《白毛女》（1945 年）、小说《林海雪原》（1957 年）、电影《自有后来人》（1962 年）和《红色娘子军》（1960 年）、沪剧《芦荡火种》（1963 年）、话剧《龙江颂》（1964 年）、淮剧《海港的早晨》（1964 年），分别在五六十年代乃至 40 年代就以不同艺术形式出现并形成了巨大反响。随后，由于文学内外的种种原因，它们或偶然或必然地被逐步改编、培养成了"革命现代京剧"。在 1964 年的全国京剧现代戏观摩演出大会上，《芦荡火种》、《红灯记》、《奇袭白虎团》、《智取威虎山》、《杜鹃山》、《红色娘子军》六部剧目即已隆重登场。[1] 如此看来，样板戏成型期的各种现象，主要还是发生在具有当代中国特色的社会主义政治文化的范畴内，并无直接的政治目的。当然，它们作为据以改编的原本，与"文革"时期的"样板戏"确实具有不应被忽略的内在联系。

第二个阶段为"文革"中的样板戏荣耀期。从 1966 年 12 月 26 日《贯彻毛主席文艺路线的光辉样板》一文在《人民日报》发表，1967 年 5 月 8 部戏剧作品在北京联台上演和江青《谈京剧革命》的同时发表；到 1969 年和 1970 年间样板戏演出本京剧《智取威虎山》、《红灯记》、《沙家浜》和舞剧《红色娘子军》相继在《红旗》杂志、《人民日报》上发表，包括上述剧目与《龙江颂》、《平原作战》、《杜鹃山》等第二批样板戏在内的剧本在人民出版社出版，以及在全国城乡范围展开群众运动式的"唱样板戏，做革命人"[2] 活动；直到以《京剧革命十年》（人民出版社编选，1975 年 2 月出版）和《革命样板戏评论选》（上海人民出版社编选，1976 年 4 月出版）所收文章为代表的对样板戏的"学习"式评论与

---

① 丁景唐主编：《中国新文学大系（1949—1976）第 19 集·史料、索引卷 1》，上海文艺出版社 1997 年版，第 846 页。

② 文艺短评《做好普及革命样板戏的工作》，《人民日报》1970 年 7 月 15 日。

理论化概括；再到第三批样板戏如《山城旭日》（根据《红岩》改编）、《敌后武工队》、《春苗》、《决裂》等的酝酿、创作和流产①，都应纳入样板戏获得高度荣耀的范围来看待。政治荣耀期的样板戏所表现的社会文化命运，显然更多地注进了处于病变、畸形状态的政治意识形态的内涵，也明显地带有政治权谋的色彩。

　　第三个阶段为样板戏的耻辱期，时间当起于"四人帮"被粉碎，止于1986年春节联欢晚会上刘长瑜演唱《红灯记》唱段《都有一颗红亮的心》。这一时期"样板戏现象"的主要内容，既包括理论界从政治上对样板戏作为"四人帮""阴谋文艺"的阴谋性和恶劣后果进行揭露批判，也包括历经磨难的"过来人"对"文革"时期样板戏及其所形成的令人痛苦而恐惧的时代氛围进行抒情式回忆和决绝性诅咒，还包括各种艺术作品对样板戏的贬斥与嘲弄和剧目被禁演这一事实本身。这种贬斥和批判的价值、情感态度，在当时几乎是全社会一致性的，虽然较少完整、系统的理论探讨，但在那一时期的批判文章、"伤痕文学"作品和《历史在这里沉思》之类大型文集所收的史料回忆性文章中，几乎随处可见显示此类态度的片段。样板戏耻辱期的风云变幻，堪称政治话语和社会情绪宣泄的有机融合。

　　第四个阶段则是关于样板戏的争鸣期。从1986年开始，由政府和市场，也就是意识形态与社会心理各自操纵，部分样板戏剧目不时以清唱、重排、卡拉OK、影碟等形式，在各地乃至全国范围内复现，但每当其红火时，都会出现各个不同侧面的研究与评价，并且相互间引发剧烈的争论。这种争论由1986年刘长瑜、邓友梅、张贤亮等人的唇枪舌剑和巴金的《样板戏》一文开始；中经1988年林默涵的访谈录《周总理的关怀，艺术家的创造》和王元化的《论样板戏及其他》所引起的广泛关注与争鸣；直到90年代，样板戏部分剧目在各地公演"冷""热"不同的反响又导致了社会文化界对其针锋相对的认识；延至2001年，谭解文的一篇《样板戏：横看成岭侧成峰》在3月17日的《文艺报》以"热点聚焦"的方式发表，同样导致了在《文学自由谈》等报刊上的激烈争论。90年代以来，学术界也出现了一些关于样板戏的纯学理性的研究与探讨，但反而未曾引起社会文化层面的反响。争鸣期的样板戏现象虽然外表上显示出

---

　　①　杨鼎川：《1967：狂乱的文学年代》，山东教育出版社1998年版，第44页。

较多的学术和艺术本位的色彩，实际上仍然以社会心理的复杂内涵及其所导致的经济因素为其生长的基础。

从这样的精神时空范围和文化价值背景中来考察，我们就会发现，"样板戏现象"绝不仅仅局限于"文革"时代和剧目本身，它的荣辱沉浮的命运所包含的政治、历史、文化、文学和人性等方面可开掘的蕴含，实际上远远超过了它们作为艺术文本的研究价值；与此同时，我们又可以清楚地看到，在不同的历史时期，样板戏均受到了各种不同的政治文化诉求的蚕食，以致作品的本来面貌反倒隐而不显，不被人们作为重点来关注了。

二

"文革"前和"文革"中的"样板戏现象"是一个自在的历史过程，"文革"后对样板戏的种种反思，才使这一现象显示出正反两方面的多重意味，所以，不是以"文革"时期，而是以"文革"后对样板戏的种种评价为聚焦点，我们才可以更清晰地发现其内在的思想逻辑和精神文化特征。

新时期以来学术界和社会文化界对样板戏的争鸣性言说，主要存在于以下几个方面。

首先是关于样板戏的思想艺术内涵。贯穿于样板戏耻辱期和争鸣期的权威性看法，是把样板戏作为"'文革'文学"的代表作，着重批判它们观照生活的阶级斗争极端化眼光、人物形象塑造的"高大全"反人性思路和"三突出"的艺术模式。王元化就认为，"样板戏是三突出理论的实践"，而"贯穿在样板戏中的斗争哲学"，正体现了"文化大革命"的精神实质。[1] 另一种看法则着力强调样板戏在"民族传统美德"与"新的时代精神"相结合中所体现的爱国主义、民族气节等道德共同性的内涵[2]，进而肯定其为红色经典，坚持认为"文革"时期之所以能产生这种红色经典，是因为"作品的意识形态外壳和它的艺术内涵常常可能并不完全一致"[3]。

---

[1]　王元化：《论样板戏及其他》，《文汇报》1988 年 4 月 29 日。

[2]　练福和：《八个现代戏评价问题之我见——兼与王元化同志商榷》，《影剧月刊》1994 年第 2 期。

[3]　金兆钧：《"红色经典"与历史的态度》，《文艺报》1997 年 8 月 21 日。

　　与此紧密联系的是关于样板戏的艺术成就。肯定者都把样板戏置于传统京剧艺术的范畴，以戏曲行当研究者特有的专业眼光，从戏曲题材和戏曲艺术革新的角度，否定"三突出"而肯定其"三打破"（即"打破唱腔流派，打破唱腔行当，打破旧有格式"）①，从而高度评价样板戏在京剧发展史上的地位。陈汝陶的《谈样板戏的经验与启示》一文甚至认为："从这些戏的艺术成就来看，完全可以与一些京剧传统名剧相媲美；在人物塑造、唱腔音乐创作以及乐队伴奏、群众舞蹈设计等方面，甚至有过之而无不及。"②王寅明的《戏曲与反思》也是从戏曲艺术改革方面来肯定和分析样板戏的成就。③否定样板戏成就者则往往从思想文化角度着眼，对这一方面忽略或避而不谈。

　　其次是关于样板戏和江青、和"文革"意识形态的关系。一种观点认为，样板戏是与江青政治图谋和"文革"意识形态具有同一性的畸形政治文化现象。邓友梅认定"江青改编后的样板戏带上了帮派气味"④，因而"不赞同在事实上否认它与江旗手的联系"⑤。陈冲则认为，"江青对样板戏的改造，根本着眼点是意识形态的改造，是要使它们具有与整个'文革'相一致的意识形态"，"样板戏中的抗日、抗美援朝、剿匪，等等，只是剧情背景"，所以，"样板戏是一个政治历史事件"⑥，"样板戏就是'文革'的代码"⑦，"它们作为文化统制的构成部分和成为我们整个民族灾难的'文化大革命'紧紧联系在一起"⑧。另一种观点则认为，江青是窃取了京剧现代戏的艺术成果，并通过对种种历史细节的考证，来显示江青并未对样板戏产生巨大的影响。林默涵即以亲身经历说明，京剧《红灯记》和芭蕾舞剧《红色娘子军》是在周总理的亲自关怀与指导下，由广大文艺工作者创作出来的，"一些人不明真相，误以为这些戏是江青

---

　　①　于会泳：《让文艺舞台永远成为宣传毛泽东思想的阵地》，《文汇报》1968 年 5 月 23 日。
　　②　陈汝陶：《谈样板戏的经验与启示——侧重于音乐方面的探讨》，《文艺研究》1991 年第 4 期。
　　③　王寅明：《戏曲与反思》，《人文杂志》1988 年第 4 期。
　　④　邓友梅：《向陈冲致敬》，《文学自由谈》2001 年第 5 期。
　　⑤　同上。
　　⑥　陈冲：《沉渣泛起的"艺术本体"》，《文学自由谈》2001 年第 3 期。
　　⑦　《刘长瑜邓友梅争论〈红灯记〉》，《新民晚报》1986 年 5 月 5 日。
　　⑧　王元化：《论样板戏及其他》，《文汇报》1988 年 4 月 29 日。

搞的，这种被颠倒的历史应当重新颠倒过来"。①《红灯记》中李铁梅的扮演者刘长瑜也指出："江青插手只是说头绳不够红，窗帘应该怎样卷，补丁应该怎样钉。"② 至于江青对样板戏的影响是不是也可分为正负两个方面，江青一人的参与是否使样板戏的内涵发生了本质性的转变，则被研究者所忽略。

最后是"文革"后样板戏复现到底有何精神文化意味的问题。反对上演者认为，"文革"后重新上演样板戏，实质上意味着"文革幽灵"的复活。早在1986年，巴金和邓友梅就以"我怕噩梦，因此也怕样板戏"③和"一听到高音喇叭放样板戏，就像用鞭子抽我"④ 的心理感受为由，表达了自己对样板戏的强烈厌恶与拒斥。2001年，陈冲在《文学自由谈》著文称样板戏的重新流行是"沉渣泛起"，邓友梅则马上呼应"向陈冲致敬"。一篇署名立木的文章《又闻"样板戏"有感》还这样慷慨陈词："在'文革'后继续宣传样板戏，就是在意识形态领域继续对人性、人的尊严、人的主体意识实行专政"，"今天样板戏重新抬头，只能说明中国人仍然缺乏判断力"⑤。另一种观点则认为，"样板戏所以重新流行，是因为在它的政治理念外壳的包裹下，存在着一个艺术本体的内核"⑥。

几个方面的两类意见归结到一点，自然是对样板戏的总体评价问题。一类观点认为，虽然"是好是坏我认为样板戏也不能一刀切，一出坏戏里也可能有几个好折子"⑦；但是，"对样板戏进行政治品格和历史是非的判断……是对样板戏进行判断的最高层面、本质层面"⑧。另一种看法则认为样板戏的主要问题"在于对它的'样板'的定位上"，"我们今天重评样板戏，则是要恢复它的本来面目，对它作出正确的评价"⑨。

两类针锋相对的看法中，体现出以下耐人寻味的问题。

---

① 林默涵：《周总理的关怀，艺术家的创造》，《中国文化报》1988年4月27日。

② 《刘长瑜邓友梅争论〈红灯记〉》，《新民晚报》1986年5月5日。

③ 巴金：《样板戏》，载《巴金全集》第16卷，人民文学出版社1991年版，第683页。

④ 《刘长瑜邓友梅争论〈红灯记〉》，《新民晚报》1986年5月5日。

⑤ 立木：《又闻"样板戏"有感》，《上海艺术家》1994年第2期。

⑥ 谭解文：《样板戏过敏症与政治偏执症》，《文学自由谈》2001年第5期。

⑦ 邓友梅：《向陈冲致敬》，《文学自由谈》2001年第5期。

⑧ 陈冲：《沉渣泛起的"艺术本体"》，《文学自由谈》2001年第3期。

⑨ 谭解文：《三十年来是与非——"样板戏"三十周年祭》，《文艺理论与批评》1999年第4期。

　　其一，虽然人们都承认样板戏与"文革"精神氛围的内在联系，但是，真正在心理和情感上全盘拒斥样板戏者，多是从五六十年代到"文革"时期皆有过屈辱经历和心灵创痛的人文知识分子，如巴金、王元化、邓友梅、张贤亮等。而肯定样板戏作为艺术作品自有其价值的，则主要是"文革"前或"文革"中因样板戏获得过人生荣耀的人物，如林默涵、刘长瑜等；从艺术上肯定样板戏成就者，常为深谙戏曲艺术的业内人士；而主张回归艺术本位客观地研究样板戏的，则属与"文革"缺少个人经历方面瓜葛的年青一代知识分子。其中明显地表现出言说主体观照历史文化现象时置身事内的个人主观性，而且众多的研究者往往都执着一端，未曾注意对自我的反思和心态的调整，由此导致思想视野遮蔽的现象也就在所难免。比如，对于"文革"前、"文革"中、"文革"后三个历史时期样板戏流行的社会心理的差异及其演变，研究者就缺乏深入的分析。实际上，"文革"中样板戏的风行可说是一种以正剧形式上演的闹剧和悲剧，而"文革"后人们吟唱样板戏，则显然包含着胜利者对待以往历史的喜剧心理。而无论赞赏者还是批评者，都仍将其作为历史正剧形态来对待，其中明显表现出一种价值判断与历史事实之间针对性的欠缺。

　　其二，研究、争鸣者往往都夸大"文革样板戏"与"文革"前样板戏原作的差异，似乎二者之间处于一种产生了质变的状态，而且一定是变得更恶劣。但实际上，就是从《京剧革命十年》一书中发表于"文革"时期、竭力夸大京剧"革命成果"的文章里，我们如果仔细阅读仍可看到，对样板戏原作的种种改编，只不过使其更加意识形态化，却并没有彻底改变它们原有的话语模式，这样自然也就不可能改变其文化内涵的核心部分。而且，即使是"文革"时期第二、第三批样板戏剧目所选择来进行改编的文学范本，也还是有不少"文革"中已受批判的"文革"前文艺名著，《磐石湾》、《山城旭日》、《敌后武工队》等剧目就是如此。所有这一切恰恰说明，成型期和荣耀期的样板戏并没有发生文化内涵的本质性的改变。形成夸大差异现象的根本原因则在于，争鸣者主要是从政治历史、艺术技巧、文本显性主题等方面入手进行分析，仍然囿于社会政治的思维模式之中，对样板戏复杂的内在机制和深层意蕴及其所包含的文化意蕴的一贯性，则缺乏足够的重视和多层面的剖析。

由此看来，如果我们不能加强对民族文化心理结构自身的审视与反思，不能超越个人化的精神价值立场和社会政治化的思维模式，不能撇开政治文化诉求对文本审美实际的蚕食，那么，我们就不能以一种平常心来对待特殊的历史文化现象，我们观照样板戏的历史风雨，就不可能具备开阔、全面的精神视野和客观、公正的价值立场。

三

样板戏及其相关现象之所以能在当代中国不同的政治文化语境中留下自己的痕迹，最根本的原因还在于其自身。为什么"文革"改编本要选择这些剧目？为什么文化转型的时代语境对样板戏的判断令人莫衷一是，样板戏却没有如语录歌、"忠"字舞那样随"文革"结束而自然地被淘汰、被遗忘，反而屡屡复现于社会的文化娱乐生活之中？为什么在新的时代环境中更具突破性地运用现代化的电声乐器所创造的京剧曲目并未让人们声口相传，样板戏的某些剧目、片段和唱段却始终未曾被遗忘？为什么在意识形态文化并不盛行的当下中国，样板戏同样能为人们所品味？撇开种种外在的政治历史和社会心理的因素，单从文本审美建构本身来看，这些仍被青睐的样板戏剧目，是不是也确实蕴含着某些能够感动不同时代的平民百姓之处呢？

对这些问题的解答，需要我们超越艺术问题政治化的思维逻辑，从大文化的视野，将审美研究与文化研究结合起来进行考察，才有可能获得切实中肯的结论。实际上，样板戏的精神意蕴，可以从显性话语和潜在母题两个层面来进行解读。它们的显性话语当然是表现当代政治文化的内涵，无疑也显示出"文革"意识形态的色彩，但与此同时，样板戏的优秀剧目还具有一种深层话语。这种深层话语的内涵，既包括中外文化和文学史上长久绵延的文学"母题"，也包括体现平民日常生活、世俗品格的精神内涵，还隐含着契合当代大众人性欲望的隐晦乃至暧昧的心理意味。

对于样板戏的民间文化内涵，陈思和曾有过很好的阐述。他认为，"文革"时期的样板戏外在形式上是国家意识形态的故事内容，隐形结构则是民间意识的艺术审美精神，"尽管政治意识形态对这些作品一再侵犯，但是民间意识在审美形态上依然被顽强地保存下来"。在具体剧目方面，陈思和分析了《沙家浜》中一个风尘女人与权势者、酸秀才、民间英雄的"一女三男"的角色模型，和《红灯记》、《智取威虎山》中隐形的"道魔斗法"的情节模式。① 实际上，样板戏的隐性艺术范式不仅仅局限于中国的民间文化，还往往有着人类文学和文化史上的共有"母题"做背景。《白毛女》主人公喜儿的复仇女神风采，《红色娘子军》中洪常青、吴清华之间灰姑娘和白马王子的隐喻，都包含着中外文学作品里屡见不鲜的故事模式；《杜鹃山》雷刚和柯湘之间粗犷的草莽英雄服从以柔克刚的主子所体现的江湖文化色彩，则是从《水浒传》以来的中国英雄传奇小说常见的人物关系构架。而且，即使是《智取威虎山》突出"深山问苦"的修改本，其中在"只盼得深山见太阳"的背景下显现的智勇双全、无所不能的英雄形象，还是一种民间文艺中的英雄、救星的文化人格姿态。所以，在长久的品味之后，当代政治文化的具体内容已成为作品中可存可去的外在表象之时，文本深层意蕴所包含的具有文化韵味的潜在"母题"，就显示出不灭的审美魅力。

平民日常生活与世俗品格的精神内涵，在某些样板戏中表现路径曲折而内涵更为丰富、更耐人咀嚼。笔者且以《红灯记》为例来说明这个问题。宣扬无产阶级在革命事业中的阶级深情和抗日民族气节，无疑是《红灯记》的理性主题、政治话语。但在剧情中，阶级深情实际上表现为乱世环境中相依为命的民间情义，革命气节也相应地以家庭传统、民间正义的形态体现出来。讴歌乱世的民间情义这一世俗话语在《红灯记》中虽处于隐性叙事状态，但从最初的剧名"传家宝"中，即可发现创作者不自觉的艺术意图所在。实际上，正是这种世俗话语构成了《红灯记》最具情感亲和力的内涵，并使政治话语也散发出浓浓的伦理人情的魅力。全剧一开场，创作者就着意渲染一种"人心惶惶"的时势氛围，第三场的破烂市粥棚更是典型的乱世民俗画面。在这纷乱而没有正义的世道中，贫苦者衣食无着，反抗者家破人亡；矿山的大夫成了宪兵队长、杀人刽子手；体面的巡长当了叛徒。一切都显露出压抑世俗百姓的阴森、肃杀之气。就连接头人"磨剪子来戗菜刀"的悠长吆喝，也传达着底层民间的苍凉韵味。但在这人心惶惶的时刻，小铁梅却"提篮小卖"，"里里外外一把手"，给予父亲李玉和以"穷人的孩子早当家"的慰藉与自豪。老奶奶平时不准儿子好酒贪杯，显示出基于伦理亲情的规约。李家给刘家一碗

---

① 陈思和：《民间的沉浮：从抗战到文革文学史的一个解释》，《上海文学》1994 年第 1 期。

面、刘家帮李家一次次脱险这类情节，更是危难时刻邻里之间世俗情义的鲜明体现。尤其饶有意味的，是剧中人物关系的设计。革命工作的同志是一个个"表叔"。李玉和一家原本就是师徒、同门关系，在革命斗争过程中干脆成为伦理关系中的亲人。敌对阵营的鸠山与李玉和是多年前的"老朋友"关系，这种关系在改编本中也并没有为适应主题的要求而抹去，从而演绎出"赴宴斗鸠山"这样语意双关、韵味悠长的精彩片段。于是，剧中的阶级和民族关系就拖出了世俗关系的长长的影子。

　　《红灯记》的第四场"痛说革命家史"中的唱段"临行喝妈一碗酒"，可以最为典型地说明这个问题。"临行喝妈一碗酒"就"浑身是胆"，"什么酒都能对付"，用政治话语来解释，当然是主人公从无产阶级的阶级深情中吸取了斗争的勇气和力量。"妈要把冷暖时刻记心头"、"要与奶奶分忧愁"，也是暗中叮嘱战友要坚持斗争，完成党交给的任务。但是，如果撇开对其中所包含的政治话语隐喻的揣测我们又会发现，它本身即包含着真挚动人的民间伦理亲情的意蕴。临别时亲人间喝酒送行，表示鼓励和祝福，以最后一次体会亲情的温馨，这本是中国一种源远流长、包蕴醇厚的民间习俗。注意气候变化、要保养好身体，是出门人对家中长辈常见的关怀。贫寒人家的孩子不得不"出门卖货"，又无大人撑腰照顾了，就要自己多当心，账目要记熟，留神防野狗，快长大成人了，要与大人分忧愁，这也是当家人对后辈通常的叮嘱、教育与期待。穷苦人家伦理亲情日常表现中所包含的温暖与辛酸、坚强与无奈，在李玉和的这个唱段里显示得凝练而浓烈。即将出门在外的当家人往往细致而慷慨，豪气中夹杂着将历人世沧桑的预感，这种民间角色的身份特征，在李玉和身上也体现得恰如其分。如此看来，按创作者的意图，世俗话语是表象，政治话语为实质。通过读者或观众的审美转换，李玉和这个唱段的意义重心变成了世俗话语为普通义；隐喻义则意味深长、指向不定而又确实存在，引人回味；特定的政治性隐喻内涵在具体的剧情中方可觉察出来。这就给观众提供了丰富的想象空间。但想象与品味旋转的轴心却不是政治话语，而是艰难人世中的伦理温情这一世俗话语的内涵。

　　样板戏的诟病者自觉最切中要害的，是强调其缺乏切合市俗化人性欲望的内涵。其实，即使在这一方面，我们也不能简单地看问题。样板戏中传奇性的故事情节模式，颇具浪漫色彩的景物风情，每部剧作中女主人公的存在，乃至像《红色娘子军》女军人短裤和袜子之间一截大腿的袒露，摒除创作者的主观企图细致体会，可以说客观上都表现出一种对世俗文化暧昧心理的迎合与隐晦的暗示。

样板戏复杂的文化内涵，在总体上又凝聚于一种以压抑、纯化的形态所呈现的崇高的审美风范。这种由压抑而显示的崇高并非一无是处。中国自古以来就有道德至上的精神文化传统，"把道德自律、意志结构，把人的社会责任感、历史使命感和人优于自然等方面，提扬到本体论的高度，空前地树立了人的伦理学主体性的庄严伟大"①，这是"存天理，灭人欲"的宋明理学也存在的具有合理性的侧面，样板戏在总体上恰恰有着对这一传统的顺应。所以，"在精神空虚、价值崩溃、动物性个体性狂暴泛滥，真可说'人欲横流'的今天"②，当人性中伦理品格侧面的需求被强化的时刻，人们对样板戏显示出某种心理亲切感，也就显得合情合理。

总而言之，样板戏显示出一种曲折地表现出来的文化"母题"的艺术光辉，才是被人们长久品味的根本原因之所在。至于样板戏话语模式定型文本的具体内容，一方面因个人人生经历而使不少人刻骨铭心；另一方面它又不过是外在的"油彩"。当然，样板戏在新的时代文化语境中历经岁月的磨洗却仍然颇受青睐，更重要的原因则在于当今中国新的文化创造的贫弱，也许这才是中国当代文化最大的悲哀。如果不能将样板戏现象的四个历史阶段纳入统一的观察视野，揭示并最终撇开政治文化诉求的蚕食来考察，这种种理性认知也就不可能获得。红色文学研究在开国时期和文化转型时期共同存在的学理局限及其深刻的负面影响，于此就令人震撼地表现了出来。

---

① 李泽厚：《宋明理学片论》，载《中国古代思想史》，人民出版社1979年版，第256页。
② 同上。

第十章　红色记忆审美的文化前景

21 世纪的中国，进入了一个以建设文化、执政文化为主导而以中华民族伟大复兴为目标的历史时代。在新的时代文化语境中，红色记忆审美始终被主流意识形态大力提倡，红色影视剧作品也确实大批量地出现并获得了良好的接受效应，但在文学创作领域，红色文化本位立场的作品相对于多元文化视角的创作，则始终处于落寞、沉寂的状态。回顾历史、审视现实之后展望未来，红色记忆审美在这文化多元化的时代到底应该选择怎样的精神方向和审美道路，就成为具有文化责任感的学术研究不得不深入思考和严肃回答的问题。

在此，我们希望全面展开对 21 世纪中国的文学与文化发展态势的研究，特别是深入揭示其中所隐含的种种矛盾与弊端，然后以此为基础，在一种文化全局性的思想视野中，从如何助推中华民族文化伟大复兴的高度，来理解和揭示红色记忆审美应有的精神文化道路。

第一节　"有高原、缺高峰"的文学发展状态

21 世纪的中国文学创作呈现出与整个时代文化相一致的多元化发展态势，但长期处于一种"有数量缺质量、有'高原'缺'高峰'"①的境地之中。长篇小说的创作就是如此。这一创作领域不断地出现各种社会、文化和艺术思潮性的热点，作品的题材、情节和主题也日益丰富多彩，而且超越了单一目标创新的审美思路，进入了对题材类型、情节元素、艺术情味和功能诉求等展开综合探索的层面，呈现出追求文本审美境界整体建构的精神态势。但各种审美境界中都存在着不可忽视的局限与隐患，甚至

---

① 习近平：《在文艺工作座谈会上的讲话》，《人民日报》2015 年 10 月 15 日。

无形中制约了更优秀、更杰出的文学作品的诞生。

有鉴于此，笔者拟通过对具有代表性的审美境界的具体分析，来对21世纪中国文学创作中的价值视域、艺术建树和精神局限进行辨析与揭示。

一

"问题性审美境界"在21世纪的中国文学创作中社会影响最为巨大。

所谓"问题性审美境界"，是指创作题材中内含重大的社会问题，审美境界则以有关这一问题的社会生态信息及其艺术感知为价值底蕴。在21世纪中国这样一个大事件、大变化和新矛盾、新问题不断出现的时代，"问题性审美境界"拥有深厚的社会现实基础，极易引起社会的关注与共鸣，其创作也就带有思潮性甚至类型化的特点。21世纪长篇小说的"问题性审美境界"，可以官场小说和底层文学为代表。

官场小说在图书市场蔚为大观，已经成为21世纪一种重要的社会文化热点现象。王跃文发表于世纪之交的《国画》、《梅次故事》等作品，对官场人生苦心孤诣而尴尬迷茫的生态特性表现得曲折幽深、入木三分，开创了官场小说的叙事模式和审美境界。阎真的《沧浪之水》将其深化到了心灵感受抒写和生命意义思辨的精神层面，王晓方的《驻京办主任》、黄晓阳的《二号首长》等作品则将视野推进到了探索官场职业生态与行业规律的范畴。但更大量的官场小说往往聚焦于官场的权势状态、庸俗习性和腐败内幕，以一种社会纪实或黑幕揭秘的艺术姿态进行写作，"官场、商场、情场"的纠葛成为作品叙述的主要内容，中国传统文化中"官运亨通"、"升官发财"、"三妻四妾"、"当官做老爷"之类的思想意识则是其心理兴奋点。由此生成的官场信息，成为这类作品受到大众关注的主要原因。

底层文学是一个由理论批评界倡导甚至运作而形成的创作思潮，大致在2005—2006年间出现高潮。这种"问题性审美境界"的盛行存在着复杂的背景与动机。理论界对"底层文学"的倡导，既切中了两极分化严重、各阶层矛盾激化的社会现实，又击中了不少功成名就的作家生活中养尊处优、创作上却突破乏术的精神现实，还呼应了关怀弱势群体、建设"和谐社会"的国家意识形态，实际上是一种既有道德优越感又无政治风险性的话语言说。底层文学的思潮性写作中，曹征路的《那儿》、《霓虹》，陈应松的《马嘶岭血案》、《太平狗》，胡学文的《命案高悬》等中短篇小说鲜明、痛切，成为一时的亮点。命意尖锐而内蕴沉实的底层题材长篇小说则出现于热闹之后。曹征路的《问苍茫》围绕劳资纠纷和相关社会利益群体的态度，直逼矛盾的核心与实质，提出了中国社会"谁主沉浮"这一事关全局的根本性问题。刘国民的《首席记者》层层深入地剥开了城市拆迁过程中的复杂内幕，不仅揭露出其中隐藏着的社会黑暗与罪恶，而且挖掘出了这罪恶得以存在的历史文化合理性及其可同情之处，显示出一种"不但剥去了表面的洁白，拷问出藏在底下的罪恶，而且还要拷问出藏在那罪恶之下的真正的洁白来"① 的艺术和历史辩证法眼光。许春樵的《男人立正》独具慧眼地从一个不起眼的底层百姓还债故事中，发掘出主人公以生命为代价捍卫男人信誉和尊严的人格品质，为尔虞我诈、物欲横流的世界中道德坚守的可能性提供了一个震撼人心的范例。这些作品既揭示了社会矛盾的尖锐、复杂和弱势群体的困顿、煎熬，又剖析了底层百姓自身生存品质的坚守与蜕变，充分显示出现实主义文学的强大精神能力和庄严社会责任感。

这两类作品具有鲜明的问题意识和强烈的生活实感，其优秀之作往往以对于时代生活底蕴的独特揭示震撼人心，其平常之作也能以丰富而鲜活的社会信息给人以阅读的兴致和正反两方面的思想触发。官场小说的畅销效应和底层文学的思潮色彩，就是其审美共鸣基础和社会文化合理性的具体表现。

但"问题性审美境界"的作品往往会从各个不同方面给人以不满足之感。其中的关键在于，官场小说存在叙事类型化、内容低俗化的倾向，底层文学表现出理论眼光狭隘化和以道德优势代替文学水准的特征。

官场小说的繁盛，实际上是以"类型化写作"的泛滥为标志的，题材重心、叙事要素、意义指向等方面仿效色彩明显，同类作品"批量"生产。大量作品故事内容的拓展路径，不过是由"秘书"而"司机"而"亲信"而"官太太"，由"驻京办主任"而"接待处处长"而"党校同学"，由"省府大院"而"官场后院"而"干部家庭"，或者由"官运"、"仕途"而"裸体做官"而"升迁"、"出局"之类，围绕官场的职务生

① 鲁迅：《陀思妥耶夫斯基的事》，载《鲁迅全集》第 6 卷，人民文学出版社 1981 年版，第 411 页。

态和腐败热点做表象的"面面观"而已。在审美内蕴建构方面，创作者热衷于以猎奇心理铺排官场的恩怨是非，表现出明显的玩味腐败、宣扬权谋的心理兴趣，甚至对官场厚黑手段所包含的"邪恶的智慧"及其运用成效津津乐道，努力去贴近"官场宝典"之类实用主义的境界。精神文化指向则从认同世俗欲望的合理性出发，沦入了全盘认同人性需求、个体私欲的人生立场，遮蔽了作为现实主义文学本应具有的守望社会正义和个体人格底线的理性立场。结果，这类创作的整体审美态势中，呈现出一种审美意味和人文底蕴匮乏的趋势。

底层文学在迅速呈现高潮之后即渐趋衰微，原因有二。其一，底层文学思潮的倡导过程中，一开始就存在着为底层"代言"还是由底层自身"立言"的困惑与矛盾。由于未能及时解决好这种困惑与矛盾，思潮的倡导者们虽然进行了许多知识考古学式的理论阐发，关注视野却由作家思想视野的"底层意识"到创作题材的"底层文学"、再到强调写作者身份的"底层写作"，呈现出"下移"和"窄化"的趋势，以至到最后，题材和作者皆属底层的"打工文学"、"打工诗歌"和"打工作家"成为了这一创作思潮的关注中心和讨论热点。一种理论眼光肤浅化和狭隘化、运作思路急功近利的倾向，就从中鲜明地表现出来。在创作层面，这样将底层社会孤立起来，缺乏全局性视野地进行就事论事的艺术处理，也导致了作品审美底蕴的极大拘囿与损害。其二，在底层文学的创作实践中，存在着强化道德义愤、虚高底层资源优势而忽略文学创作的功力、水准和难度的现象。众多的"打工文学"作品其实意蕴单薄、技巧浅陋，却受到了不恰当的重视，不少来自基层的作者被过分地推崇，其中甚至体现出某种文化民粹主义的色彩。但事实上，即使是以道德正义感为基础的抒写，如果遮蔽了社会生活的复杂性和多元价值立场的合理性，也会伤害到作品艺术内蕴的丰富程度。而且，哪怕底层生活资源具有再大的审美优势，如果创作者的审美才华和艺术功力不逮，也不过是一种"闲置的资产"，难以将其转换为高水平的精神创造成果。

"问题性审美境界"的现实基础和审美共鸣度，充分体现了现实主义的生命力；其中的种种局限与不足，则说明传统现实主义在新的时代环境中自我丰富与超越的必要性。真正高端的文化产品，应该既是时代生活内容与心理情绪的传达者，又是时代精神前沿的探索者和体现者，日常话语层面的社会性共鸣不过是其意义诉求系统中一个很浅显的层次而已。仅仅满足于此,从时代文化全局的视野看实际上是有欠缺的。相对于多元文化时代所提供的审美可能性,"问题性审美境界"的欠缺主要存在于两个方面:一是生活实感有余,但艺术的空灵度和审美韵味不足。畅销所包含的"快餐式阅读"特征,恰是作品细品的余地与余味不足的表现,其背后所体现的则是文化意味的单薄。二是写实型的规范叙事手法熟练,但艺术匠心的独特性和审美形式的丰富性不足。虽然在经历过一番形式变革、"叙事革命"之后,纯粹的形式与技法翻新在中国文坛已经丧失了神秘感与优越性,但毕竟"写作是一门技艺"①,形式与技法方面的单调与陈旧不能不说是一种"技艺"薄弱的表现。总的看来,"问题性审美境界"能否既服务于历史现场又具备超越特定语境的功能,关键在于作品能否既保持生活的深厚度,又蕴含着对具体现实问题的精神升华,还具备审美多元化时代的艺术丰富性。对此,该类作品的创作者在通盘考虑和规划方面显然尚有所欠缺。

二

"边缘化审美境界"是 21 世纪中国文学创作中一种发展迅猛的审美境界。

日常生活中的"边缘"一词是指远离中心的周边地带,有时还带有微弱、落后的意思。学术领域大多从社会文化层面理解"边缘"现象,并称之为"边缘文化"。当前学界的"边缘文化"概念,一是移植国际生物学界的"多样共生"思想和"边缘效应"理论,指代文化交流、互动所产生的"杂交文化"、"共生文化";二是将"中心"定义为主流社会的象征或价值、信仰的中心区域,而用"边缘文化"指代相对应的弱势、不发达、非主流意识形态的文化。许多"边缘性"现象,实际上同时存在着学界概念两方面的特征。

在中国改革开放时代文化多样化的大趋势下,不少作家越来越自觉地突破主流文化的视野与立场,去寻找和发掘与之相对应甚至相对立的审美资源,以求在精神吸纳的过程中或解构主流意识形态,或实现审美境界自身的更新。从 80 年代的"寻根文学"到 90 年代的"走向民间",体现的都是这种思路;21 世纪以来,这种审美追求展开得更为广泛和深入,因

---

① 章罗兰:《王安忆:细水长流的文学"匠人"》,《文汇报(香港)》2012 年 8 月 18 日。

此形成了一种由边缘性叙事元素和边缘化精神姿态共同构成的"边缘化审美境界"。

一是生活日常性本位的历史进程叙事。这是一种为消解"宏大叙事"、"历史本质论"而建构起来的叙事形态。在建构者看来,"历史的面目不是由若干重大事件构成的,历史是日复一日、点点滴滴的生活的演变"①,所以,作品的意蕴框架中虽然存在着宏大的社会历史背景,作者的审美重心却往往会落到与之对立的"生活日常性"的层面,并由此建构起一种新的历史认知境界。王安忆20世纪90年代出版的《长恨歌》,特意选择无关历史进程、在民间社会也毫不起眼的王琦瑶为主人公,从而将上海的百年沧桑淡化于生活之流,以"日常性"为本位和基础呈现出来。铁凝的《笨花》呈现现代中国的历史风云,但国族的历史演变更像是虚拟的背景,笨花村不为人知的"窝棚故事",才是作者从容舒张地铺展的现实生态。贾平凹的《秦腔》立意为形将"失去记忆"的乡土文明"竖一块碑子",却以对清风街"鸡零狗碎的泼烦日子""密实的流年式的叙写"②,来达成审美境界的建构。

二是民间境界本位的社会文化话题诠释。这类作品的意义指向是重大社会问题,创作主体却"走向民间",通过对边缘化的民间生态与民间文化的拟构,来形成一种足以抗衡主流意识形态的阐释话语。莫言就是如此。《生死疲劳》和《蛙》分别聚焦共和国的土地制度和计划生育制度,题材类型属于典型的"问题性审美境界"。但《生死疲劳》借助"六道轮回"这一流散于民间的文化元素建构想象,虚拟出一种生长和依存于乡土文化的"动物之眼",借此达成意义体味和价值审视层面的"间离效果"。《蛙》的后半部着力渲染主人公基于生命敬畏而形成的心灵矛盾与痛苦,表面上看似乎略带西方文化的忏悔色彩,但作品中让姑姑极度恐惧的"深夜蛙阵"意象表明,文本审美境界内在的精神意味,实际上是中国传统民间的"因果报应"观念。通过这"动物之眼"和"深夜蛙阵"意象,莫言成功地生发出了一种使社会问题得以重新诠释的民间意义境界。

---

① 徐春萍:《我眼中的历史是日常的——与王安忆谈〈长恨歌〉》,《文学报》2000年10月26日。

② 贾平凹:《〈秦腔〉·后记》,《收获》2005年第2期。

　　三是民俗精神本位的边地文明叙事。这种思路针对中国内部汉文化的强势地位，着眼于勘察边地民众群落性的生存规律、精神习性与历史命运，以一种民族志、地方志性质的文化生态景观，重绘中华文明复杂形态的文学版图。范稳的《水乳大地》和《悲悯大地》着力梳理中国西南地区在多文化、多民族并存状态中纷乱如麻的百年冲突历程，通过描述雪域佛土现实与超现实相融合的人文画卷，揭示了20世纪中国边地的苦难与祥和、冲突与交融。迟子建的《额尔古纳河右岸》描述鄂温克人的百年沧桑与生存现状，诗意浓郁地谱写了一曲弱小民族现代命运的挽歌。阿来的《空山》、杨志军的《西藏的战争》等，都属于区域命运考察和民俗精神探索兼美的边地生态史诗。

　　边缘性叙事资源存在异质共存、多样共生的特性，能构成对"主流"、"中心"的超越与修正；又具有内蕴层次多、包含信息新奇、富有价值活力的"边缘效应"，能达成自身意蕴的丰厚度与独特性；社会与文化的"弱势"、"他者"、"沉默的大多数"中，往往还蕴含着深厚的人文底蕴和道义光彩。于是，它们成了不少作家开拓独特审美空间、建构自我意义境界时热衷于探寻和开掘的对象。21世纪中国作家的这种艺术开掘也确实取得了辉煌的成就。《长恨歌》、《秦腔》、《额尔古纳河右岸》、《蛙》等连获"茅盾文学奖"，《檀香刑》、《英格力士》、《河岸》等获得"圈内人士"激赏，即为例证。可以说，对于21世纪中国文学的文化空间拓展和意义基础深化，"边缘化审美境界"功莫大焉。

　　在"边缘化审美境界"中，也存在某些未曾引起高度重视但发人深省的现象。一是如《檀香刑》、《秦腔》等作品，在获得巨大声誉的同时，也引起了意味深长的争论；二是如《英格力士》、《空山》、《河岸》等，虽然得到某些"同道"、"圈内人士"的激赏与推崇，作品的意义却并未获得社会文化层面的广泛认同；三是如《水乳大地》、《如意高地》等，作者的"田野调查"精神令人钦佩，"地域风物志"性质的陈述中却隐含着巨大的阅读障碍。这种种现象表明，"边缘化审美境界"的建构中确实存在着尚未获得妥善解决的误区与问题。

　　首先，"边缘化审美境界"的建构，存在着沉湎于"本色叙事"、"原生态叙事"的误区。边缘生态远离价值规范明确的"中心"区域，又是多样化生态聚合、交叉的地带，因而存在着价值底蕴不明晰、不定型的特征。不少作家在建构"边缘化审美境界"时，却热衷于"本色叙事"、

"原生态叙事",陶醉于艺术想象的汪洋恣肆和事象捕捉的左右逢源。对审美境界混沌状态与复合意味的优势和局限,缺乏深刻、全面的把握;对如何增强认知的穿透性、思想的整合力和文化范式的概括性,也没有充分重视。《秦腔》的乡土事象纷至沓来,芜杂得让人时时不得要领;《檀香刑》肆意渲染酷刑,审美必要性却大可怀疑。这种种意义指向的模糊与混乱,表面看似乎是作家才情汹涌、想象力爆发而形成的"流光溢彩"、"泥沙俱下",实际上是创作主体沉湎于边缘性事物的原生态、缺乏意义认知和叙事元素取舍力度的结果。

其次,"边缘化审美境界"的建构,未能妥善处理从"专业性境界"向"艺术性境界"转换的问题。不少作家在建构"边缘化审美境界"时,忽略了充分化解观察视角、叙事元素和资源背景的专业性与特殊性,显示出与客观外在世界精神贯通性欠缺的局限。《英格力士》、《河岸》等以西方文化的审美兴奋点,聚焦隐晦的同性恋倾向等青春期病态心理,来探索革命文化时代的人性生成,存在脱离当代中国文化土壤之嫌;《抒情年代》等作品沉湎于私人性体验的咀嚼,却疏于对情感的厚实与博大孜孜不倦的追求;《悲悯大地》、《如意高地》等过度敬畏边缘性生态的资源完整性和独特性,未能将其中的知识性"硬块"有效地转化为文学的血液。作品的审美内容未能充分"艺术化",边缘性意蕴普遍意义的显现、接受难度的破解都在无形中被局限,审美境界的开阔与通达品质当然也受到了损伤。

再次,"边缘化审美境界"的建构,还需要有效增强审美意蕴的文化说服力。在中国当代文学的"共名"① 时代,曾出现过主流文化遮蔽和拒绝边缘文化的现象,结果导致了精神意味的单向度与排他性,滋生出许多局限与弊端。21世纪中国文学为强化边缘对中心的颠覆、解构功能,则存在拒绝主流文化养分、彻底地"离心"和"自闭"的现象。但事实上,边缘与中心、边缘文化与主流文化之间既互相制衡又互相借鉴。而且从全局性角度看,边缘与中心、主流的差异毕竟是不可否认的客观存在。如果创作主体满足于边缘文化"寻宝"与"炫宝"者的姿态,弱于从全局性高度对其进行批判性审视,弱于与人类普适价值进行文化高端的深层次对

---

① 陈思和:《共名与无名》,载《陈思和自选集》,广西师范大学出版社1997年版,第139页。

话，那么，文本审美境界在寻找和判断边缘性资源中具有恒定性和普适性的意义元素、在处理本位性资源与其他资源的关系等方面，都将存在重大局限，从而导致文化说服力欠缺的现象，最终严重地妨碍作品进入汇通中外、融贯古今的"大作品"境界。

三

"病态化审美境界"则为众多富有艺术创造力的作家在 21 世纪的中国文化环境中所热衷于建构。

所谓"病态化审美境界"，主要是指文本审美境界所显示的精神格调与生命气息。将文学看作精神生命的艺术体现，在中国文学史上古已有之，中国古典美学的"气象"理论就是其中的一种表现形式。"气象"概念主要是指由主体审美精神和时代审美文化融合而成、表现于外的"别人所感觉的""气氛"①，也就是文本审美境界呈现出来的生命活力与精神状貌。其中既包含着创作主体建构人生与时代终极关怀的整体特征，又包括对审美客体的精神面貌从质和量两方面的感受与判断。人们耳熟能详的"汉唐气象"、"盛唐气象"，揭示的就是中国古典文学处于雄强或鼎盛状态的精神生命特征。

辨析与理解 21 世纪中国文学的"病态化审美境界"，也可借用中国传统美学的"气象"理论，进而从审美客体的精神面貌和创作主体的精神特征两方面来展开。具体说来，如果"病态"所体现的是审美对象的精神特征，那么，对其发掘和表现实为创作主体思想眼力与审美智慧的表现。也就是说，如果首先是"社会病了"，然后才是文学审美境界对其进行揭示，这是符合文学理想、具有充分的审美合理性的。以鲁迅为代表的中国新文学，就一直存在着这种"揭出病苦，引起疗救的注意"② 的审美传统，创作主体由此体现的，其实是一种"精神界之战士"③ 的姿态。但如果文学创作在揭露社会现实乃至整个外在世界的病态时，却又夹带着创作主体自身的病态化精神特征，就不能不引起我们的关切和警觉了。

当代中国文学精神气象的演变大致呈现为三个历史阶段。十七年文学

---

① 冯友兰：《中国哲学史新编》第 5 册，人民出版社 1985 年版，第 122 页。

② 鲁迅：《我怎么做起小说来》，载《鲁迅全集》第 4 卷，人民文学出版社 1981 年版，第 512 页。

③ 鲁迅：《摩罗诗力说》，载《鲁迅全集》第 1 卷，人民文学出版社 1981 年版，第 100 页。

表现出一种清新明朗、斗志昂扬、乐观自信的"开国气象",当时盛行的"颂歌"与"战歌"就是典型代表。新时期文学中,源于十年"文革"等社会悲剧的创伤记忆成为作品的主要内容,对伤痕成因的反思和社会变革的呼唤,则成为审美核心意蕴,由此构成了一种以"缺憾美"为特色的精神气象。从90年代贾平凹的《废都》开始,不是外在打击形成的"创伤",而是自身蜕变导致的"病态",逐渐成为文学审美境界的主导性精神特征。21世纪以来,这种病态化特征更从生命情态、精神内力、叙事元素选择和人类生态投影等众多方面表现出来,呈现为一种"病态化审美境界",并渗透于"问题性"和"边缘化"审美境界之中,成为了带有普遍性的审美趋势。

其一,不少畅销类作品热衷于关注时尚性的人生欲望及病态化的寻求与慨叹方式,表现出一种绮靡、凄迷的生命情态。《当年拼却醉颜红》(薛晴)、《无爱再去做太太》(李青)、《花心不是我的错》(老地)、《爱你两周半》(徐坤)等作品,着意状写人生错乱与时代迷茫相交织的"不伦之恋"。俊男靓女跨越道德常规的情爱,被当作本性使然、无关对错的生命流程加以描绘;由此生成的暧昧与迷乱、酸楚与哀怨,以及在循规蹈矩和"执迷不悟"之间的徘徊与矛盾,则被作者用略具诗性才情的伤感笔调,渲染成了普遍如此的时风世态,叙事境界中弥漫着王朝衰落期的中国古典文学所特有的绮丽、萎靡情调。《手机》(刘震云)的"审美疲劳"、《中国式离婚》(王海鸰)的憔悴与无奈、《所以》(池莉)的怨愤与惊恐,均被当作了小说的精神主线和情感基调,客观世相的描绘中流露出强烈的主观认同心理。一种因生命境界平庸、心灵滋养匮乏所导致的精神上病恹恹的"病美人"之态,以及因生存规范淡薄而盲目寻求刺激与出路的冲动,由此鲜明地体现出来。

其二,某些底蕴深厚之作对污浊、畸形、低俗的物象世态表现出特别的审美兴奋感,存在叙事元素选择层面的病态化倾向。阎连科的《日光流年》和《受活》立意深邃、境界独创,但作品以"男人卖皮女人卖肉"、"残疾人绝活团"等闭塞乡土的畸形生态为中心情节,则让人在倍感惨烈、绝望的同时,又不能不对其心生污秽、畸形乃至生理上的嫌恶之感。莫言的《檀香刑》对行刑过程极度铺张的感官化描写,《四十一炮》对罗小通丑陋吃相和"肉神节"、"吃肉比赛"等酣畅恣肆的渲染,也都表现出创作主体从叙事元素选择到审美趣味积淀的邪异与乖戾。成一

《白银谷》的地域与行业文化底蕴令人惊叹，但通篇散发着深宅大院趋于衰败的陈腐之气与"末日光彩"，却也是不争的事实。余华的《兄弟》随处可见"屁股"、"粪坑"、"屎尿"、"搞"之类粗俗的语词和细节，东西《后悔录》的开头津津有味地以"狗交配"的描写当作引人入胜的嚼头，更等而下之地表现出一种审美境界的"肮脏"。如果单部作品渲染某种畸形、污秽或陈腐的生命形态，我们也许会感到别开生面甚至心灵震撼，但众多作家群体性地痴迷于违背常态审美趣味的物象世态，甚至演化成一种旷日持久的创作思维定式，这就只能说是一种审美的病态了。

其三，某些技艺娴熟之作沉湎于巨细无遗地展示浑浊世相与日常琐碎，缺乏强健的主体精神驾驭力的贯注。贾平凹的《秦腔》和《古炉》均标举"混沌"气象，作品对乡土世界展示之丰沛、描述之精湛确实令人叹为观止，但这些作品总让人觉得琐碎、沉闷，根源就在于作者描述那"鸡零狗碎的泼烦日子"时，审美境界因匠气而情韵薄弱、因价值迷茫而萎缩了精神裁断的力量。王安忆铺陈生活与历史的"日常形态"时，过分倚重大千世界的底蕴在"琐屑"世相中"自生自长"的特性，结果体察的丰赡与精深就不时地蜕化成了审美境界中"无边无际的汤汤水水"式的松散与疲软。《长恨歌》的后半部对上海"日常生态"纵横捭阖的"鸟瞰"之力渐趋式微，审美格调沦入了故事随年代流淌的通俗读物境界；《遍地枭雄》大量堆砌与故事情节和文本底蕴都缺乏必要关联的"典故"，也导致了审美重心的漂移和整体凝聚力的柔弱。凡此种种，均为创作主体精神内力孱弱、价值控制力和渗透力欠缺的表现。

其四，某些表现强悍型生命形态的作品，审美境界则显现出狰狞、血腥的人类暴力生态的精神投影。姜戎的《狼图腾》、杨志军的《藏獒》均立意以天人合一的民间生存秘境为审美对象，在边缘性生态中审视和参悟中华文化的文明品质。但不管是《狼图腾》的张扬强力还是《藏獒》的渲染品格，审美境界中借以隐喻性阐释主题观念的想象基础，都是生死相搏、你死我活的暴力、决杀型生命形态，其凶险、残忍、血腥的特征包含着浓重的人类世界负面生态的精神投影。

一个短暂的文学时期引人注目的众多作品，都这样堆砌着极端或变态的人性病症、人间污浊、人生琐屑和人格扭曲，甚至表现出明显的卑污嗜好和对人类精神污垢的热衷，不能不说，创作主体的精神气象确实存在着严重的病态化倾向。

21 世纪的中国文学出现"病态化审美境界",首先是时势使然。飞速发展的社会现实中确实滋生了诸多让人不吐不快的病态,这是"病态化审美境界"得以形成的根本基础。从 20 世纪 80 年代后期以来,中国文学经历了一个思想立场从颂歌向批判、艺术重心从审美向审丑的转变。这种由批判和审丑主导的创作观念,生成了 21 世纪中国文学关注各种病态世相的精神合法性。其次,这种审美气象也是作家个体生命感受的反映。不少作家因为坎坷艰难的个人经历和百年中国的历史阴影,曾有过深切的病态性生存体验与时代感受。而且,他们虽然拥有一定的文学才情,但主体精神本身存在着庸常、世俗的气质,也缺乏积极建构时代与人生终极关怀的意志和心力。这样,当社会文化的病态现象、价值认知的时尚缺失呈强势状态表现出来时,这些作家依托时尚趋势确立自我的精神态度与情感倾向,进而将病态化生存感受转化为审美境界的实际内涵,也就在情理之中了。

但不管基于何种原因,巨大的精神心理障碍将影响和制约"大作品"境界的审美建构和时代"高峰"性作品的出现,却是势所必然、在所难免的事情。

第二节　民粹化倾向显著的社会文学生活

21 世纪中国的社会文学生活中,则鲜明地存在着一种民粹化的精神倾向。这种民粹化倾向不仅决定了各类文学作品的不同审美接受状况,而且还以文化氛围甚至时代趋势的形态,制约着 21 世纪中国文学的演变与发展。

一

在 21 世纪中国的时代环境中,随着民众文化素质的提高、传播媒介的发展和文化产业、图书市场的日益发达,文学创作不仅想象更加自由、发展更具多向度,作品的面世也更为容易和随意,由此形成了 21 世纪中国文学创作在"量"的方面的惊人增长,这自然为民众的文学阅读提供了更广阔的自由选择空间。但与此同时,在多元化时代的社会文学生活中,因为社会转型过程中新型生存压力与社会矛盾的激发,也因为现代人自我克制、压抑意识的淡化和追求个体快乐意识的增强,普通民众的文学阅读期待更多地集中在内容信息的猎奇刺激性、意义认知的实用性和审美的宣泄娱乐性等方面，而且成为了一种时代特色鲜明的审美时尚，真正的文学美学意味和精神文化价值在大众文学阅读中反而已不占主导地位。

正源于此，21 世纪中国社会文学生活中各种符合审美时尚的创作，都表现出严重的精神局限。网络上流行的盗墓小说、玄幻小说大多以审美娱乐、心智消费为创作旨归，主要依靠奇特的想象和感官刺激带来阅读的心理快感，实际上是一种纯粹天马行空、社会生活意味淡薄的想象性叙事。从图书市场大热的官场小说到影视文学的宫斗剧，则批量复制着各类以社会和人生负面体验为精神底色的生态图景，由此形成一种将人心的险恶当作世道真相、人物的心计当作应对智慧、丛林法则当作社会人生规律来予以审美化的倾向，其中表现出严重的心理病态和精神暴戾性特征。甚至各种"青春体写作"和儿童文学类的作品，也热衷于采用自恋、伤感和嘲讽相交织的笔调，来表现各种带有叛逆和颓废色彩的人格形象。

这种时尚文化色彩鲜明的文学作品越来越多、越来越流行，大有主导普通读者文学生活之势。而且，这类创作还借助图书市场的商业效应和网络媒介的传播效应，以表面的斑斓多姿和"量"的堆积所构成的强势，形成了对追求审美经典性的精英型文学创作的压抑与排斥，出现了严重的"劣币驱逐良币"的现象。更严重的问题在于，这种文学生活状态不断遭受批评，实际上却长期无法改变。究其原因，除了媒介场的推崇和文化产品商业利益的影响之外，更深层的根源是其背后隐藏着一种民众至上、全盘认同民众判断与选择的思想立场。从社会文化思潮的高度看，这其实就是一种文化民粹主义的价值倾向。

民粹主义的根本特征是，"把平民大众的意志、利益和情感视为合法性的唯一标准，并把平民化、大众化作为社会变革和发展的终极目标"①，以一种对于平民百姓、非专业知识分子创造性和道德优越性的崇信来建构价值基础。民粹主义在文化领域的表现，就是无保留地视普通百姓为"积极"快乐的追求者，全盘信任其判断的合理性，即使其中体现的是人性的低俗品质、负面特质与卑污内涵，也往往用一种理解与重视日常意义、普通百姓趣味与快乐的姿态，来加以解释并使之合理、合法化；以此为价值基础，文化民粹主义还狭隘、极端但实际上盲目和非理性地指斥一

---

① 黄文艺：《全球结构与法律发展》，法律出版社 2006 年版，第 96 页。

切精英文化为平庸、苍白与虚伪、做作，贬低和遮蔽文化精英在社会文化生活中的意义。因为存在这样一个民粹主义的价值和心理根基，时尚性审美趋势的推崇和追逐者在屡遭批评的境遇中才总是心安理得甚至理直气壮。

二

文化多元语境中的社会文学生活领域，实际上形成了传统文学体制下的"文坛"所关心的"传统文学"、依靠市场和传媒营销的畅销读物、活跃于网络等新媒体的网络文学这样三大板块，它们之间相互交叉和渗透，却又存在着巨大的差别。民粹主义主要依托畅销读物和网络文学来左右大众的文学生活，由此形成了社会文学生活中诸多的认知误区。

首先，在文学阅读生活中，出现了一种过度推崇市场效应良好的畅销读物和网络文学，却情绪化地蔑视传统文学和传统文学标准的趋势。

"真正的文学在网上"是一个在传媒批评语境中颇为响亮的口号，以致在多次"茅盾文学奖"的评奖过程中，都出现了因为网络文学作品未能获奖而对这一奖项嗤之以鼻或大加申斥的现象。这种论调和立场的鼓吹者，往往对文学全局并没有多么充分的了解，甚至对具体作品也没有细致地阅读与分析，而且还存在着将某类文学的整体影响等同于具体作品实际成就的逻辑误区。但他们存在着一个貌似强大的立论依据，就是作品的点击率与媒介影响。无独有偶，在对传统文学的价值重估中也存在同样的现象。2013 年，广西师范大学出版社搞了个图书"死活读不下去排行榜"，在对近 3000 名"读者"的意见进行统计之后，得出《红楼梦》高居该榜榜首的结论。[①] 这种种论断的理论依据，都是大众阅读趣味和网络点击率具有天然的合理性，其背后隐藏着的，恰是"某种趋向既然是流行的、意识形态方面也必定是健全的"这样一种民粹主义的思想逻辑。

认为传统衰落或消亡、"真正的文学在网上"的观点还存在另一个立论依据，就是网络文学是新媒体的产物，其中必然地包含着某种新型的社会文化和文学价值观念，研究者以这样一种有关审美未来趋势的乌托邦，来形成对于公众的思想蛊惑力。但实际上，一个新的文学时代的形成往往

---

① 曾亚莉、陆芳：《图书"死活读不下去排行榜"走红〈红楼梦〉居榜首》，《金陵晚报》2013 年 6 月 25 日。《重庆晚报》、《今晚报》等报纸及众多网站都对该项调查及其结果做了报道。

需要相当漫长的时间，价值观念的未来因子与现实形态之间存在着遥远的距离，所以，这种说法其实是把事物发展的或然性当作了客观存在的实然性。而且，新媒介无非是一种新型的传播手段，它与体现历史规律和未来方向的新价值、新观念之间，并不必然地具有互生、共进的关系。就像20世纪的收音机、电视机等音像传媒的出现，并没有必然地导致一个新型文化时代的诞生一样。

所以，"真正的文学在网上"实际上是一个不具有内在逻辑必然性的论断。这个观点貌似有理并且获得广泛关注的关键原因在于，立论者着意强调了诸如电脑等高科技传播方式、经济一体化与全球化、普及的高等教育以及文化同质化等后现代语境的技术和文化条件，由此在以经济和技术为中心的社会环境中，对公众形成了一种迷惑性；然后又将这种迷惑的结果，当作社会文化发展的必然规律与趋势来加以利用，从而酿造出一种貌似客观的、"众所公认"的态势。这正是高科技时代文化民粹主义的典型特征。

其次，在文学创作生活中，题材类型方面出现了一种广泛认同和推崇"类型化写作"的倾向，审美境界中呈现出"去道德化"、"去历史化"的特征。

从20世纪90年代后期以来，当某种题材的创作以独特的社会历史认知和相对成熟的艺术表现引起社会广泛关注并产生良好的市场效应时，仿效色彩明显的同类创作就会蜂拥而上、"批量"生产。《国画》与官场小说，《暗算》与红色谍战小说和谍战剧，《历史的天空》、《亮剑》与红色草莽英雄传奇，都是这样。这种"类型化写作"的根本特征，是通过审美嫁接的叙事策略将社会历史认知和审美文化消费结合起来，通过添加大量刺激大众阅读快感的内容元素来形成各种叙事的俗套。虽然各种范式的开创性作品确实具有一定的社会历史认知价值和艺术境界开拓意义，但"类型化写作"后续出现的大量作品则因为致力于向文化消费和审美娱乐性靠拢，很快就改变了社会历史认知这个审美重心，表现出内容虚假、品质低俗、叙事"戏说"化之类的种种弊端，背离了文学是"人学"、是精神高端与审美独创这一艺术创造的本质要求。对此我们已有具体的批判性分析。重申这一问题的关键用意在于，这种"类型化写作"的审美路径因为具有良好的市场效应，反而受到了越来越广泛的青睐与推崇，其根本原因也在于立论者无保留地视普通百姓为"积极"快乐的追求者，全盘信任其判断的合理性，"把平民大众的意志、利益和情感视为合法性的唯一标准"①。

除了声势浩大的"类型化写作"之外，21 世纪的文学创作生活中，还存在众多因年龄特征、性别特征甚至媒体事件而关注、炒作乃至推崇某类文学创作的现象。这种种现象实际上是将创作的意义指向某类目标人群，进行精神价值标准层面的为民是从，媚各种"小众化"的俗。但因为"聚集成群的人，他们的感情和思想全都转到同一个方向，他们自觉的个性消失了，形成了一种集体的心理"②，结果这类创作往往能获得众多同类的"粉丝"，由此又形成一种民粹色彩强烈的认同和推崇的基础，其中隐含的审美与精神文化误区则始终难以得到理直气壮的揭示和批判。

最后，在文学研究生活中，出现了以大众的强势认同压抑和贬低专家理性认知的学术风尚。

在 21 世纪的社会文化环境中，普通民众的文学阅读方向主要由大环境中的媒介宣传和阅读时的心理感受所决定，精英文化、"学院派"的判断与推崇对他们的影响往往是间接的、微弱的。21 世纪中国的"学院派"文学研究又多是着意于学术话语体系性与权威性的建构，并不将思想内涵和价值论断为普通大众所理解当作重要目标，这就增添了沟通的难度。而民粹主义影响下的时尚性写作、娱乐文学，则通常使用大众最为熟悉的形式，表达大众最为熟悉的主题，因而无人觉得存在接受的困难，这样专家的影响与作用就显得多余。令人遗憾的是，某些专家还不断在包括文学在内的许多领域发表各种"不靠谱"的观点与看法，这又增添了公众对于"专家意见"的负面感受。众多因素相结合，就在相当程度上形成了一种取消专业话语乃至专业知识的社会心理氛围。事实上，文学作为一种高难度的精神行为，对其真正深入、透彻的理解，是需要复杂、深邃的专门知识和专业技能的，这种专门知识和技能虽然很多人都自认为拥有，但实际上往往仅具"皮毛"，离"精通"还差得很远。所以，在对文学作品进行审美认知的范畴，以群体认同抗拒专家评判、以"多数特权"和共同意志剥夺具有精英性质的个体意志与"少数特权"，只能说是基于一种民粹主义立场的、自欺欺人的价值逻辑。

---

① 黄文艺:《全球结构与法律发展》，法律出版社 2006 年版，第 96 页。

② ［美］埃里希·弗洛姆:《对自由的恐惧》，许合平译，国际文化出版公司 1998 年版，第 169 页。

在大众意见贬低专业研究的现象不断出现的同时，文学研究界自身则呈现出一种精神气场萎缩的状态。因为缺乏自信与不甘寂寞，某些研究者还表现出妥协乃至迎合的价值态度和谦卑乃至不无媚态的人格姿态。在21世纪中国的文学生活中，基于民粹主义倾向的许多说法与观念，实际上并不包含有力的文学眼光与精神见识，更没有形成深具精神文化意味的价值形态，它们大多只是假借媒介的力量形成一种审美势力，并将其渲染为历史的必然规律与趋势而已。但某些专家、学者为争夺"学术"的话语权和博得媒介的"眼球效应"，却对这种审美势力及由此形成的各类"写手"与"文本"，不加审慎论证就无原则、无分寸地吹捧，从而形成了一个专家认同民众推崇的方向、民众跟风媒体造就的时势、时势又为民众的精神刺激和审美狂欢心理推波助澜的恶性循环。专家们也就由从"以民为粹"出发最终达到了为"民之精粹"的目的。实际上，这是一种挟民粹以自重来追求学术话语权的"文化机会主义"行为，是民粹主义引领者的基本特征。

另外，每当专家群体出现抗拒各类时尚性写作倾向、指斥各种时尚性创作文本的现象时，民粹主义倾向的获益者们往往并不会详加分辨，而是一方面从经济效应的角度渲染一种"畅销书的自得"之态；另一方面则挟"粉丝"的支持率而形成一种论争的霸气，以此为基础展开理性论辩欠缺而武断之风、暴戾之气甚嚣尘上的"骂仗"。可以说，这是当下文学生活中民粹主义倾向最为恶劣的精神表现。

三

民粹主义是一种具有价值两面性的社会文化思潮。它肯定民众的首创精神，把民众的愿望、需要、情绪当作考虑问题的出发点和归宿，这从重视人民群众历史作用的角度看，有其积极意义。文化民粹主义重视"流行的、普遍的、大众的"文化现象的发展，对于丰富民众文学与文化生活也有相当的合理性。而且，历史上确实不乏新型审美风尚与文学类型起源于民间和流行的先例。但是，民粹主义强调对大众情绪和意愿的绝对顺从，反对精英主义，忽视乃至抹杀精英人物在社会历史进程中的应有作用，却也是不可忽视的客观存在。所以，问题在于如何富有文化和历史理性地把握好民粹主义价值两面性之间的平衡，控制好二者之间的度。

在当今中国的社会文化语境中，因为文化转型是在各种社会矛盾激增的状况下进行的，结果，许多原本具有相当合理性的价值观念往往都发生了蜕变，"播下的是龙种，收获的却是跳蚤"的境界堕落现象几乎比比皆是。在社会文学生活中，新现象刚一产生就品位下降、境界下滑的现象也随时可见。文化民粹主义的发展过程就是这样。因为图书市场化和各种新兴媒体的介入，那种传统的体制化文学生活中普通民众被遮蔽、"不在场"的现象终于有了较大的改观。官场小说、战争题材小说、"青春体写作"文本最初的流行与畅销，都显示过大众突破僵化话语、主导文学生活新发展的良好态势。但很快地，这种大众主导意识就蜕变成了文学审美境界低俗化的挡箭牌，还在文学生活的诸多方面表现出明显的独大、自恋色彩，进而导致了社会文学生活中精英维度的孱弱乃至缺失，使得文学发展的传统方向得到转变的同时，新的审美价值追求长期在低起点、低境界中徘徊。并且，这种审美倾向总是粗暴地拒绝乃至排斥各种其实具有充分合理性而又确实击中要害的批评。这就显然走到了民粹主义价值倾向的负面，并与民族文化发展的大趋势背道而驰了。

所以，多元语境中的文学创作一方面确实需要进入时尚文化圈，获得更多切实的文化发展新信息，以增加价值判断的可靠性；另一方面则不必因为各种时尚性写作具有市场和媒体的强势，就以为它们真是多么了不得的事情，并因此丧失了自我的价值判断，放弃了精英文化对国民文学生活的价值批判和精神引领功能。在此基础上走出民粹与精英的对立，探索在多元价值融合的基础上升华社会文学生活境界的可能性，则是时代赋予我们的更重要和长远的历史责任。

第三节　国家文化意识淡薄的新媒体思想现实

21世纪中国的社会文化领域中最为重要的变化，当属新媒体传播空间的形成与发展。而这一传播空间对红色记忆审美影响最为巨大的问题，则是其传播内容中国家文化意识的淡薄。对此我们不能不给予一种正面的关注和探讨。

一

当今时代的新媒体，主要是指建立在计算机信息处理技术和互联网基础上的各种媒体。作为一种发布信息、传播思想、表达民情、宣泄情绪的新型文化表达形态，新媒体因为互联网传播的跨时空自由扩散特性，显示出消解传统媒体之间、国家之间、社群之间、信息发送者与接收者之间边界的传播功能，以及全球同步性、全民参与性、自由平等性、开放互动性的表达优势，从而为各种文化的发展与沟通开辟了更为自由的空间，也为受众获取与传递信息提供了更为广阔的渠道。与此同时，新媒体传播结构所存在的多向性、发散式特征，却也有可能使信息的生产、传播与接受，呈现出混乱、芜杂乃至失控的状态。

　　从人类文化发展的角度看，不管何种文化传播形态都是为传播内容服务的，所以我们更应该关注的，其实是它们所表达的具体内容。新媒体实际传播的内容中，在社会信息、公共服务和文化娱乐等方面都是既体现出信息的"海量"与文化的丰富性，也表现出越来越严重的负面特征。具体说来，就是内容制作与传播缺乏中心控制系统，意识形态的适应、驾驭力和精英文化的进入处于滞后状态。结果，与传统媒体相比，新媒体独立发布的内容中反而更多地呈现出不良文化和泡沫文化泛滥的状况。海量信息价值含量稀薄，精品匮乏；各种色情、暴力信息充斥于网络的各个角落；点击率则存在着虚假性以及与实际关注度的不对称性。

　　因为泡沫文化和不良文化通过新媒体传播所带来的危害性，世界各国都高度重视新媒体传播内容的研究和管理，并先后采取了各种措施来规范互联网络、纯洁网络文化。1995 年 5 月，国际环球网络联合会公布了互联网络监控软件的监控标准，用以筛选、删除网络上的不良文化信息，限制不良文化的泛滥。1996 年 12 月，德国颁布《多媒体法》，成为世界上第一部专门规范网络传播的法律。一些亚洲国家则明令禁止色情、暴力等不良文化在网络中的传播。

　　当今中国新媒体的发展，总体上呈现出与国际接轨、与全球同步的态势。世界各国所呈现的新媒体优势未曾充分运用和显现、局限与弊端反倒泛滥成灾的现象，在中国的新媒体领域也同样存在。因此，我们既应当超越以或然状态为必然状态，理想化地推崇新媒体的传播优势与思想优势甚至以之为文化新时代的境界；又需要力避过分地依附、迎合"业界"的兴趣与导向，以产业经济、产业技术的研究遮蔽和取代文化研究的倾向，而将学术研究的重心，转向关注新媒体所传播的影响我们时代文化发展的具体内容，着力开展对新媒体精神现实的清理、分析与思考。

二

在国内新媒体所呈现的社会信息类、公共服务类和文化娱乐类等方面的内容中，文化娱乐方面的内容丰富、驳杂而且原创性突出，相当典型地体现了新媒体精神现实的特征。

新媒体在文化和娱乐方面的内容所体现的主要是大众文化范畴的内涵，中国大众文化在社会文化转型期的负面特征在其中表现得相当明显。价值含量稀薄的泡沫文化层层累积，精神境界低俗化的现象广泛存在，就是最为典型的事实。从"芙蓉姐姐"到"二月丫头"，从一个接一个的"恶搞"事件到众多一哄而上、胡搅蛮缠的"网络大战"，从"黄色"短信到低俗音乐，新媒体内容传播的泡沫化、低俗乃至恶俗化的事例，堪称俯拾皆是。精神劳动的勤奋度欠缺，往往以采用生动活泼的拼版和丰富多彩的插图、增强可读性作为核心目标，用材料加工型的模仿与简化限制乃至取代内容的创造；精神能力孱弱，宏观视野缺乏，细枝末节与整体逻辑联系的建构欠缺；精神眼光平庸猥琐，离奇古怪、低级庸俗的小故事、小消息泛滥成灾；精神趣味玩世不恭而又狭邪鄙俗，严肃文化被戏谑与嘲弄，互动行为刻意地背离教化和教养，语言的"情色"意味与暴力倾向此起彼伏，对于负面文化与人性丑陋表现出畸形的兴趣和强烈的猎奇心理。这种种特征显示的新媒体精神现实，实际上是以自由之名行低俗、单薄之实。不能不说，这种趋势的蔓延与扩张，已经成为新媒体令人沮丧却不可忽略的严重事实。

出现这种现象存在多方面的原因。首先，大众文化的根本特征，在于它不是将公众导向一种人类经验累积和创造的价值实质不受损害的文化境界，而是竭力迎合教育水平和精神期待较低的消费集体的娱乐与消闲性需求，确保大众以较低的心理和精神前提条件接受其制造的文化商品，从而增加商品的销量或关注度。这就有可能在极大程度地满足公众文化娱乐和消闲需求的同时，却过度顺应和俯就这种趋势，从而出现产品精神质量低劣的现象。当今中国的新媒体正是如此，甚至因为缺乏成熟的规范和驾驭的经验，负面特征蔓延的趋势表现得更为突出。其次，新媒体内容创作的私密化和传播、认同的自由性，使得社会化的个人确定自我社会定位的结构不复存在，具体行为与具体场所之间的联系纽带也不再紧密，这样，在充分展开人的个体特征和心智自由的同时，却也有可能导致人的主观能动性的失控与任意发挥。同时，新媒体的主流人群集中于崇尚新知、新奇、人性表现相对自在而人格修炼相对匮乏的年轻人，他们享受着精神主体的充分自主性，但自我控制的能力缺乏足够的训练，又有着浓厚的青春期叛逆倾向，这种失控与任意发挥的程度就更为严重。再次，整个时代文化存在狂欢化、欲望化的倾向和价值规约失控、失范的状态，构成了低俗文化出现的外在氛围。最后，在传播机制方面，单纯"注意力经济"的传播价值取向和所谓"不代表本站观点"的信息处理策略，信息获取和消费方式的感性化、"短平快"特征，则共同为这种精神品质的低俗境界提供了酿造与展开的平台。结果，"自由的网络"反而使人性两面性中浅薄、卑劣、庸俗乃至阴暗的侧面，使文化两面性中的负面、恶劣面，极度地扩张和膨胀开来。

文化是社会发展的深层动力，这种低俗化所形成的文化泡沫与文化垃圾对大众存在着恶劣的影响，不仅导致了接受主体精神价值培植功能的弱化，还可能掩盖整个社会对于时代文化精髓和精华的指认与品味，从而导致时代核心价值的被遮蔽，甚至导致整个国家文化境界的下滑和文化品质的损伤。因此，在商业化、社会化的文化语境中和新媒体的传播技术条件下如何有效地抵制低俗文化的冲击，已经成为一个亟待整体把握和全面规范的重要文化课题。

国内的知识界人士和政府有关部门，或者发表种种批评性言论，或者采取相关的行政措施，已经对包括新媒体文化在内的各种低俗现象进行了严肃的抵制和批判。但是，在对于新媒体精神现实的价值态度中，也存在两种似是而非的思想立场。

第一种态度，是以"文化和谐"和"社会民主"之名，对其不加具体分析地纯粹因"方向性"而给予无限度的认同和宽容。实际上，在一个思想多元却又立足发展的文化时代，我们虽然应该将文化的主导性与包容度结合起来，在着力建设社会主义先进文化、确立社会主义先进文化主导地位的同时，努力保持时代多元文化之间的和谐，但这种和谐应当是有规范、有创造性品格、有境界的和谐；应当是多样文化与先进文化具有发展方向一致性、发展优势互动性基础上的和谐。否则，这种"和谐"就可能蜕变为无边界、无限度的纵容，结果导致整个时代文化价值的萎缩和文化境界的堕落。

另一种观点认为，包括新媒体在内的大众文化的负面状况，已经构成了对国家形象、国家文化安全的威胁。从低俗文化对于国家文化品质侵蚀和国家文化境界损伤的可能的后果严重性来看，这种观点似乎具有相当程度的合理性。但实际上，21世纪的低俗文化不过是一种"泡沫文化"，虽然表面看来声势浩大，其实并不真正具备意识形态的意义，并不具备与当今中国社会主流意识形态对峙的文化力量。比如，网络和电视联动的"超女"、"快男"现象，实际上不过是由世俗而迅速滑入低俗境界的大众流行文化的普通案例，而且很快就因大众的厌倦而趋于式微。红色经典和严肃文化被"恶搞"，同样不过是一个因新奇而引人关注的话题性现象而已。最开始的"恶搞"视频《一个馒头引发的血案》、《闪闪的红星之潘冬子参赛记》曾引起轩然大波，而"恶搞"电影《太阳照常升起》的网络视频出现时，就几乎无人关注了。所以，将低俗文化抬到威胁"国家文化安全"的高度，实在是夸大了它的能量与分量。在我们这样一个应当具有恢宏文化气度和坚定文化自信的国家，夸大其词和危言耸听都是不必要甚至有害的。

三

新媒体文化的具体内涵出现低俗化、负面化倾向的关键原因在于，随着社会公共空间的迅猛扩张，整个社会呈现出一种国家文化意识淡薄的精神倾向。所以，我们应当从中华民族伟大复兴时期的国家文化境界的高度，来对这个问题进行理解与思考。

现代社会的公共领域是随着城市的兴盛和市民社会的出现，在国家与社会的张力场之间发展起来的。媒体则成为人们在社会公共领域交往的有效渠道，而且逐渐由信息传播机制发展成为思想传播、公众舆论的载体。因为媒体的发展，公共领域在文化整体格局中的参与机会与能力得到了有效的增强。21世纪以来，随着人们的社会和思想交往渠道不断增加、社会民主化的范围和强度不断扩大，社会生活政治化的趋势与政治话语主导社会文化的能量逐渐趋于式微，公共领域的自由空间也就相应地变得越来越宽广，其影响的范围和力度达到了前所未有的程度。

与此同时，社会公共领域的文化内涵结构却发生了重大的转型。由于媒体的商业化以及经济、技术和组织上的一体化，它作为商品流通还是社会交往工具的界限越来越难以确定。社会功能也发生了从文化认识、社会批判到文化消费的转化，社会批判的公共性遭到利益诉求的公共性的排斥。公众则逐渐分裂成两部分，即着意制造文化商品和满足自我扩张欲望的少数专家，以及用公共接受替代精神价值自我培植的消费大众。公共领域本身因公众消费意识的增强，显示出越来越私人化、"分众化"的特征。结果，公共领域及其话语载体的社会、文化公共参与功能反而被不断弱化了。同时，虽然公共领域的文化产品被表面充分自由地、完全个体化地选择和接受，因而显示出充分的"民主"气息，但因为参与制造产品的各方隐秘的策略性意图往往会形成对社会交往渠道的控制，这种民主气息和民主潜能就显出一种内在的暧昧性，实际上不可能在价值定位层面有效地发挥作用，因为民主恰恰是一种对基于社会整体责任的政治与文化权力的呼唤。

中国的新媒体正处于社会公共领域发展的这一阶段。借助新媒体的传播平台，公众参与公共空间建构和公共文化建设的技术能力的确大大增强了；而且，因为网络世界的虚拟性，这种参与能力显示出隐秘性的创作和公共性的传达相结合、信息发布和意见阐述充分自由的特征，因而为个性提供了广阔的表现空间，也给中国社会公共文化创造活力的发挥提供了巨大的机会。但是，在已经获得的社会公共空间中，文化上和心理上已经动员起来的公众，如何有效地使用自己的交往和参与的权利与机遇，却未曾得到充分的重视。

因为理性自觉的匮乏，新媒体文化权力的掌握者与文化内涵的接受者，虽然因为接受过相当程度的教育，也接收到相对广泛的信息，而显得视野开阔，思想敏锐，颇具创造的灵光和文化传播的活力，但对于整体社会文化结构的认识和社会文化品位的要求，却普遍处于一种纯粹私人心理经验的层面，存在着严重的素质和修养欠缺的问题。而且，由于新型公共领域充分的个体自由度和前所未有的影响范围、影响力度，由于其中文化的通俗元素与高雅元素之间互相渗透的特性，也由于价值判别标准的时代性改变和公共领域内部的分化，公众往往也会模糊乃至忽略文化参与的技术和精神能力之间的差异。这样一来，新媒体精神现实中内涵芜杂、出现诸多价值泡沫和境界低俗的现象，就成了不可避免而公认为理所当然的状况。

由此可见，增强文化理性在社会公共领域的运用，增强公共领域的精神自律和文化规范意识，已经成为刻不容缓的事情。解决这一问题的关键则在于，我们需要从多元性内部提炼和升华出一种可代表公众文化普遍利益的价值共识，来作为基本的价值立足点。国家文化境界就是我们时代这种普遍利益和价值共识的核心内涵。这既是文化国别性客观存在的必然结果，也是完成中华民族伟大复兴使命的时代要求。所以，我们应当以建设一种能不断维护与升华国家文化境界的长效机制为目标，来确立国家文化境界及其核心价值观念在社会公共领域的文化主导和优势地位，确立各种文化价值内涵的评判标准。以此为基础，我们应当在多元文化价值观念的博弈中积极有效地行使参与权力和监控能力，超越纯粹基于人性本能与时代常识所形成的时尚性文化走势，超越公共领域文化产业观念主导下形成的利益博弈至上的时代弊端，引导文化公共领域的创作在文化整体意识与自我价值定位、批判创新功能与利益扩张欲望、文化消费心理与价值消解趋向之间，进行积极的思想方位和行为方向的转换，使新媒体等社会公共领域价值含量稀薄的"亚文化"、负面文化向优良文化的方向发展，最终顺应并服务于国家文化境界的充实与提高。

第四节 "思想家境界"与"大雅正声"品格的时代呼唤

在 21 世纪中国的时代环境中，文学创作"有高原、缺高峰"，文化语境中国家文化意识淡薄，社会文学与文化生活中呈现出显著的民粹化倾向，这是我们不能不严肃地面对的客观现实。在这样的文化现实中，按照怎样的精神方向和审美路径，才有可能成功创造开拓国家文化境界、代表时代文化高度的"伟大作品"，显然是一个需要深入思考的问题。笔者认为，从文学发展全局的角度看，其中的关键是要切实解决好作家的精神心理建构和创作的审美文化品格两大问题。

一

从作家精神建构的角度看，中国文学"更上一层楼"的关键，在于创作主体努力超越各种既成审美境界的局限，形成一种审视时代与生活的"思想家境界"。

21 世纪的中国文学之所以群星闪烁却亮点散布，甚少光彩夺目、灿烂辉煌的篇章，根本原因是各类审美境界重视叙事内容新颖性与充实度的同时，却往往忽略了对审美意蕴典型性和认同度的追求。

在21 世纪中国长篇小说的审美境界中，"边缘化审美境界"的作品习惯于选择田野调查、民俗考古或个人怀旧式的创作思路，结果，读者就往往将其当作新鲜感和趣味性兼备也不无情调的"闲书"来翻阅，却难以作为观察人生世事的精神奠基之作来对待。"问题性审美境界"的作品则不时因认知角度与价值立场的缘故，遭到"异见者"的排斥。官场小说以"灰色叙事"提供了有关当代中国官本位生态的新的审美意味，却因忽略"主旋律文学"的价值合理性而遭到主流意识形态的冷落，就是典型的例证。但众多官场小说作者均满足于热烈的图书市场效应，并未立意兼容二者的价值优势，建构一种艺术意蕴更通达、价值涵盖面更博大的审美境界，这样一来，作品的意义认同面自然也就难以进一步扩大。"病态化审美境界"的建构者对于人性丑陋、人间卑污的热情，恰如面对一座高楼大厦不去欣赏和赞叹主体建筑的雄伟壮观，却热衷于搜寻和展示其阴沟暗道的污秽丑陋。单就行为本身来看似乎并无不妥，由此生成的审美境界反而能给人以别具深度之感；但超越具体情境细细回味，那"红肿之处，艳若桃花；溃烂之时，美如乳酪"①的审美趣味，恐怕很难获得审美接受者的高度认同。这种种现象，都将妨碍意蕴建构的精神代表性与审美认同度。

　　长篇小说作为一个时代的"文化重镇"，最为重要的文体优长在于能呈现出一种宏观完整的生活和丰富立体的内涵，题材和内容的独特选择，目的也在于更好地以小见大、由点及面、由"一滴水反射太阳的光辉"。所以，多元文化语境中的作家们更应该做的，并不是基于对文学特性某个侧面的领悟，在不同的题材或文化领域不断"平移"性地创作出优秀作品，而是由"优秀作品"到"杰出作品"再到"伟大作品"，进行整个文本意义世界的升华。由此出发建构审美境界，叙事内容的新意和艺术形式的精美就将退居次要地位，审美内蕴的思想穿透性与精神涵盖力则显示出更重要的意义。但事实上，在 21 世纪中国长篇小说的创作中，意蕴的穿透性、涵盖力和价值的认同度却受到了严重的忽略。

　　出现这种局限与误区的根源在于，在众多作家的精神建构中，"才子气"、"匠气"、"学究气"均相当浓厚，"思想家气息"却颇为薄弱，常常忽略甚至回避了"伟大的作家往往同时也是伟大的思想家"这样一个根本性的问题。

　　首先，不少作家缺乏一种追求"思想家境界"的自觉意识与自强精

---

① 鲁迅：《随感录三十九》，载《鲁迅全集》第 1 卷，人民文学出版社 1981 年版，第 318 页。

神。活跃在 21 世纪文坛的中国作家，大多是经历了一番艰辛的底层人生，然后凭借深厚的生活积累、真切的人生体验和长期的艺术磨炼走上创作道路的。因此，他们在积累生活知识和艺术技能方面轻车熟路，也表现得甚为经心。但对于参悟人类思想文化层面的知识，他们则缺乏长期的熏陶，难以"习惯成自然"，甚至对思想家的著作都很少研读，存在着"一抹黑"的现象。而且，因为笃信生活积累的审美优势，他们往往还对"思想性"存在一种隐隐的排斥心理。这样，当"亲历生活"的叙写告一段落之后，他们会迅速地以田野调查、民俗勘探等方式去熟悉一块新的生活"领地"；但在审视和领悟现实世界与人生真谛出现问题或疑难时，他们却怠于穷究人类的思想文化来建构自我的审美阐释之路，往往以对于生活隐秘进行"写真"、"还原"的方式逃避过去。如此的精神思路，自然不可能在审美境界中呈现出坚实有力的"思想家气息"。

　　其次，中国文学界对于文学作品的"思想性"和作家的"思想家境界"，存在着理解与认识的误区。长期以来，社会性审美境界占据着文学创作的主导地位，意识形态的负面影响则导致某些"概念化"作品反而被当作"思想性强"的表现。结果，不少作家或者将思想能力等同于分析和评价具体社会问题的能力，对其狭隘化；或者将"思想性"当作妨碍审美潜能发挥的因素，对其心生反感。同时，新时期以来对中国文学影响巨大的优秀作家，存在着以思想性见长和以想象力、生活积累著称两种类型。以思想性见长的作家往往审美发掘之深邃、博大令人钦佩和叹服，艺术境界的意象丰盈、情味洋溢、"元气"淋漓等方面却总是相形逊色，这就更增添了想象力推崇者对审美创造过程中思想力功能的疑虑。更有甚者则认为，当下中国属于价值多元和"娱乐至死"的时代，根本就不需要也不"待见"由别人来灌输思想，并以此作为在创作中拒绝"思想性"的理由。诸如此类从不同方面积累的误解与偏见，导致了不少作家在建构主体精神时对"思想家境界"有意或无形的疏离。

　　实际上，当今中国正处于社会与文化转型、过渡的时期，一切皆处于未定型、未明晰的状态。问题的本质和价值的底蕴都只能自主地探索；古今中外的各种思想资源也大多只能作为思考时的借鉴，却难以直接转化为捕捉问题、阐释体验的思路。在这样的环境条件下，文学创作要想真正全面而深刻地审视和驾驭时代，并以审美成果具有权威性地代表这个时代，必由之路只能是作家自己成为思想家。也就是说，突破和超越 21 世纪中国文学的审美现状、建构当今时代的"伟大作品"与艺术"高峰",在创作主体方面的关键性精神努力方向,应该是建构起一种"思想家境界",并恰当地处理好因"思想性"所导致的种种审美误区。

二

从审美文化层面看,21世纪中国文学的雄健发展,关键是要建构起一种能够与中华民族伟大复兴相匹配的、"大雅正声"的文学审美品格。

中国文学的开山之作《诗经》中的"风、雅、颂",其实不仅仅是音乐的差异和作品发源地的区别,更是一种审美原则和创作立场的标识。《毛诗序》云:"以一国之事,系一人之本,谓之风。言天下之事,形四方之风,谓之雅。雅者,正也,言王政之所由废兴也。……颂者,美盛德之形容,以其成功告于神明者也。"郑玄注释《周礼》也指出:"雅,正也,言今之正者以为后世法。"换句话说,所谓"大雅正声",就是要"言天下之事,形四方之风",全面广泛地展开和表现关系国计民生的时代状态及其盛衰缘由,尤其要关注和弘扬时代文明的正面成果,"言今之正者以为后世法"。中华民族的历史上始终存在这种"大雅正声"。汉唐煌煌的"盛世文学"就存在着大量的"雅、正"之作,从而构成了雄浑壮丽、光耀千秋的"汉唐气象"。唐代伟大诗人李白的《古风》第一首,就直陈对于"大雅久不作"、"正声何微茫"的强烈不满,表示"我志在删述,垂辉映千秋"。他的包括59首《古风》在内的大量诗作,发掘和弘扬"大雅正声"所体现的倡扬理想、批判现实、引人向善的审美传统,以时代史诗精神与个体自由意志高度融合的艺术创造,建构起了盛唐文学的高峰。完全可以说,如果缺乏一种以"大雅正声"审美原则为基础的对于文明成果的正面积累与传承,中华文化数千年的绵延发展是无法想象的。

但在20世纪中国的发展历程中,中国古典文学的"风"、"颂"审美传统长期受到缺乏特定历史时段意识的重视和缺乏文化整体格局眼光的推崇,"大雅正声"的审美原则却长期处于被忽视乃至遮蔽的状态。

近人钱穆《读诗经》认为:"诗之先起,本为颂美先德……及其后,时移世易,诗之所为作者变,而刺多于颂,故曰诗之变。"[①] 这也就是说,

---

① 钱穆:《读诗经》,载《中国学术思想史论丛》(一),台湾东大图书有限公司1976年版,第120页。

"颂"往往是一个历史时代开创初期的审美需求，"风"多半是乱世、末世时期社会矛盾激化的产物，"大雅正声"方为漫长的历史健康发展阶段的核心审美原则。从20世纪的历史来看，中国长期处于内忧外患、腐败动荡、国家和人民均灾难深重的历史状态，因此，作家们以"真正艺术家的勇气"①，"敢于直面惨淡的人生，敢于正视淋漓的鲜血"②，选择否定和揭露性的立场来从事文学创作，"刺多于颂"，由此形成了中国现代文学珍贵的战斗传统。中华人民共和国成立初期，面对"中国人民从此站起来了"的历史局面和生气勃勃的开国气象，大量颂歌的出现也理所当然。"文革"结束后，文学创作出现一段时期痛定思痛的批判与反思，同样在情理之中。21世纪的中国已经进入了以建设和发展为核心的、雄健迈进而又任重道远的历史新阶段。在这样的时代环境中，以揭露、批判、否定、"革命"性立场为中华民族新的建设与发展扫清道路的创作，主要任务实际上已经完成，单纯的"风"已不符合当今中国的国情；仅仅"美盛德之形容"的"颂"，对于一个已经成立60年余年的国家政权来说，也难以产生促其更快前进的核心推动力。所以，当今时代所需要的，是及时地调整价值眼光，超越20世纪中国文学的"风"、"颂"传统，以"言天下之事，形四方之风"的思想视野和"言今之正者"的价值立场，确立"大雅正声"的审美原则。只有这样，中国文学才能深刻有力地回应中华民族伟大复兴的历史时代。

而且，多元文化语境的文学创作中，盛行悬置整体利益诉求的个体本位立场，并由此导致了审美文化精神的蜕变，不仅中华文化的"雅"、"颂"传统衰弱，即使是"风"、"变"的审美价值模式，也未能真正进入以"一人之本"显"一国之事"的深邃境界。

因为西方个体价值至上的思想观念和反省"革命"时期损伤个体利益的思维惯性所带来的影响，再加上市场经济功利化价值取向的推波助澜，一段时间以来，推崇个体欲望与价值、漠视文化社会功能的审美观念在文学创作乃至整个社会文化生活中都成为了时尚。文学生活中的民粹化倾向、大众文化领域的国家文化意识淡薄状态，内在的精神根基其实都是

---

① ［德］恩格斯：《致玛·哈克奈斯》，载《马克思恩格斯列宁斯大林论文艺》，人民文学出版社1980年版，第134页。

② 鲁迅：《记念刘和珍君》，载《鲁迅全集》第3卷，人民文学出版社1981年版，第274页。

个体利益与快乐至上的价值原则。众多处于如此社会文化氛围中的创作者，或者在成名之后养尊处优，个体生命终极意义品味的意识膨胀，而现实忧患和国家民族文化的担当意识则淡薄下来；或者因为曾经以某一群体精神代言人的立场引领风骚，而始终拘囿于已经分化乃至不存在的那一群体的既往经验，却无视新的时代全局状态，实质上是在固守一己既往名利的立场；或者局促于个体性情的展示，无视包括红色文化在内的当代主流文化的社会正义性和历史重要性，满足于家长里短、飞短流长地诗意化纯粹个体的情态和感受；或者脱离社会的全部复杂性，刻薄地放大人性丑陋、阴暗、浅薄乃至卑劣的侧面，着意渲染病态应对社会不良环境的"厚黑"权谋和变态欲望，以宣泄与快感为审美的价值旨归；或者根本就缺乏人类文明积累与生成的历史感，创作只是才情的展现而非生存品格的凝聚……结果，种种纯粹"为一时谋、一己谋"的势利浮华的审美立场甚嚣尘上，而且以"文化多元化"的名义进行理论的转换与包装，将其美化成顺应"时代趋势"的精神姿态。而以国家、民族命运为审美重心的"风、雅、颂"写作传统，却处于被歧视的弱势地位。

　　实际上，纯粹个体本位的审美立场，往往是一种"哀怨起骚人"式的"末世之音"。中国历史上魏晋南北朝文学"人的自觉"和"文的自觉"，就源于乱世诗人和作家的"忧生之嗟"，它虽然提示了一些新的发展方向，但在根本上只是为唐代文学的康庄大道、为"盛唐之音"的出现做铺垫而已。所以，从建构真正的历史和文学大时代的高度来看，这种审美立场不足为训。李白早已指出："自从建安来，绮靡不足珍。"西方文化个体价值至上的观念，其实也是起源于二战后"垮掉的一代"自暴自弃的颓废心理。20 世纪的世界文学虽然异彩纷呈、细腻深邃，但其中有多少真正属于人类文化的高峰，事实上尚难定论。惜乎不少作家对此缺乏清醒的理性认知，结果"风"、"雅"、"颂"的崇高审美传统，均被丢失殆尽。21 世纪以来，诸多拘囿于个人化视域的文学作品虽然笔致精良，却受到广大读者的冷落；反倒是那些粗糙肤浅但社会信息量丰富的纪实性作品正在拥有广大的阅读市场。这种强烈的反差，实际上已经对我们的文学创作提出了严重的警示。多方面的事实说明，个体本位立场已经完成其曾经的社会批判功能产生了精神蜕变，大大减少了奉行的历史合理性。努力"言王政之所由废兴也"、书写与时代整体需求相匹配的"大雅正声"，才是中国文学雄健发展应该奉行的精神方向。

　　建构文学的"大雅正声"，要求我们的文学创作立足中华民族伟大复兴的历史新起点，从国家、民族的核心价值观和核心精神境界出发，来确立高度、凝聚思想，进而矫正文学创作的精神方向与审美路径。

　　首先，广大作家应该不断地修炼自我的精神人格，超越一己社会位置和身世经历的局限，加强对整个国家民族的文化担当意识，以包罗万象、海纳百川的精神气魄和正视时代全部现实的思想视野，把现实生活的重大体验和创作的精神原则结合并统一起来，全面把握20世纪中国深重的历史灾难和雄健的民族步伐，并以中华民族奋力前行所包含的文化生机与精神力量为审美的基础和创作的底蕴。只有这样，才能真正成功地既"言王政之所由兴废也"，又可"以为后世法"。

　　其次，从精神主体对人类世界把握的角度看，广大作家应该在展示矛盾与紧张的同时，以更雄强的精神能力，努力参悟矛盾的解决这一历史演变过程的更高形态。近现代中外的不少作家都倾向于对人在世界上的矛盾、紧张状态的捕捉，进而着力强化自我与社会、时代、文化的对立关系及由此导致的精神焦虑，以作品的"震撼力"和主体的批判立场为创作旨归，却未曾或不愿步入历史哲学和精神哲学层面的"和合"形态。在中国现当代文学的发展历程中，从五四启蒙文学到30年代的左翼文学直到新时期文学，成功之处往往都体现在对于人、社会、文化的斗争、紧张形态的把握上，而且由于复杂的社会文化原因，对这种紧张形态的描绘最后均未走向"和合"的新方向。而五六十年代的"时代颂歌"，则因对实在的社会深层矛盾缺乏有力的发掘与解剖而失之肤浅、遭到诟病，其中蕴含的和谐、明快、生机与活力洋溢的审美气象也受到了忽略和贬低。当然，矛盾无所不在、无时不有乃自然界和人类社会发展的普遍规律，但不少作家因此绝对地看待"幸福的家庭都是一样的，不幸的家庭各有各的不幸"，只着力去寻求人世的"不幸"侧面及其成因，这就难免失之偏颇。惜乎不少作家对此缺乏洞见或认同，对于负面、丑陋、病态的展示相当热衷，对相反侧面的表现却相对薄弱。实际上，无论从思想认识还是社会现实角度理解，矛盾的解决也应该是规律的一部分，甚至是矛盾过程的更高形态，展示矛盾与紧张的同时呈现矛盾必将解决的方向，才是更为全面、丰满、强健的精神能力，才是作为人类世界发展推动力的文化创造更为核心的价值所在。中国的文学创作要想更重视中华民族奋力前行所包含的文化生机与精神力量，必须进行这种历史哲学层面的精神转换。有为作家应当更诚恳地认识和遵循人类文化创造的核心意义，更健全地把握精神主体与世界的关系，更着力于认同和弘扬引领人类进步、发展与和谐的精神元素，创作才能"言今之正者"，从而具备"大雅正声"的审美文化品格。

最后，广大作家应该以建构"国家文化境界"作为文学创作的价值共识与基本立场。这既是文化国别性客观存在的必然结果，也是完成中华民族伟大复兴使命的时代要求。广大作家应该真正切实地强化自我同时代根本趋势和核心价值观之间的精神联系，以此为基点来认识和驾驭当今中国与世界的复杂现实，捕捉真正具有生机与活力的、顺应国家文化价值体系的美学品质与精神境界来作为艺术的支撑和思想的引领，从而建构起一种基于人类健全生态、雄健气魄和浩瀚胸襟的文学审美境界，来"言天下之事，形四方之风"。

纵观20世纪中国的历史发展，其中既呈现出一种长期动荡、坎坷乃至"人祸"频仍的民族命运，却也有一代代仁人志士浴血奋战、追求国家独立与民族富强的光辉历史存在。这种追求国家独立与民族富强的集体记忆及其文化精神，就是20世纪中国的红色记忆与红色文化。由此，红色记忆审美重构在中华民族伟大复兴进程中的审美文化意义，就充分而有力地表现出来。

第五节　执政文化审视与红色记忆审美的新气象

从开国时期的战争往事追溯和建设道路讴歌，到文化转型时期的创伤记忆审视和变革时势考察，再到多元语境中现实题材的"主旋律文学"创作和革命历史题材创作的文化融合创新，红色记忆审美贯穿了共和国60余年历史进程的始终。

在21世纪中国的时代环境中，红色记忆审美经历着一个价值观念的重大转型，就是从革命文化向执政文化、从战争文化向和平文化、从共和国江山意识向国家文化立场转化。在21世纪的中国红色记忆审美格局中，革命历史题材创作在影视剧领域蔚为大观，但主要是一种革命文化与当代大众文化的融合创新；现实题材"主旋律文学"创作的意识形态特性和红色文化立场，与开国时期的红色记忆审美堪称一脉相承，但又存在着一个如何吸纳和驾驭多样文化的问题。这些事实说明，红色记忆叙事能否在新的时代语境中呈现精神与审美的新气象，关键在于创作主体能否有效地利用多元文化的精神和审美优势，既升华革命历史叙事的精神品位，又拓展"主旋律文学"的文化视界，从而达成一种提升时代精神与深化历史认知有机融合的艺术境界。

这种文化和审美自觉表现得最为充分的，当属 21 世纪中国长篇小说领域中的共和国历史叙事。共和国历史叙事是一种创作实绩已相当可观却尚未获得评论界集中关注的创作现象。这种创作现象体现了一种带根本性的审美文化新境界、新特征，就是从多元文化合理性审美融合的高度出发，将共和国建设与发展的红色记忆作为一种执政文化现象体察和审视，由此表现出一种走出革命文化和意识形态视域、直面当今世界的"四方之风"而"言今之正者"的艺术胸襟与精神品格。

一

共和国历史叙事介乎时事小说与历史小说之间，坚持聚焦共和国壮阔而艰难的历史和不同民众群体的命运，以体谅与拷问相结合的阐释思路，选择其中重大现象和典型生态的集体历史和个体记忆，来构成一种当代中国的国家想象与国家形象。从文学思潮与文化倾向的角度看，它实际上是对 20 世纪 80 年代"反思文学"的充实与深化，也是 90 年代"百年反思"小说历史时空的拓展；但这类作品又不同于国家记忆的民间讲述，而是深刻地吸收了"主旋律文学"的国家文化意识，主题指向最终归结到主流文化的价值立场，所以表现出深刻而充分的时代理性。

在共和国历史进程的宏观考察方面，蒋子龙的《农民帝国》、向本贵的《凤凰台》主要抓住共和国贫富演变过程的关键问题展开历史的长卷，反思农民文化人格的复杂内涵与历史性蜕变。陆天明的《命运》讴歌中国现代化起步时期的壮阔历程。格非的《人面桃花》与《山河入梦》则体现出在革命过程和革命已经实现了的社会主义乌托邦花家舍，其实人人都是监察人，理想主义的美好幻象竟以极端的人性丑恶为结局。主人公谭功达的社会理想在现实中似乎已经实现，但反而逐渐显露出狰狞的面目，以致爱情理想被毁灭成为了历史的宿命，这就将历史反思推进到了对文化与理想本身进行根本性探讨的层面。

在劳动群体历史境况的艺术聚焦方面，肖克凡的《机器》、刘醒龙的《天行者》、范小青的《赤脚医生万泉和》等作品注重关注工人劳模、民办教师、赤脚医生等劳动者群体严酷而独特的生存命运，以体制生活的尴尬为基础审视其生存境界与人格形象，注重文本的政治文化批判性内涵和人物形象塑造中颂歌与悲歌兼具的审美意味，从而引起了人们的悲悯与深思。张者的《老风口》更是融兵团历史的宏观回望与兵团人复杂命运的个案审视为一体，真诚地讴歌了特定时代边缘群体精神上的自由、高贵与坚韧。

在个体命运悲悯与个体生命意义揭示方面，则以"个体成长秘史写真"类创作的成果最为丰富。这类作品的作者往往采用一种中年回望式的伤情笔调，着力展示"共和国少年"青春期特征引发的乖戾命运，阐发体制文化构成的时代错失带给成长少年的困惑与损伤，展示革命文化氛围中个体成长的创伤与觉悟，借此打通"中国经验"，生成对"当代中国形象"的独特审美认知。《我是我的神》（邓一光）以壮阔的人生场景和丰沛的历史内容，深入而广阔地表现了在当代中国的政治文化环境中，期待成长、渴望再生的"红孩子"如何在宏大历史与平庸的日常生活之间挣扎、存续的历程，字里行间充盈着一种悲慨情怀。《风和日丽》（艾伟）着力揭示"革命后代"在当代中国政治文化的光环和暗影中成长的创伤与迷惘。《英格力士》（王刚）、《启蒙时代》（王安忆）、《陈大毛偷了一支笔》（何世华）细腻绵密地描摹了"文革少年"的落寞命运与心理躁动，揭示出他们在时代错失中精神人格和思想视野的形成过程。《抒情年代》（潘靖）、《隐秘盛开》（蒋韵）则通过描述特定时代氛围中的青春恋情，表现了优秀之人的脆弱与阴暗，艺术地敞开了一代人青春的诗意与残忍、心灵的忧伤与缺憾。《少年张冲六章》（杨争光）则塑造了一个当代教育环境中的"问题学生"张冲的青涩少年形象，并对其成长的社会文化土壤进行了全面剖析，从而构成了对共和国的教育和文化的深刻忧思。一种以"历史缝隙之间"的个体生命感和主观真实性为基础来感悟共和国历史与文化得失的审美倾向，就从中鲜明地表现出来。

二

这些曾引起社会各界不同程度关注的作品，共同体现出社会问题披露与精神困惑阐发、历史真相呈现与主体感悟抒写、写实性手法与思辨性叙述融为一体的特征，从多方面呈现出审美气象的新意。

首先，共和国历史叙事以其对共和国革命和建设历程中许多根本性问题的深入探索，体现出一种基于历史新起点的思想能力与时代理性。《农民帝国》将新中国农民求温饱的道路与富足后的出路连贯为一体，在整体性历史考察的基础上剖析郭存先的人格蜕变与人生哲学，有力地揭示了农民文化的复杂底蕴及其对中国现代化进程正反两方面的决定性影响。《我是我的神》以辽阔的时代生活画卷，展现出"革命后代"挣脱英雄前辈光环和阴影、寻找自我人生意义的悲怆历程与沉重代价，雄健丰满地发掘出"革命文化"对"接班人"人生形态和个体命运的操纵功能。这样以深入发掘当下生活提供的体验与认知为基础，来展开现实和历史中的美好与缺陷、困顿与崇高，正是现实主义文学的强大精神能力和庄严社会责任感的具体表现。从审美传统的角度看，这实际上就是以一种庄严的使命感在"言王政之所由废兴也"。

其次，共和国历史叙事以其在多元化、全球化的文化视野中对各种思想资源的探寻、辨识与融合，以及鲜明的精英意识与自证意味，显示出一种基于文化新境界的生活底蕴阐释倾向。《机器》、《天行者》、《老风口》等作品既充分呈现出集体主义的社会历史必然性，又融合了个体生命意义的价值视角，对普通劳动者为共和国事业艰苦奋斗的历程才理解得格外丰满而深切，作品人物也就于浓烈的命运悲剧色彩中更强烈地显示出人格的韧度与人性的光辉。东西的《后悔录》等作品以西方思想文化的眼光，来展开对人物"中国式命运"的剖析，正因为选择了人性本能欲望和个体生命本源性局限的思想角度，作品对人物生存困境和欲望错失的同情与悲悯，才穿越道德表象，显出无可辩驳的生命逻辑真实性。关仁山的《白纸门》则通过对民俗文化神性与尊严的渲染，有力地强化出雪莲湾人"求变"过程中民间道德精神的坚守与崩溃。因为从客观存在的现实及其内在特征出发，不拘一格地调动能对其给予恰切阐释的思想资源，作家们对现实生活的审美认知，既覆盖和丰富了传统现实主义文学的问题视域，也使同类题材非现实主义作品以意象和感悟为主的审美表达，从生活具象层面得到了有效的深化与落实。这种广泛利用各种审美和价值资源来对创作对象加以审视的倾向，明显地表现出"言天下之事，形四方之风"的思想视野和精神气魄。

最后，共和国历史叙事以其对时代正面力量和社会良知的守望热情，表现出一种基于认识新层次的、对文学存在意义的坚守与维护。人类需要文学的根本原因，应在于使人们以更深的理解，坚守对人心、世道的信任和温情，所以，不以忧患意识淹没爱与理想精神，不以对社会局限和世态负面的揭露遮蔽对人心、世道正面价值的发现，乃是文学作为人类精神行为的基本责任。蒋韵的《隐秘盛开》和于晓丹的《1980 的情人》既诉说心灵的忧伤和缺憾，更致力于发现其中"隐秘盛开"着的美好人情与人性的花朵，作品就以情感创伤中的凄美与温馨而超越庸琐、动人心弦。事实上，批判现实与倡扬理想并不天然矛盾，《命运》这样具有鲜明"主旋律"色彩的作品，就并没有因为对中国现代化主导力量的讴歌，而影响了社会历史矛盾揭示的尖锐度与深刻性。因为既直面历史的坎坷与时世的艰难，又坚持对美好人性与崇高精神的不懈探寻，这类创作的审美意蕴才变得更为层次丰厚，对共和国大厦支撑力量、中华民族前行姿态的种种审美反映，也显得更具思想说服力和情感魅力。由此可见，"言今之正者以为后世法"实乃共和国历史叙事的基本审美立场。

相对于以往的红色记忆审美，共和国历史叙事实际上已发生了文化性质的根本变化，也就是由讴歌 20 世纪中国的革命文化转向了审视共和国的执政文化，其中所包含的更为深远的审美意义和价值底蕴，则在于正面展开了对社会主义文化在 20 世纪中国的历史命运的体察与反思。尤其难能可贵的是，共和国历史叙事的文化责任感、思想视野和价值立场等方面，充分体现出一种与中华民族文化复兴诉求相适应的"大雅正声"的审美文化品格。因为这类创作大多命意正大、题旨厚重而内蕴结实，所以众多的相关作品都颇受文坛内外的称道与重视。当然，共和国历史叙事也存在着根本思路平庸化的隐患。反思共和国前 30 年，往往以政策与运动为内容节点和意义重心；审视改革开放以来的 30 多年，则难逃文明困惑的审美视角和金钱中心的思维怪圈，就是这类创作越来越严重的一种思维惯性。因此，在审美文化道路的问题解决之后，如何充分展开思维辽阔度和思想原创性等方面的审美潜能，从而获得既具经典度又有独创性的意蕴建构思路，就成了共和国历史叙事中需要高度重视并加以解决的重要课题。

在当今中国以全球化为背景实现民族伟大复兴的时代环境中，思想资源全方位开放、价值立场多元化已是相当成熟的文化发展趋势，广泛吸纳各种思想资源并在审美的批判与反思过程中自主地加以运用，也具备了充分的可能性，由此，红色记忆审美既坚持现实主义立场又拓展和变换具体审美思路，已经具备了充分的内外在条件。共和国历史叙事正是以此为基础形成的一种新型创作现象，这种现象以多元文化语境中深刻稳健的思想立场和"大雅正声"的审美品格，从执政文化的角度对共和国历史进行观照与审视，充分体现了红色记忆叙事大有文化前景的新气象和新境界。

主要参考文献

1. 毛泽东：《毛泽东选集》，人民出版社 1991 年版。
2. 江泽民：《论党的建设》，中央文献出版社 2001 年版。
3. 李大钊：《李大钊选集》，人民出版社 1959 年版。
4. 鲁迅：《鲁迅全集》，人民文学出版社 1981 年版。
5. 冯友兰：《中国哲学史新编》，人民出版社 1985 年版。
6. 李泽厚：《中国古代思想史论》，人民出版社 1986 年版。
7. 李泽厚：《中国现代思想史论》，东方出版社 1987 年版。
8. 邵荃麟：《文学十年》，作家出版社 1960 年版。
9. 陈建华：《"革命"的现代性：中国革命话语考》，上海古籍出版社 2000 年版。
10. 张进：《新历史主义文艺思潮通论》，暨南大学出版社 2013 年版。
11. 王山编：《王蒙学术文化随笔》，中国青年出版社 1996 年版。
12. 刘小枫：《沉重的肉身：现代性伦理的叙事纬语》，上海人民出版社 1999 年版。
13. 何怀宏：《良心论——传统良知的社会转化》，上海三联书店 1994 年版。
14. 何怀宏：《底线伦理》，辽宁人民出版社 1998 年版。
15. 周宪：《文化表征与文化研究》，上海人民出版社 2015 年版。
16. 崔平：《文化模式批判》，江苏人民出版社 2015 年版。
17. 童庆炳：《从审美诗学到文化诗学：童庆炳自选集》，首都师范大学出版社 2014 年版。
18. 邹涛：《叙事、记忆与自我》，电子科技大学出版社 2014 年版。
19. 乔山：《文艺伦理学初探》，高等教育出版社 1997 年版。
20. 张文红：《伦理叙事与叙事伦理》，社会科学文献出版社 2006 年版。

21. 伍茂国：《现代小说叙事伦理》，新华出版社 2008 年版。

22. 谭君强：《叙事学导论——从经典叙事学到后经典叙事学》，高等教育出版社 2014 年版。

23. 陈然兴：《叙事与意识形态》，人民出版社 2013 年版。

24. 张万敏：《认知叙事学研究》，中国社会科学出版社 2012 年版。

25. 颜水生：《现代中国文学的叙事诗学》，中国社会科学出版社 2015 年版。

26. 葛红兵：《小说类型学的基本问题》，上海大学出版社 2012 年版。

27. 黎皓智：《俄罗斯小说文体论》，百花洲文艺出版社 2002 年版。

28. 刘倩：《通俗小说与大众文化精神》，河北教育出版社 2014 年版。

29. 黄文艺：《全球结构与法律发展》，法律出版社 2006 年版。

30. 洪子诚：《问题与方法：中国当代文学史研究讲稿》，生活·读书·新知三联书店 2002 年版。

31. 陈思和：《陈思和自选集》，广西师范大学出版社 1997 年版。

32. 雷达：《重建文学的审美精神：雷达文艺精品》，北京师范大学出版社 2010 年版。

33. 张福贵等：《文学史的命名与文学史观的反思》，北京大学出版社 2014 年版。

34. 丁帆、王世诚：《十七年文学："人"与"自我"的失落》，河南大学出版社 1999 年版。

35. 於可训：《当代文学：建构与阐释》，武汉大学出版社 2005 年版。

36. 陶东风：《中国革命与中国文学》，黑龙江人民出版社 2009 年版。

37. 吴秀明：《转型时期的中国当代文学思潮》（修订本），浙江大学出版社 2015 年版。

38. 王德威：《想象中国的方法：历史小说叙事》，生活·读书·新知三联书店 1998 年版。

39. 唐小兵：《英雄与凡人的时代：解读 20 世纪》，上海文艺出版社 2001 年版。

40. 刘再复、林岗：《罪与文学》，中信出版社 2011 年版。

41. 朱晓进等：《非文学的世纪：20 世纪中国文学与政治文化关系史论》，南京师范大学出版社 2004 年版。

42. 艾晓明：《中国左翼文学思潮探源》，北京大学出版社 2007 年版。

43. 王一川：《中国现代卡里斯马典型：20 世纪小说人物的修辞论阐释》，云南人民出版社 1995 年版。

44. 宋剑华：《百年文学与主流意识形态》，湖南教育出版社 2002 年版。

45. 刘忠：《20 世纪中国文学主题研究》，社会科学文献出版社 2006 年版。

46. 黄书泉：《重构百年经典——20 世纪中国长篇小说阐释》，安徽大学出版社 2010 年版。

47. 旷新年：《1928：革命文学》，山东教育出版社 1998 年版。

48. 钟俊昆：《中央苏区文艺研究：以歌谣和戏剧为重点的考察》，中国社会科学出版社 2009 年版。

49. 黄子平：《"灰阑"中的叙述》，上海文艺出版社 2001 年版。

50. 余岱宗：《被规训的激情：论 1950、1960 年代的红色小说》，上海三联书店 2004 年版。

51. 阎浩岗：《"红色经典"的文学价值》，人民出版社 2009 年版。

52. 郭剑敏：《中国当代红色叙事的生成机制研究》，中国社会科学出版社 2010 年版。

53. 韩颖琦：《中国传统小说叙事模式化的"红色经典"》，人民出版社 2011 年版。

54. 孙斐娟：《后革命氛围中的革命历史再叙事》，湖北人民出版社 2013 年版。

55. 杨厚均：《革命历史图景与民族国家想象：新中国革命历史长篇小说再解读》，湖北教育出版社 2005 年版。

56. 姜辉：《革命想象与叙事传统："红色经典"的模式化叙事研究》，人民出版社 2012 年版。

57. 蔡丽：《传统、政治与文学》，中国社会科学出版社 2013 年版。

58. 金进：《革命历史的合法性论证：1949—1966 年中国文学中的革命历史书写》，河南大学出版社 2011 年版。

59. 方维保：《红色意义的生成：20 世纪中国左翼文学研究》，安徽教育出版社 2004 年版。

60. 於曼：《红色经典：从小说到电视剧》，中国广播电视出版社 2010 年版。

61. 钱振文：《〈红岩〉是怎样炼成的：国家文学的生产和消费》，北京大学出版社 2011 年版。

62. 姚丹：《"革命中国"的通俗表征与主体建构：〈林海雪原〉及其衍生文本考察》，北京大学出版社 2011 年版。

63. 樊星主编：《永远的红色经典：红色经典创作影响史话》，长江文艺出版社 2008 年版。

64. 陈颖：《中国战争小说史论》，上海三联书店 2008 年版。

65. 房福贤：《中国抗战文学新论》，中国社会科学出版社 2012 年版。

66. 陈思广：《战争本体的艺术转化：二十世纪下半叶中国战争小说创作论》，巴蜀书社 2005 年版。

67. 贺仲明：《一种文学与一个阶层：中国新文学与农民关系研究》，人民出版社 2008 年版。

68. 郭文元：《乡村/革命与现代想象——40 年代解放区小说研究》，中国社会科学出版社 2014 年版。

69. 杜国景：《合作化小说中的乡村故事与国家历史》，中国社会科学出版社 2011 年版。

70. 曹合金：《十七年合作化小说的叙事伦理研究》，中国社会科学出版社 2014 年版。

71. 龚奎林：《"故事"的多重讲述与文艺化大众——"十七年"长篇战争小说的文本发生学研究》，社会科学文献出版社 2013 年版。

72. 刘复生：《历史的浮桥：世纪之交"主旋律"小说研究》，河南大学出版社 2005 年版。

73. 刘旭：《底层叙述：现代性话语的裂隙》，上海古籍出版社 2006 年版。

74. 胡志毅：《国家的仪式：中国革命戏剧的文化透视》，广西师范大学出版社 2008 年版。

75. 彭涛：《坚守与兼容：主旋律电影研究》，华中师范大学出版社 2013 年版。

76. 张霁月：《新中国革命题材电影中的女性寓言（1949—1978）》，中国社会科学出版社 2014 年版。

77. 李茂民：《历史题材电视剧与当代文化价值观建构》，人民出版社 2013 年版。

78. 陶冶：《历史题材电视剧与国家形象建构研究》，中国社会科学出版社 2014 年版。

79. 董之林：《热风时节：当代中国"十七年"小说史论》，上海书店出版社 2008 年版。

80. 蔡翔：《革命·叙述：中国社会主义文学—文化想象（1949—1966）》，北京大学出版社 2010 年版。

81. 李蓉：《"十七年文学（1949—1966）"的身体阐释》，人民出版社 2014 年版。

82. 李运抟：《中国当代现实主义文学六十年》，百花洲文艺出版社 2008 年版。

83. 李扬：《50—70 年代中国文学经典再解读》，山东教育出版社 2003 年版。

84. 贺桂梅：《转折的年代：40—50 年代作家研究》，山东教育出版社 2003 年版。

85. 李遇春：《权力·主体·话语：20 世纪 40—70 年代中国文学研究》，华中师范大学出版社 2007 年版。

86. 方长安：《冷战·民族·文学：新中国"十七年"中外文学关系研究》，中国社会科学出版社 2009 年版。

87. 杨鼎川：《1967：狂乱的文学年代》，山东教育出版社 1998 年版。

88. 许子东：《许子东讲稿卷一：重读"文革"》，人民文学出版社 2011 年版。

89. 惠雁冰：《"样板戏"研究》，中国社会科学出版社 2010 年版。

90. 肖敏：《20 世纪 70 年代小说研究——"文化大革命"后期小说形态及其延伸》，中国社会科学出版社 2012 年版。

91. 郭宝亮、李建周、周雪花、王丽杰：《新时期小说文体研究》，中国社会科学出版社 2014 年版。

92. 段宝林、孟悦、李杨：《〈白毛女〉七十年》，上海人民出版社 2015 年版。

93. 曾镇南：《王蒙论》，中国社会科学出版社 1987 年版。

94. 孙宝灵：《浩然的文学道路与文本形态》，社会科学文献出版社 2013 年版。

95. 陈改玲：《重建新文学史秩序》，人民文学出版社 2006 年版。

96. 陈伟军：《传媒视域中的文学：建国后十七年小说的生产机制与传播方式》，广西师范大学出版社 2009 年版。

97. 斯炎伟：《全国第一次文代会与新中国文学体制的建构》，人民文学出版社 2008 年版。

98. 张均：《中国当代文学制度研究（1949—1976）》，北京大学出版社 2011 年版。

99. 王本朝：《中国当代文学制度研究》，新星出版社 2007 年版。

100. 李洁非、杨劼：《共和国文学生产方式》，社会科学文献出版社 2011 年版。

101. 钱理群、温儒敏、吴福辉：《中国现代文学三十年》（修订本），北京大学出版社 1998 年版。

102. 杨义：《中国现代小说史》，人民文学出版社 1986 年版。

103. 洪子诚：《中国当代文学史》（修订版），北京大学出版社 2007 年版。

104. 陈思和主编：《中国当代文学史教程》，复旦大学出版社 1999 年版。

105. 雷达、赵学勇、程金城主编：《中国现当代文学通史》，甘肃人民出版社 2006 年版。

106. 杨匡汉主编：《20 世纪中国文学经验》，东方出版中心 2006 年版。

107. 葛一虹主编：《中国话剧通史》，文化艺术出版社 1997 年版。

108. 郑邦玉主编：《解放军戏剧史》，中国戏剧出版社 2004 年版。

109. 谢柏梁：《中国当代戏曲文学史》，高等教育出版社 2006 年版。

110. 丁帆：《中国乡土小说史》，北京大学出版社 2007 年版。

111. 杨健：《中国知青文学史》，中国工人出版社 2002 年版。

112. 杨周翰、吴达元、赵萝蕤主编：《欧洲文学史》，人民文学出版社 1979 年版。

113. 杨义主编：《二十世纪中国翻译文学史·十七年及"文革"卷》，百花文艺出版社 2009 年版。

114. 《中国新文学大系（1927—1937）第 1 集·文学理论集 1》，上海文艺出版社 1987 年版。

115. 冯牧主编：《中国新文学大系（1949—1976）第 1 集·文学理论卷》，上海文艺出版社 1997 年版。

116. 丁景唐主编：《中国新文学大系（1949—1976）第 19 集·史料、索引卷 1》，上海文艺出版社 1997 年版。

117. 王晓明主编：《20 世纪中国文学史论》（第 1—3 卷），东方出版中心 1997 年版。

118. 王晓明主编：《批评空间的开创：二十世纪中国文学研究》，东方出版中心 1998 年版。

119. 林建法、乔阳主编：《中国当代作家面面观：汉语写作与世界文学》（上、下），春风文艺出版社 2006 年版。

120. 程光炜编：《七十年代小说研究》，中国社会科学出版社 2014 年版。

121. 张京媛编：《新历史主义与文学批评》，北京大学出版社 1993 年版。

122. 唐小兵编：《再解读：大众文艺与意识形态》（增订版），北京大学出版社 2007 年版。

123. 王蒙等：《走向文学之路》，湖南人民出版社 1983 年版。

124. 张学正、丁茂远、陈公正、陆广训主编：《文学争鸣档案：中国当代文学作品争鸣实录》，南开大学出版社 2002 年版。

125. 刘云涛、郭文静、倪宗武、李杰波、唐文斌编：《中国当代文学研究资料·梁斌研究专集》，海峡文艺出版社 1986 年版。

126. 温超藩、张金池、宋安娜编：《梁斌作品评论集》，百花文艺出版社 1997 年版。

127. 宋安娜编：《梁斌新论：梁斌作品评论集续编》，百花文艺出版社 2004 年版。

128. 牛运清主编：《中国当代文学研究资料丛书·长篇小说研究专集》，山东大学出版社 1990 年版。

129. 吴秀明主编：《十七年文学历史评价与人文阐释》，浙江大学出版社 2004 年版。

130. 凤子、葛一虹主编：《中国话剧运动五十年史料集》（第二辑），中国戏剧出版社 1959 年版。

131. 温奉桥主编：《文学的记忆：王蒙〈这边风景〉评论专辑》，花城出版社 2014 年版。

132. 北京大学中文系文艺理论教研室编：《马克思恩格斯列宁斯大林论文艺》，人民文学出版社 1980 年版。

133. ［德］马克思、恩格斯：《马克思恩格斯全集》，人民出版社 1965 年版。

134. ［俄］列宁：《列宁全集》，人民出版社 1956 年版。

135. ［德］黑格尔：《美学》，商务印书馆 1979 年版。

136. ［德］卡尔·曼海姆：《意识形态与乌托邦》，黎鸣、李书崇译，商务印书馆 2000 年版。

137. ［英］彼得·卡尔佛特：《革命与反革命》，张长东等译，吉林人民出版社 2005 年版。

138. ［法］莫里斯·哈布瓦赫：《论集体记忆》，毕然、郭金华译，上海人民出版社 2002 年版。

139. ［美］保罗·康纳顿：《社会如何记忆》，纳日碧力戈译，上海人民出版社 2000 年版。

140. ［瑞士］荣格：《荣格文集》，冯川编，冯川、苏克译，改革出版社 1997 年版。

141. ［美］海登·怀特：《后现代历史叙事学》，陈永国、张万娟译，中国社会科学出版社 2003 年版。

142. ［法］米歇尔·福柯：《知识考古学》，谢强、马月译，生活·读书·新知三联书店 2003 年版。

143. ［美］弗雷德里克·詹姆逊：《文化转向》，胡亚敏译，中国社会科学出版社 2000 年版。

144. ［法］阿尔贝特·施韦泽：《文化哲学》，陈泽环译，上海人民出版社 2008 年版。

145. ［德］哈贝马斯：《公共领域的结构转型》，曹卫东、王晓珏、刘北城、宋伟杰译，学林出版社 1999 年版。

146. ［美］利奥·洛文塔尔：《文学、通俗文化和社会》，甘锋译，中国人民大学出版社 2012 年版。

147. ［美］约翰·费斯克：《理解大众文化》，王晓珏、宋伟杰译，中央编译出版社 2006 年版。

148. ［美］埃里希·弗洛姆：《对自由的恐惧》，许合平译，国际文化出版公司 1998 年版。

149. ［英］迈克·费瑟斯通：《消费文化与后现代主义》，刘精明译，译林出版社 2000 年版。

150. ［俄］巴赫金：《小说理论》，白春仁等译，河北教育出版社 1998 年版。

151. ［俄］巴赫金：《诗学与访谈》，白春仁等译，河北教育出版社 1998 年版。

152. ［美］杰拉德·普林斯：《叙事学：叙事的形式与功能》，徐强译，中国人民大学出版社 2013 年版。

153. ［美］罗伯特·斯科尔斯、詹姆斯·费伦、罗伯特·凯洛格：《叙事的本质》，于雷译，南京大学出版社 2015 年版。

154. ［美］鲁晓鹏：《从史实性到虚构性：中国叙事诗学》，王玮译、冯雪峰校，北京大学出版社 2012 年版。

155. ［荷］佛马克：《中国文学与苏联影响（1956—1960）》，季进、聂友军译，北京大学出版社 2011 年版。

后　记

　　当代文学研究面对的是一个"现在时"状态的学术对象，在这一研究领域中，资料的收集、积累和储备作为学科发展的基础性工作虽然相当重要，但在具体的研究过程中，资料本身的查找其实并不繁难，对资料的深入研读与具体感悟以及由此形成的问题意识实际上才更为重要。在多元文化语境中，红色记忆审美研究还存在一种意味复杂的敏感性与特殊性，建构何种学术视野、采取何种文化立场，也就成为进行这一研究需要深层次思考的问题。在我看来，文化多元的根本意义不在于能轻易找到击败异己立场的理论武器，而在于能获得一种"八面来风"的思想启迪和广泛吸纳的价值资源。有鉴于此，我希望自己的当代文学研究所建构起来的问题意识，能够超越20世纪中国非此即彼的对立思维模式，既具备一种开放、兼容的学术胸襟，又秉持一种在深刻体察基础上的辩证、持衡立场。所以，针对中国当代以"革命文化"、"红色文化"为基础的文学创作在研究与评价中出现的一系列问题和矛盾，我试图选择"红色记忆"这一具有源头性、枢纽性的考察角度作为切入点，来客观地呈现和透视其丰富多样、各具特色的审美形态，富有学理性地阐发各种审美形态的形成路径、意义机制、价值底蕴和内在局限，由此形成我对当代红色记忆审美的个人理解。本书正是这一学术思路的研究成果。

　　在这里，我首先要感谢华南理工大学对拙著出版的支持。感谢华工社科处的麦均洪处长和李石勇、蓝满榆、肖洒等年青的朋友，是他们的热情与信任促成了本书的出版。一转眼我在华南理工大学已工作10年，留下了许多美好而难忘的回忆。由于种种原因，我于2015年3月调到河北大学文学院任教。所以当拙著正式面世之际，我已不是广州大学城的"华工人"，只能以这本书作为我不成敬意的告别礼物。穿过祖国北方的雾霾，我将常作葱郁岭南的怀想。

　　我还要感谢黄擎、郭剑敏、刘海波、李波、王姝诸位同窗好友。在本书相关课题的研究过程中，他们曾给予我诸多的帮助和支持。现在大家散布全国各地，各有所持、自种自收，相互切磋、激发的热闹已成往事，同学间的友谊却始终温暖人心。感谢《理论与创作》、《文学界》、《文艺争鸣》、《新文学评论》、《南京师范大学文学院学报》、《郑州大学学报》、《湖南社会科学》、《求索》、《人民日报》、《文艺报》等报刊的编辑朋友。承蒙他们的厚爱和支持，本书中的众多章节已作为单篇学术论文发表。世事沧桑，现在《理论与创作》已改名《创作与评论》，《文学界》也改成了《湖南文学》，但编辑朋友们的热情与辛劳不会消散，将存留于作者和读者的心间。

　　最后，感谢我的妻子颜浩教授。同为现当代文学领域的研究者，她的见解常能予我以重要的启发，这本书的完成她也贡献不少。一整天忙碌的写作之后，我们都喜欢在傍晚散步时随意讨论一些学术问题。在住所外的青草小道上且说且徐行，春花秋月，鸟语虫鸣，思绪闲散而空灵，回味起来倒也不无情趣。

2015 年 7 月 26 日于北京珠江绿洲家园